"十四五"职业教育部委级规划教材

U0728574

食品快速检测技术

Shipin Kuaisu Jiance Jishu

周艳华　胡金梅　李　涛◎主编

李兰岚　吴民富　温慧颖◎副主编

中国纺织出版社有限公司

内 容 提 要

食品快速检测技术具有快速、灵敏、准确、方便的特点，是食品督管的重要手段，在食品安全检测中应用广泛。本教材按照食品原料商品学分类的方法编写，共设置十个项目，包含食品快速检测技术基础和实际应用，主要涉及粮食类制品、食用油脂、果蔬农产品、肉及肉制品、乳及乳制品、蛋及蛋制品、水产品、调味品、保健食品快速检测技术的相关内容。本书紧密结合食品行业和食品安全快速检测技术发展现状，进行开发设计，力求突出教材的实用性和职业性。

本书可作为高等职业院校食品营养与检测、食品质量与安全等专业的教材，同时也可供食品质量安全检测部门、各类食品生产企业、中等职业院校等相关专业人员参考学习。

图书在版编目（CIP）数据

食品快速检测技术 / 周艳华，胡金梅，李涛主编
. － 北京：中国纺织出版社有限公司，2021.8（2024.1重印）
"十四五"职业教育部委级规划教材
ISBN 978-7-5180-8631-3

Ⅰ.①食… Ⅱ.①周… ②胡… ③李… Ⅲ.①食品检验—高等职业教育—教材 Ⅳ.①TS207.3

中国版本图书馆 CIP 数据核字（2021）第 108740 号

责任编辑:郑丹妮 国 帅 责任校对:王花妮
责任印制:王艳丽

中国纺织出版社有限公司出版发行
地址:北京市朝阳区百子湾东里 A407 号楼 邮政编码:100124
销售电话:010— 67004422 传真:010— 87155801
http://www.c-textilep.com
中国纺织出版社天猫旗舰店
官方微博 http://weibo.com/2119887771
三河市宏盛印务有限公司印刷 各地新华书店经销
2021 年 8 月第 1 版 2024 年 1 月第 3 次印刷
开本:787×1092 1/16 印张:13.5
字数:265 千字 定价:49.80 元

《食品快速检测技术》编委会成员

主　编　周艳华（长沙环境保护职业技术学院）

　　　　胡金梅（广东环境保护工程职业学院）

　　　　李　涛（湖南食品质量监督检测研究院）

副主编　李兰岚（湖南食品药品职业学院）

　　　　吴民富（佛山职业技术学院）

　　　　温慧颖（长春职业技术学院）

参　编（按姓氏笔画为序）

　　　　王俊全（天津天狮学院）

　　　　史晓霞（内蒙古农业大学职业技术学院）

　　　　付文雯（湖北省食品质量安全监督检测研究院）

　　　　张　帆（长沙环境保护职业技术学院）

　　　　郭卢云（湖北轻工职业技术学院）

前　言

随着我国经济社会的快速发展,食品安全问题日益引起人们的重视。与传统的食品检测技术相比,食品快速检测技术具有快速、灵敏、准确、方便等特点,满足大量样品快速分析的需求,是食品监管的重要手段,因此快速检测技术在食品安全检测中有着非常广泛的应用。

该教材共有十个项目,介绍了各类食品的快速检测方法,以培养与之相对应的职业能力,即食品快速检测方法、标准的查阅能力,常用快速检测仪器使用调试能力,农药兽药等有毒有害物质、食品添加物及掺假、食品成分等的快速检测能力及检测结果的判断能力。

该教材按照食品原料商品学分类的方法编写,对粮食类制品、食用油脂、果蔬农产品、肉及肉制品、乳及乳制品、蛋及蛋制品、水产品、调味品、保健食品几大类食品常见的食品安全、食品掺伪等方面的快速检测技术进行介绍。教材以食品产品和检测指标为对象,紧密结合食品行业和食品安全快速检测技术发展现状,以及中华人民共和国国家卫生健康委员会等部门公布的"食品中可能违法添加的非食用物质名单"为检测重点,进行教材的开发和设计,力求突出教材的实用性和职业性。此外,在教材的编写过程中,还增加了当前热门教材中所没有的保健食品的快速检测技术,更加突出教材的前瞻性。

本教材由长沙环境保护职业技术学院周艳华、广东环境保护工程职业学院胡金梅、湖南食品质量监督检测研究院李涛担任主编,湖南食品药品职业学院李兰岚、佛山职业技术学院吴民富、长春职业技术学院温慧颖担任副主编,大津大狮学院土俊全、内蒙古农业大学职业技术学院史晓霞、湖北省食品质量安全监督检测研究院付文雯、长沙环境保护职业技术学院张帆、湖北轻工职业技术学院郭卢云担任编委。其中,郭卢云负责项目一的编写,周艳华负责项目二的编写,温慧颖负责项目三的编写,胡金梅负责项目四的编写,史晓霞负责项目五的编写,李兰岚负责项目六的编写,李涛负责项目七的编写,吴民富负责项目八的编写,王俊全、张帆负责项目九的编写,付文雯负责项目十的编写。

本书除了面向高等职业院校食品营养与检测、食品质量与安全等专业的学生外,还可供食品质量安全检测部门、各类食品生产企业的工作人员及中等职业院校的学生学习使用。

本书在编写过程中,曾得到有关单位领导、食品专家的热情帮助和大力支持,他们对全书做了精心、系统的审阅和修订,在此谨致以诚挚的谢意。需要特别说明的是,本书在编写过程中,参考或引用了不同专业的专著、研究论文和期刊,在此谨向各作者一并表示谢意。

由于编者水平所限,书中疏漏和不妥之处在所难免,欢迎读者批评指正。

编　者

2021 年 3 月

目　录

项目一　食品快速检测技术基础

学习目标

知识要求

1.掌握食品快速检测的目的、特点和方法分类。

2.熟悉食品快速检测的常用方法和仪器设备。

3.掌握食品样品的采集、制备和保存的基本知识。

技能要求

1.能熟练掌握食品样品的采集、制备和保存方法。

2.能熟练应用食品分析检测数据对分析结果进行评价。

任务一　食品快速检测的特点和分类

案例导入

案例:最近一辆贴有"食品安全快速检测车"标志的客车停在了江阴市新华社区大润发超市门前,吸引了不少市民。据江阴市市场监督管理局的工作人员介绍,这个"秘密武器"由省市场监督管理局统一配置,无锡地区仅此一辆,专门用来保障市民"舌尖上的安全"。从超市出来,市民朱老伯把手中刚买的猪肉交给了检测员。按照检测程序,检测员将猪肉切下一小块,放入取样瓶中,贴上标签开始检测。检测员介绍:"最快15分钟内就能出具检测结果,市民也不用在现场等待,检测结果会以短信的形式发到其手机上。""朱先生您好,我是江阴市食品安全检测中心的,刚才您送检的猪肉经瘦肉精残留快速检测,检测结果为合格……"20分钟不到,检测结果就出炉了,检测员第一时间把结果发送到了朱老伯的手机上。小小检测车,就像是一个食品检测的"移动实验室"。这里配备了食品安全快速分析仪、农药残留检测仪、食品添加剂检测仪等多种设备,还有各种各样的检测试剂。能对食品中有毒、有害残留物质等100多项内容进行快速检测,包括生鲜肉、米面油、果蔬、炒货、酱菜、水发产品等。

讨论:1.在超市门前出现食品安全快速检测车的意义是什么? 2.食品快速检测相对于传统和经典的化学检测有哪些特点?

食品安全一直是人们重点关注的问题之一。但近年来,食品引发的安全问题时有发生,严重威胁着广大人民群众的身体健康,进而影响经济发展与社会稳定。而目前,我国的食品企业大部分不具有规模性,企业数量多、较分散,从业者法治和自律意识比较薄弱,消费人群和销售渠道较多,导致了食品安全问题频发。从近几年的食品安全问题来看,大部分食品安全问题,除环保和生产条件等客观因素外,大部分源于对农药、兽药和添加剂超范围、超限量使用,以及非法添加剂的使用。要有效解决中国的食品安全问题,就必须对食品的生产、加工、流通和销售等各环节实施全程管理和监控,而目前食品监管部门所采取的采样后送实验室检测流程很难做到及时、快速、全面地从各环节监控食品安全状况,尤其对于生鲜食用农产品等短保质期的食品,这些都需要快速、方便、准确、灵敏的快速检测技术。在一些重大的社会活动如奥运会、世博会等活动中,食品快速检测技术也是一种重要的安全保障手段。

一、食品快速检测的定义

食品安全快速检测并不是一类既定的检测方法,目前也没有严格的定义,普遍从检测时间方面区别于经典检测方法,即包括样品制备在内,能够在短时间内出具检测结果的行为称为快速检测。如微生物检测方法与常规方法相比,能够缩短 1/2 或 1/3 时间出具具有判断性意义结果的方法即可视为快速方法。从严格意义上讲,食品安全快速检测是指利用快速检测设施设备(主要包括车、室、仪器、设备等),按照市场监督管理总局或国务院其他有关部门规定的快检方法,对食品(含食用农产品)进行某种特定物质或指标的快速定性定量检测的行为,主要适用于需要在短时间内出具结果的禁限用农兽药、饲料及饮用水中的禁用药物、非法添加剂、生物毒素等的定性检测,检测对象主要为食用农产品、散装食品、餐饮食品、现场制售食品,对于预包装食品原则上以常规实验室检测为主。

食品安全快速检测技术在全程质量控制中起到重要作用,在我国已被广泛用于农业部门、食品安全管理监督部门、农贸市场、超市等开展食品药品质量、安全检测业务和突发性事件(如食物中毒等)的采样检测。2018 年 12 月 29 日新修正颁布的《中华人民共和国食品安全法》中第一百一十二条"县级以上人民政府食品安全监督管理部门在食品安全监督管理工作中可以采用国家规定的快速检测方法对食品进行抽查检测"。2017 年原食药总局出台的《关于规范食品快速检测方法使用管理的意见》指出,各省(区、市)、计划单列市、副省级省会城市食品药品监管部门要按照食品药品监管总局制定发布的《食品快速检测方法评价技术规范》和相应快检方法等要求,通过盲样测试、平行送实验室检测等方式对正在使用和拟采购的快检产品进行评价。评价结果显示不符合国家相应要求的,要立即停止使用或者不得采购。省(区、市)食品药品监管部门可以根据食品安全监管需要,组织专业技术机构对不属于国家规定的食品快检方法开展评价,评价结果符合有关要求的,可用于所在省(区、市)各级食品药品监管部门在食品安全监管中的初步筛查。相关法律法规、政策的实施为食品快检技术的发展指明方向。

二、食品快速检测的特点

食品快速检测能缩短检测时间,以及在样品制备、实验准备、操作过程和自动化上能够实现简单化,对仪器设备等条件的要求不高,能够携带到交易或生产现场实施检测。具体体现在三个方面:一是实验准备过程简单化,使用试剂较少,检测试剂较容易保存且保存期长;二是样品经过简单前处理后就可以进行检测,或采用高效便捷的样品处理方法;三是使用便携型或易用型的试剂盒或小型仪器设备,采用简单准确的分析方法就能对处理好的样品在很短时间内测试出结果,且对操作人员专业知识和技术的要求不高。

食品安全快速检测可以扩大对食品安全不利因素的监测范围,增加食品样品的监测数量,及时发现问题,迅速采取控制措施,必要时将监测到的问题食品送实验室进一步检测,由此达到既可以发挥快速检测的特点,又可以充分利用实验室资源,快速检测方法与常规检测方法彼此互补,形成全方位的食品安全检测技术体系,及时控制、减轻、消除食品突发事故及有毒有害物质对人体潜在的危害,降低食品中毒发生率,提高工作效率。完善的食品安全快速检测体系,可以使食品做到全流程控制,从田间地头到生产,再到运输,最后到销售,从整体上实现食品安全,进而使食品得到了保障,推动食品工业的健康发展。

三、食品快速检测的发展趋势

目前的食品快速检测方法仍具有局限性,需要通过不懈的研究、不断地完善和改进现有的检测技术。食品安全快速检测的发展趋势主要有以下几方面:

①检测灵敏度更高,即最低检出限更低,许多高灵敏度、高分辨率的分析仪器将越来越多地应用于食品快速检测中。

②检测速度将越来越快,企业更加注重生产过程的全面调控,最好能实现在线检测。

③选择性不断提高,各种高新技术的应用,减少出现假阳性和假阴性的机率,使得在复杂混合体中直接进行污染物的选择性测定成为可能。

④检测结果的准确性将越来越高,新技术的应用,提高了用于检测的产品质量,使结果更准确,同时逐渐实现由定性和半定量检测到定量检测。

⑤检测仪器更加智能化、微型化,将逐步实现一次检测可同时测定多种成分的集成化技术,大幅缩短检测周期。

⑥检测成本将越来越低,加快实现快速检测仪器设备的国产化、系统化。

四、食品快速检测的分类

(一)按检测场地分类

食品安全快速检测按检测场地可分为现场快速检测和实验室快速检测。一般认为,能够在2 h内出结果的理化检测方法(包括样品制备在内)即可视为实验室快速检测方法;现场快速检测方法一般在30 min内能够出结果,能够在十几分钟内甚至几分钟内出具结果的即是较好的现场快速检测方法。

现场快速检测着重于利用一切可以利用的手段对检测样品快速定性和半定量;实验室快速检测主要依托于专业的食品检测实验室,着重于利用一切可以利用的仪器设备对检测样品进行快速定性与定量。前者侧重于将一切可以利用的手段从实验室应用于现场检测,主要是利用一些便于携带的仪器设备或试剂盒,在食品快速检测领域已得到较为广泛的应用。而后者则是着重于挖掘现有的设备潜力、更新仪器设备以及改变样品的前处理方式。

(二)按照检测手段分类

目前国内外常用的快速检测方法有化学比色分析法、酶抑制法、生物传感器法、免疫学分析法和生物芯片法等。有些时候是几种方法结合起来进行食品安全的快速检测。

1. 化学比色分析法

化学比色分析法是利用迅速产生明显颜色的化学反应检测待测物质,通过与标准比色卡进行目视定性或半定量分析,或在一定波长下与标准品比较吸光度值得到最终结果。目前,常用的化学比色法包括各种检测试剂和试纸,随着检测仪器的不断发展,与其相配套的微型检测仪器也相应出现,如便携式分光光度计。化学比色分析法与一般的仪器分析方法相比,价格便宜,操作相对简便,结果显示直观,一次性使用,无须检修维护,具有一定的灵敏度和专一性等,非常适用于食品现场快速检测。其不足之处是不能实现无损检测,在检测过程中易受环境条件的影响。化学比色分析技术在有机磷农药、硝酸盐、亚硝酸盐、甲醛、二氧化硫、吊白块、亚硫酸盐等化学有害物质的检测方面已经得到了广泛应用,如图1-1所示。在菌落总数、大肠菌群、霉菌、金黄色葡萄球菌等微生物的检测方面也有不少应用。

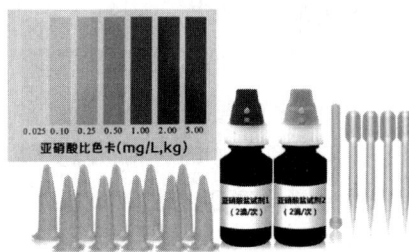

图1-1 食品中亚硝酸盐的快速检测

2. 酶抑制法

酶抑制法常用于农药及重金属的检测。酶抑制法的原理为农药、重金属等可以抑制相应的酶的活性,从而使底物—酶体系产生一系列变化。农药残留检测使用的酶主要是动物胆碱酯酶,其中有机磷及氨基甲酸酯类农药的磷脂键、酰胺键与酶活性中心的丝氨酸键合,使酶失去活性。农残速测卡的检测原理是有机磷或氨基甲酸酯类农药能抑制胆碱酯酶催化靛酚乙酸酯(红色)水解为乙酸与靛酚(蓝色),从而判断出样品中是否含有高剂量有机磷或氨基甲酸酯类农药,如图1-2所示。重金属检测使用最多的是脲酶,除了脲酶以外,其他酶如葡萄糖氧化酶、磷酸酯酶、过氧化物酶、蛋白酶等也被越来越多地应用到重金属的检测中,重金属离子能与形成酶活性中心的巯基或甲巯基键合而抑制酶的活性。酶抑制分析法的应用范围较广,但也存在着各种问题,例如,此分析方法对于一些残留有农药的果蔬很容易产生假阳性反应,直接影响到最终的检查结果,采用该方法发现超标现象时,必须用标准方法进行复测确证,这在《农产品质量安全法》第三十六条第二款中有明确的规定。对于阴性结果,也应按比例进行抽样,采用可靠的方法进行复测确证。

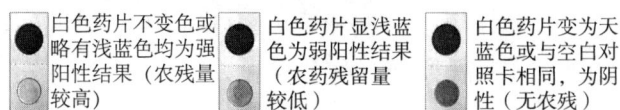

白色药片不变色或略有浅蓝色均为强阳性结果（农残量较高）　白色药片显浅蓝色为弱阳性结果（农药残留量较低）　白色药片变为天蓝色或与空白对照卡相同,为阴性（无农残）

图1-2　果蔬农药残留速测卡的检测结果判定

3. 生物传感器法

生物传感器是通过被测定分子与固定在生物接收器上的敏感材料发生特异性结合,并发生生物化学反应,产生热熵变化、离子强度变化、pH变化、颜色变化或质量变化等信号,且反应产生的信号的强弱在一定条件下与特异性结合的待测物浓度存在一定的数量关系,这些信号经传导器转变成电信号后被放大测定,从而间接测定待测物浓度。与传统的化学传感器和离线分析技术相比,生物传感器有着许多不可比拟的优势,如高选择性、高灵敏度、较好的稳定性、低成本、可微型化、便于携带、可以现场检测等,它作为一种新的检测手段正在迅猛发展。在食品安全现场快速检测领域,各种新技术如纳米技术、分子印迹技术等为其提供了丰富的发展空间。生物传感器在食品分析中的应用包括食品成分、食品添加剂、有害毒物及食品鲜度等的测定分析。

（1）食品成分分析

在食品工业中,葡萄糖的含量是衡量水果成熟度和储存寿命的一个重要指标。已开发的酶电极型生物传感器可用来分析白酒、苹果汁、果酱和蜂蜜中的葡萄糖。其他糖类(如果糖、麦汁中的麦芽糖)也有成熟的测定传感器。

（2）食品添加剂分析

亚硫酸盐通常用作食品工业的漂白剂和防腐剂,采用亚硫酸盐氧化酶为敏感材料制成的电流型二氧化硫酶电极可用于测定食品中的亚硫酸盐含量,测定的线性范围为 $0 \sim 0.6$ mmol/L。又如饮料、布丁等食品中的甜味素,有报道表明:科学家采用天冬氨酶结合氨电极测定,线性范围为 $2 \times 10^{-5} \sim 1 \times 10^{-3}$ mol/L。此外,也有用生物传感器测定色素和乳化剂的报道。

（3）农药残留量分析

一种使用人造酶测定有机磷杀虫剂的电流式生物传感器已经面世,它利用有机磷杀虫剂水解酶,对硝基酚和二乙基酚的测定极限为 10^{-7} mol/L,在40℃下测定只要4 min。另一种采用戊二醛交联法将乙酰胆碱酯酶固定在铜丝碳糊电极表面,制成可检测浓度为 10^{-10} mol/L 的对氧磷和 10^{-11} mol/L 的克百威的生物传感器,可用于直接检测自来水和果汁样品中这两种农药的残留量。

(4)微生物和毒素的检测

食品中病原性微生物及其产生的毒素的存在会给消费者的健康带来极大的危害,食用牛肉很容易被致病性大肠杆菌 O157:H7 所感染,因此需要快速灵敏的方法检测大肠杆菌 O157:H7 一类的细菌。光纤生物传感器可以在几分钟内检测出食品中的大肠杆菌 O157:H7。这种生物传感器从检测出病原体到从样品中重新获得病原体并使它在培养基上独立生长总共只需 1 天时间,而传统方法需要 4 天时间。

4. 免疫学分析法

免疫学分析法检测的基本原理是以医学的血清学检测方法为基础,通过抗原与抗体的高度专一性特异反应进行检测。抗原抗体反应是一种非共价键特异性吸附反应,一般情况下,抗原只和它自己诱导产生的抗体发生反应。

(1)酶联免疫法(ELISA)

ELISA 检测法的基础是抗原或抗体的固相化以及抗原或抗体的酶标记。结合在固相载体表面的抗原或抗体仍保持其免疫学活性,酶标记的抗原或抗体既保留其免疫学活性,又保留酶的活性,抗原与抗体的特异反应将待测物与酶连接,然后通过酶与底物发生颜色反应,用于定量测定。测定的对象可以是抗体,也可以是抗原。ELISA 检测方法将抗原抗体的特异性反应与酶对底物的高效催化作用结合起来,具有特异性强、灵敏度高的特点,是目前应用最广泛的食品安全快速检测方法之一。在实际应用中,通过不同的设计,具体的方法可有多种,比较常用的是 ELISA 双抗体夹心法和 ELISA 间接法。

ELISA 双抗体夹心法基本原理是,受检样品(测定其中的抗原或抗体)与固相载体(酶标板)表面的抗体或抗原起反应。用洗涤的方法使固相载体上形成的抗原抗体复合物与液体中的其他物质分开。再加入酶标记的抗原或抗体,通过反应也结合在固相载体上。然后加入能与酶反应的底物后,底物被酶催化成有色产物,产物的量与样品中受检物质的量直接相关,故根据呈色的深浅进行定性或定量分析,如图 1-3 所示。酶的催化效率很高,间接地放大了免疫反应的结果,使测定方法达到很高的敏感度。

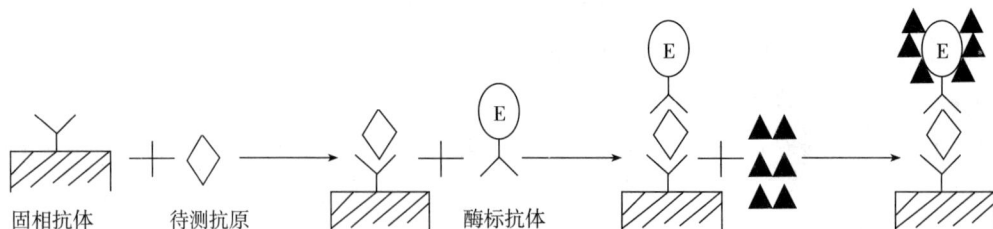

固相抗体   待测抗原   酶标抗体

图 1-3 ELISA 双抗体夹心法

在测定时,通常选择能识别同一待测物质(视为抗原)的不同抗原表位的抗体对(两个单抗),其中一个抗体作为捕获抗体包被在酶标板上,与标准品及待测物质结合。另一个抗体标记生物素作为检测抗体,与结合在第一抗体上的待测物结合。然后再加入辣根过氧化物酶(HRP)标记的亲和素,亲和素与检测抗体标记的生物素结合。加入显色剂后,标记在亲和素上的 HRP 使无色的显色剂变蓝,加入终止液变黄,在 450 nm 处测吸光值。待测样本中的细胞因子浓度与吸光值呈正相关。

ELISA 间接法是检测抗体最常用的方法。将已知抗原吸附于固相载体上,加入待测物质(抗体)与之结合,洗涤后,加酶标抗体和底物进行测定,如图 1-4 所示。

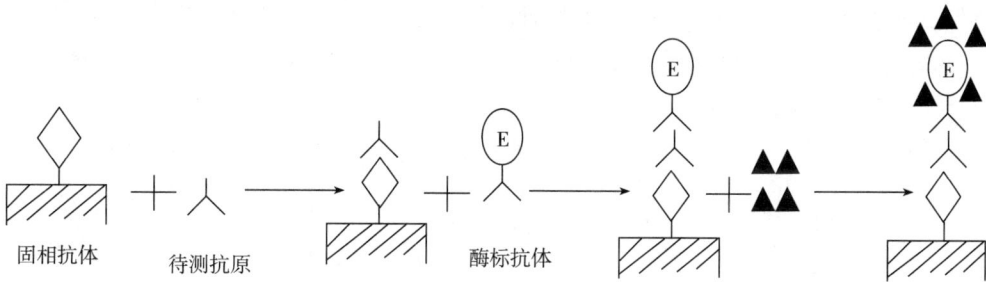

图 1-4　ELISA 间接法

固相抗体　　待测抗原　　　　酶标抗体

目前 ELISA 试剂盒已得到广泛应用,国家市场监督管理总局推荐 ELISA 试剂盒作为动物激素和抗生素残留的首选筛选试剂。ELISA 试剂盒已用于盐酸克伦特罗(CLB)的检测,其优点是灵敏度高、操作简便、检测迅速且价格便宜,缺点是仍不能实现现场检测并且假阳性率较高。

(2)免疫胶体金法

免疫胶体金法又称胶体金试纸法、Rosa 法,是以胶体金为显色媒介,利用免疫学中抗原抗体能够特异性结合原理,在层析过程中完成这一反应,从而达到检测的目的,具有简便、特异、快速、敏感的特点,且不依赖于专业技术人员及昂贵的仪器设备。

目前比较常用的胶体金标准试纸条由样品垫、胶体金垫、硝酸纤维素(NC)膜及吸水纸等材料依附在有一定硬度的支架上,如图 1-5 所示。对样品进行检测时,在吸水纸的吸引

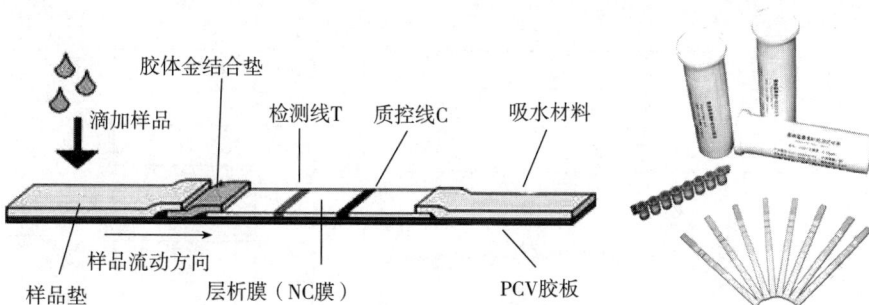

图 1-5　胶体金标准试纸条的结构

滴加样品　　胶体金结合垫　　检测线T　质控线C　吸水材料

样品流动方向　　层析膜（NC膜）　　PCV胶板

样品垫

作用及毛细管作用下,液体样品依次通过样品垫、胶体金垫、NC 膜,到达吸水纸端。NC 膜上固化有两道线:检测线 T 和质控线 C。质控线显色指示测试有效,检测线则根据检测模式的不同而呈现红色或不显色,以指示阳性或阴性结果。胶体金免疫检测区分为快速检测卡和快速检测试纸条两种形式,其中,快速检测试纸条常见 3.5 mm 宽的窄条和 5.0 mm 宽的宽条。

免疫层析试纸的检测原理主要有两种:夹心法和竞争法。利用夹心法检测时,胶体金标记的抗体或抗原与相应的被检测物结合后,可以被检测线上的另外一株抗体拦截显色,同时多余的金标抗体或金标抗原被质控线上的抗体拦截显色。若样品中不含被检测物,则不能与金标抗体或金标抗原结合,不被检测线拦截显色,而质控线上的抗体则与金标抗体或抗原结合显色。即阴性样品仅有质控线显色,检测线不显色;阳性样品在检测线和质控线同时显色,如图 1-6 所示。

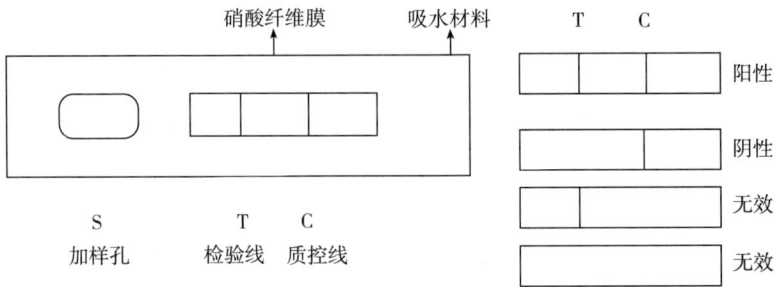

图 1-6 双抗体夹心法检测原理

利用竞争法检测时,当样品中的被检测物与金标抗体结合后,就能阻断金标抗体与检测线上的固化物结合,此时胶体金颗粒不在检测线上聚集,也就不显色,多余的金标抗体与质控线上的抗体结合,使胶体金颗粒聚集显色。而如果样品中不含有被检测物,那么也就不能阻断金标抗体与检测线上的固化物结合,此时检测线上将发生胶体金的聚集显色,同样,质控线也因胶体金颗粒的聚集而显色。即检测阴性样品时,结果同时出现检测线和质控线显色;检测阳性样品时,仅出现质控线显色,不出现检测线,与夹心法的结果判定恰恰相反,如图 1-7 所示。

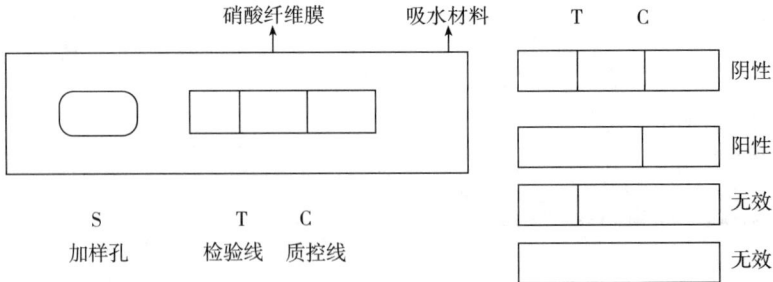

图 1-7 竞争法检测原理

免疫胶体金法在肉眼条件下即可对结果进行快速判读,一般应用于现场的初步筛查。该方法常用于检测有害微生物、农药残留、兽药残留、转基因食品及食品中非法添加物如三聚氰胺、猪肉中瘦肉精等的检测。该方法可在 10 min 内快速检测牛奶中的抗生素,利用该技术可检测的抗生素种类有 5 种,包括 β-内酰胺、四环素、磺胺二甲嘧啶、恩诺沙星和黄曲霉毒素,可检测的 β-内酰胺药物有氨苄西林、阿莫西林、氯唑西林、头孢噻呋、头孢霉素和青霉素 G 等。表 1-1 列举了免疫胶体金法在食品分析中的部分应用。

表 1-1　免疫胶体金法在食品分析中的部分应用

检测项目	基本原理与检出限	应用介质
氨基甲酸甲酯	竞争抗体法,检出限 0.25 μg/mL	蔬菜、水果
雌二醇	竞争抗体法,检出限 0.1 μg/mL	水产品
B 型肉毒毒素	双抗夹心法,检出限 0.05 μg/mL	肉或肉制品
盐酸克伦特罗	竞争抗体法,检出限 3.0 μg/mL	畜禽、水产品
罂粟碱	竞争抗体法,检出限 0.2 μg/mL	食糖、饼干、白葡萄酒
幽门螺杆菌	该试纸包被尿素酶单克隆抗体、CagA 或 VacA 单克隆抗体和抗鼠多克隆抗体	哺乳动物口腔唾液、胃液、反流呕吐、牙斑、粪便
Cry I (Ab) 蛋白、CP_4-EP-SPS 蛋白	在蛋白水平上进行检测,对转基因大豆 CP4-EPSPS 检出限可达 0.1%	转基因玉米、大豆
Cry_9C 蛋白	试纸条,0.25%水平	转基因玉米
阿片生物碱	竞争抗体法,反应时间 5 min	火锅汤料、调料、凉皮等

5. 生物芯片法

生物芯片就是利用原位合成或微距阵点样等方法,将大量基因片段、基因探针、抗原抗体、多肽分子或细胞等生物大分子有序地固定在硅胶片、玻璃片或高分子聚合物薄片等支撑物的表面,形成密集的二维分子排列,然后与已标记待测生物样品中的靶分子杂交,通过精密的扫描光学仪器来采集数据,并借助计算机软件对数据进行分析,最后判断出样品中靶分子的种类和数量。

生物芯片的发展历史较短,但所包含的种类却很多。到目前为止,其分类方式和种类尚没有完全统一的标准。根据用途分类可以分为电子芯片和分析芯片;根据作用方式分类可以分为主动式芯片和被动式芯片;根据构造不同可以分为阵列型芯片、微流控芯片和纳米芯片等;按照成分分类,又可分为基因芯片、蛋白质芯片、细胞芯片、组织芯片和芯片实验室等,按照成分分类是目前最常见的一种分类方式。生物芯片的种类繁多,每一种芯片都有它们各自的独特之处。与传统的分析方法相比,生物芯片具有明显的优势,1 个生物芯片就可以同时实现多个分析样品的检测,且分析检测时使用较少试剂即可得出结果,具有高通量、高精密度的优点。

(1)免疫芯片

免疫芯片是一种特殊的蛋白芯片,芯片上的探针蛋白可根据研究目的选用抗体、抗原、受体等具有生物活性的蛋白质。芯片上的探针点阵,通过特异性免疫反应捕获样品中的靶蛋白,然后通过专用激光扫描系统和软件进行图像扫描、分析、结果解释,具有高通量、自动化、灵敏度高和多元分析等优点。由于单克隆抗体具有高度的特异性和亲和性,因此是比较好的一种探针蛋白,用其构筑的芯片可用于检测蛋白质表达丰度及确定新的蛋白质。

在免疫芯片的制作过程中,关键的步骤是抗原或抗体的固定。根据固定原理可分为物理吸附法和共价结合法。物理吸附法简便易行,但是固定的抗原分子数少,在以后的洗涤过程中,固定分子容易脱落,影响结果的判读。近年来,免疫芯片的研制中多采用共价结合法进行抗原或抗体的固定,常用的材料包括玻璃片、硅片、金片、聚丙烯酰胺凝胶膜、尼龙膜等。在众多的共价固定材料中,通常采用的是玻璃片及聚丙烯酰胺凝胶膜。采用聚丙烯酰胺凝胶膜固定抗原或抗体过程是通过光致聚合作用在玻璃片上制备众多的彼此分开的聚丙烯酰胺凝胶膜,然后用戊二醛进行膜的活化,活化膜上的醛基和抗原或抗体中的氨基反应形成酰胺键,从而完成识别分子的固定,其优点是固定的识别分子数量大,在其上进行的抗原抗体反应近似于液相中的反应,反应速度快,信号强。

在免疫芯片中常用的标记物有放射性同位素、酶、荧光物质等,依据标记物的不同采用不同的检测方法。采用酶及荧光物质标记抗原或抗体具有敏感、简便、快速的优点,这两种标记方法克服了放射性同位素标记法存在放射性污染的不足,已成为免疫芯片中常用的标记物,抗原与抗体反应结束后用扫描仪进行荧光信号的检测。对于小分子的免疫芯片检测,由于小分子多数不具备两个以上供抗体结合的位点,不能用双抗夹心法进行测定。因此,在芯片上对小分子的检测均采用竞争法。即分别对其进行化学衍生并使之与大分子蛋白偶联合成各自的蛋白结合物,然后通过对蛋白的标记而间接标记小分子,检测时利用非标记小分子对检测液中偶联物产生的竞争强度来确定待测液中小分子的含量。免疫芯片在食品快速检测中的部分应用见表1-2。

表1-2　免疫芯片在食品快速检测中的部分应用

检测项目	基本原理与检出限
阿特拉津、罂粟碱	竞争法,检出限:阿特拉津 0.001 μg/mL,罂粟碱 0.01 μg/mL
雌二醇	竞争法,检出限:0.001 μg/mL
葡萄球菌肠毒素(SEA、SEB、SEC)	竞争法,检出限:SEA 0.01 μg/mL,SEB 0.01 μg/mL,SEC 0.1 μg/mL
磺胺二甲基嘧啶、链霉素、泰乐菌素	偶联牛血清白蛋白的抗体溶于含 20% 丙三醇的 PBS 缓冲液,ProSys 5510 点样仪固定于活化的琼脂糖玻璃平板,可实现磺胺二甲基嘧啶、链霉素、泰乐菌素的同时测定,对以上三种物质的检出限分别为 3.26 ng/mL、2.01 ng/mL 和 6.37 ng/mL

(2)基因芯片

基因芯片,又称 DNA 微陈列,是指按照预定位置固定在固相载体上很小面积内的千万个核酸分子所组成的微点阵阵列。在一定条件下,载体上的核酸分子可以与来自样品的序列互补的核酸片段杂交。如果把样品中的核酸片段进行标记,在专门的芯片阅读仪器上就可以检测到杂交信号。基因芯片检测方法由于同时将大量探针固定于支持物上,所以可以一次性对样品大量序列进行检测和分析。它解决了传统核酸印迹杂交技术操作繁杂、自动化程度低、操作序列数量少、检测效率低等不足。基因芯片以其可同时、快速、准确地分析数以千计的基因组信息的本领而显示出巨大的威力。这些应用主要包括基因表达检测、突变检测、基因组多态性分析、基因文库作图和杂交测序等方面,在食源性致病菌和病毒的快速检测中也得到了初步应用。

（3）液相悬浮芯片

Luminex悬浮芯片是美国Luminex公司开发的一种多功能的液相芯片分析平台,也称xMAP、MASA(多功能悬浮点阵仪)或液体芯片。它集中了分子生物学、免疫学、高分子化学、激光物理学、微流体学、计算机科学等多门学科,使悬浮芯片法的检测特异性和灵敏度得到了前所未有的发展。它可以在一个 25~50 μL 的样品内同时检测 100 种以上不同的检测项目,具有重复性与稳定性好、高通量、检测指标可灵活选择、高灵敏度与高信噪比等诸多优点。与传统的固相芯片相比,它克服了固相芯片在大分子检测时表面张力、空间效应等对反应动力学的干扰。优化实验条件后,近似完全液相的反应体系对特异性生物学反应的影响几乎可以忽略,检测结果的稳定性和重复性也因此得到很大的提高。Luminex 的多参数高通量分析具有节约试剂和样本、操作简单等多种优势,被越来越多的科研和临床工作者所接受。

任务二　食品快速检测的采样数量和方法

案例导入

案例:在大润发超市,"你点我检"现场抽检观摩活动正式启动,消费者在现场自主选择了想要抽检的商品,如肉类、海鲜、蔬菜和鸡蛋。在市民的眼中,抽检的过程还是比较陌生的。工作人员告诉市民,抽样过程要求被抽样单位提供其营业执照、食品生产经营许可证等证件,确认产品是否属于法定资质允许生产经营的食品。抽取的样品剩余保质期需满足检测时限要求。不仅如此,抽样的数量、重量是有要求的。例如,畜禽肉及副产品,对于包装产品或体积较大的产品,可将样品对称分切为两份,尽量保证样品性状的一致性。对于个体较小的产品如鸡心等,可不分切,混合后分成两份,原则上抽取样品量不少于 2 kg。蔬菜上,则要从同一批次中抽取无明显瘀伤、腐烂、长菌或其他表面损伤的样品,除去泥土、黏附物及萎蔫部分。对于扎捆蔬菜应打开,等分为两部分;对于多捆蔬菜,应全部打开混匀后分成两部分,原则上抽取样品量不少于 2.5 kg。整个抽样过程全程录像,抽样配备了用于现场抽样的影像采集设备、移动终端设备、打印机,以及用于样品储存运输的车辆、车载冰箱、温度记录仪等设备。在抽样完成后由抽样人与被抽样单位在抽样单和封条上签字、盖章,当场封样,检测样品、备份样品分别封样。在支付样品费用、交付文书后,送往某市食品检测研究院。

讨论:1.采样时为什么对抽样的数量和重量有要求? 2.为保证食品安全快速检测结果的准确,采样时要注意哪些方面?

由于食品数量较大,多数情况不能对全部食品进行检测,必须从整批食品中采取一定比例的样品进行检测。从大量的分析对象中抽取具有代表性的一部分样品作为分析检测样品,这个过程称为样品的采集或采样。食品快速检测采样的主要目的在于鉴定感官性质有无变化、食品的营养价值和卫生质量,包括食品中营养成分的种类、含量和营养价值,食品及其原料、添加剂、设备、容器、包装材料中是否存在有毒有害物质及其种类、性质、来源、含量、危害等。食品采样是进行营养指导,开发营养保健食品和新资源食品,强化食品的卫生监督管理,制定国家食品卫生质量标准,以及进行营养与食品卫生学研究的基本手段和重要依据。

一、采集样品分类

食品安全现场快速检测样品通常分为客观样品和主观样品两大类。

1. 客观样品

在经常性和预防性食品安全卫生监督管理过程中,为掌握食品安全卫生质量,对食品生产、流通环节进行定期或不定期抽样监测。通常包括下面几方面:a.食品生产流通过程中,原料、辅料、半成品及成品抽样检测的样品,包括生产企业自检和监督管理部门的监测;b.食品添加剂的行政许可抽检样品;c.新食品资源或新资源食品的样品。

2. 主观样品

针对可能不合格的某些食品或有污染食物中毒或消费者提供情况的可疑食品和食品原料,在不同场所选择采样。通常包括以下几种情况:a.可能不合格食品及食品原料;b.可能污染源,包括容器、用具、餐具、包装材料、运输工具等;c.发生食物中毒的剩余食品,病人呕吐物、排泄物、血液等;d.已受污染或怀疑受到污染的食品或食品原料;e.掺假掺杂的食品;f.超期食品以及消费者投诉和揭发的不符合卫生要求的食品。

二、采样原则

从大量的、组成不均一的被检食品中,采集能代表全部被检食品的分析样品,必须采取正确的采样数量和采样方法。为保证食品安全快速检测结果的准确性,采样时通常要遵循代表性、典型性、时效性和程序性原则。

1. 样品采集的代表性

食品的种类繁多,成分复杂。同一类食品,其成分及其含量也会因品种、产地、成熟期、原料情况、加工工艺、储运条件不同而存在相当大的差异。同一分析对象的不同部位,其成分和含量也可能存在较大差异。销售人员的责任心和安全卫生意识对食品质量也会产生较大影响。因此,采样时必须考虑这些因素,采集的样品应充分代表检测的总体情况,也就是通过对具体代表性样本的检测能客观反映出食品的质量。

2. 样品采集的典型性

采集能充分达到检测目的典型样品,通常包括影响食品安全的关键控制的样品、污染或怀疑污染的食品、掺假或怀疑掺假的食品、有毒或怀疑有毒的食品等。

3. 样品采集的时效性

因为不少被检物质总是随时间发生变化,为了保证得到正确结论应尽快检测。及时为重大活动的食品安全卫生提供保障,为食物中毒患者及时提供救治依据,如发生食物中毒应立即赶到现场及时采样,否则不易采得中毒食品。因此,采样和送检的时效性非常重要。

4. 样品采集的程序性

采样、检测、留样、报告均应按规定的程序进行,各阶段都要有完整的手续,责任必须分清。

三、采样工具和容器

常用工具包括钳子、螺丝刀、小刀、剪刀、镊子、罐头及瓶盖开启器、手电筒、蜡笔、圆珠笔、胶布、记录本、照相机、摄像机等。根据样品性质不同,需选择合适的专用工具。长柄勺,适用于散装液体样品采集;玻璃或金属采样器,适用于深型桶装液体食品采样;金属探管,适用于袋装的颗粒或粉末状食品采样;采样铲,适用于散装粮食或袋装的较大颗粒食品采样;长柄匙或半圆形金属管,适用于较小包装的半固体样品采集;搅拌器,适用于桶装液体样品的搅拌。常见的各种类型采样工具如图 1-8 所示。

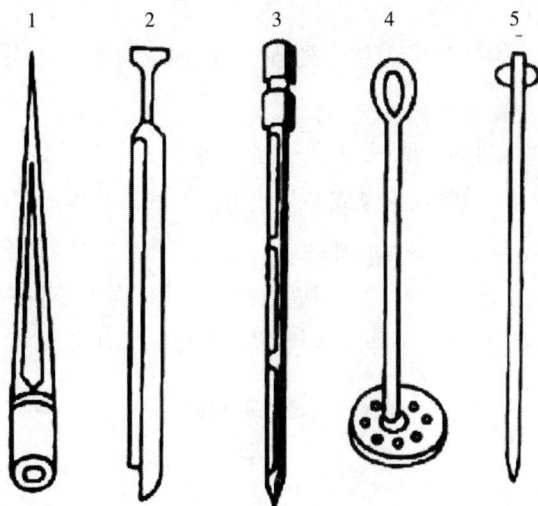

1—固体脂肪采样器　2—谷物、糖类采样器　3—套筒式采样器　4—液体采样搅拌器　5—液体采样器

图 1-8　各种类型采样工具

盛装液体或半液体样品常用防水防油材料制成的带塞玻璃瓶、广口瓶、塑料瓶等，盛装固体或半固体样品可用广口玻璃瓶、不锈钢盒、铝制盒、搪瓷盅、塑料袋等。采集粮食等大宗食品时应准备四方搪瓷盘供现场分样用；在现场检测面粉时，可用金属筛进行筛选，检查有无昆虫或其他杂质等。

四、采样数量和方法

1. 采样的一般方法

采样通常有两种方法：随机抽样和代表性取样。随机抽样是按照随机的原则，从分析的整批物料中抽取出一部分样品。随机抽样时，要求使整批物料的各个部分都有被抽到的机会，操作时，可用多点取样法，即从被检食品的不同部位、不同区域、不同深度，上、下、左、右、前、后多个地方采集样品。代表性取样则是用系统抽样法进行采样，即已经掌握了样品随空间（位置）和时间变化的规律，按照这个规律采取样品，从而使采集到的样品能代表其相应部分的组成和质量，如对整批物料进行分层取样，在生产过程的各个环节取样，定期对货架上陈列不同时间的食品的取样等。在某些情况下，如难以混匀的食品（黏稠液体、蔬菜、面点等）的采样，仅用随机抽样法是不行的，需要结合代表性取样，从有代表性的各个部分分别取样。因此，具体采样方法根据样品不同而异。

食品快速检测的采样一般分为以下六个步骤：

①获得检样：将分析的整批物料各个部分采集的少量物料作为检样。

②形成原始样品：把质量相同的许多份检样综合在一起称为原始样品。如果采得的检样互不一致，则不能把它们放在一起做成一份原始样品，而只能把质量相同的检样混在一起，做成若干份原始样品。

③得到平均样品：原始样品经过技术处理后，再抽取其中一部分供分析检测用的样品称为平均样品。

④平均样品三等分：将平均样品平分为三份，分别作为检测样品（供分析检测使用）、复验样品（供复验使用）和保留样品（供备查或仲裁使用），一般散装样品每份不少于0.5 kg。

⑤填写采样记录：采样记录要求详细填写采样的单位、地址、日期、样品批号、采样的条件、采样时的包装情况、采样的数量、要求检测的项目及采样人等资料，一式两份，一份交被采样单位，一份由采样单位保存，采样记录表样式如表1-3所示。

表1-3　现场采样记录表

采样记录表

采样单位（章）：

样品名称		被采样单位	
采样时间		样本产地	
采样地点		商标	

采样数量		生产日期	
样品编号		样本状态	
采样方法： 被采样单位负责人签名：			
备注：			

采样人签名：   采样日期：

⑥样品签封和编号：采样完毕整理好现场后，将采好的样品分别盛装在容器或牢固的包装内，在容器盖接处或包装上进行签封，可以由采样人或采样单位签封。每件样品还必须贴上标签，明确标记品名、来源、数量、采样地点、采样人、采样日期等内容。如样品品种较少，应在每件样品上进行编号，所编的号码应与采样收据、样本名称、样品编号相符。

2. 不同样品的采样数量和方法

鉴于采样的数量和规则各有不同，一般可按下述方法进行。

（1）均匀固体物料（如粮食、粉状食品）

有完整包装（袋、桶、箱等）的物料可先按下列公式确定采样件数。

$$S=\sqrt{N/2}$$

式中：N——检测对象的数目（袋、桶、箱等）；

$\quad$ S——采样件数。

然后从样品堆放的不同部位，按采样件数确定具体采样袋（桶、箱），再用双套回转取样管插入包装容器中采样，回转180°取出样品。再用四分法将原始样品做成平均样品，可将原始样品充分混合均匀后堆积在清洁的玻璃板上，压平成厚度在3 cm以下的形状，并划成对角线或十字线，将样品分成4份，取对角线的2份混合，再分为4份，取对角的2份，如图1-9所示。这样操作直至取得所需数量为止，即得平均样品（一般不少于0.5 kg）。

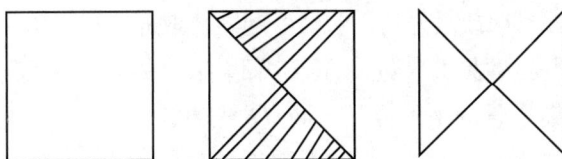

图1-9 四分法取样图解

无包装的散堆样品。先划分若干等体积层，然后在每层的四角和中心点用双套回转取样器各采取少量检样，再按上述方法处理，得到平均样品。

（2）较稠的半固体物料（如稀乳油、动物油脂、果酱等）

较稠的半固体物料不易充分混匀，可先按公式确定采样件（桶、罐）数，打开包装，用采样器从各桶(罐)中分上、中、下三层分别取出检样,然后将检样混合均匀,再按上述方法分别缩减,得到所需数量的平均样品。

(3)液体物料(如植物油、鲜乳、酒或其他饮料等)

包装体积不太大的物料。可先按公式确定采样件数。开启包装,用搅拌器充分混合。然后用长形管或特制采样器从每个包装中采取一定量的检样。将检样综合到一起,充分混合后,分散缩减得到所需数量的平均样品。

大桶装的或池(散)装的物料。因物料不易混合均匀,可用虹吸法分层在大桶或池的四角及中心点分上、中、下三层取样,每层 500 mL 左右,充分混合后,分散缩减得到所需数量的平均样品。

(4)不均匀的固体食品(如肉、鱼、果品、蔬菜等)

这类食品各部位成分极不均匀,个体大小及成熟程度差异很大,取样更应注意代表性。

肉类。根据分析目的和要求不同而定。有时从不同部位取得检样,混合后形成原始样品,再分取缩减得到所需数量的代表该动物的平均样品。有时从很多只动物的同一部位采取检样,混合后形成原始样品,再分取缩减得到所需数量的代表该动物某一部位情况的平均样品。

水产品。小鱼、小虾可随机采取多个检样,切碎、混匀后形成原始样品,再分取缩减得到所需数量的平均样品。对个体较大的鱼,可从若干个体上切割少量可食部分得到检样,切碎、混匀后形成原始样品,再分取缩减得到所需数量的平均样品。

果蔬。体积较小的(如山楂、葡萄等),可随机采取若干个整体作为检样,切碎、混匀形成原始样品,再分取缩减得到所需数量的平均样品。体积较大的(如西瓜、苹果、菠萝等),可按成熟度及个体大小的组成比例,选取若干个个体作为检样,对每个个体按生长轴纵向分成 4 份或 8 份,取对角线 2 份,再混匀缩分得到所需数量的平均样品。体积蓬松的蔬菜(如菠菜、小白菜等),由多个包装(捆、筐)分别抽取一定数量的检样,混合后捣碎、混匀,再分取缩减得到所需数量的平均样品。

(5)小包装食品(如罐头、瓶装或听装饮料、奶粉等)

小包装食品一般按班次或批号连同包装一起随机取样。如果小包装外还有大包装(如纸箱),可按公式抽取一定数量的大包装,再打开包装,从每箱中抽取小包装(瓶、袋等),混合后分取缩减得到所需数量的平均样品。同一批号的取样件数,250 g 以上的包装不得少于 6 个,250 g 以下的包装不得少于 10 个。

各类食品的采样数量、采样方法均有具体规定,可参照有关标准执行。

3. 采样的注意事项

①一切采样工具(如采样器、容器、包装纸等)都应清洁、干燥、无异味,不应将任何杂质带入样品中。盛装样品的容器应密封,内壁光滑、清洁、干燥,不含待测物质和干扰物质。容器及其盖、塞应不影响样品的气味、风味、pH 及食物成分。例如,作 3,4-苯并芘测定的样品不可用石蜡封瓶口或用蜡纸包,因为有的石蜡含有 3,4-苯并芘;检测微量和超微量元

素时,要对容器进行预处理;作锌测定的样品不能用含锌的橡皮膏封口;作汞测定的样品不能使用橡皮塞;供微生物检测用的样品,应严格遵守无菌操作规程,防止污染。

②设法保持样品原有微生物状况和理化指标,在进行检测之前样品不得被污染,不得发生变化。例如,作黄曲霉毒素 B_1 测定的样品,要避免阳光、紫外灯照射,以防黄曲毒素 B_1 发生分解。

③感官性质极不相同的样品,切不可混在一起,应另行包装,并注明其性质。

④样品采集完后,应迅速送往检测室进行分析检测,以免发生变化。

⑤掺伪食品和食物中毒的样品采集,应具有典型性。

五、样品的保存

1. 样品的保存原则

采集的样品,为了防止其水分或挥发性成分散失以及其他待测成分的变化,如光解、高温分解、发酵等,应在短时间内进行分析,尽量做到当天采样当天分析。如果不能立即分析,则应妥善保存,保存的原则是干燥、低温、避光和密封。

2. 样品在保存过程中的注意事项

①从散装或大包装内采集的样品如果是干燥的,一定要保存在干燥清洁的容器内,不要同有异味的样品一同保存。

②装载样品的容器必须完整无损,密封不漏出液体。供病原学检测样品的容器,用前彻底清洁干净,必要时经清洁液浸泡,冲洗干净以后干热或高压灭菌并烘干,如选用塑料容器,能耐高压的经高压灭菌,不耐高压的经环氧乙烷熏蒸或紫外线 20 cm 经 2 h 直射灭菌后使用。装入样品后必须加盖,然后用胶布或封箱胶带固封。如果是液态样品,在胶布或封箱胶带外还须用融化的石蜡加封,如果选用塑料袋,则应用两层袋,分别用线结扎袋口,以防液体泄漏。

③易腐败变质的样品需进行冷藏,保存在 0~5℃ 的冰箱里。有些成分,如胡萝卜素、黄曲霉毒素 B_1、维生素 B_2 等,容易发生光解,以这些成分作为分析项目的样品必须避光保存,但时间也不宜过长。特殊情况下,样品中可加入适量的不影响分析结果的防腐剂,或将样品置于冷冻干燥器内进行升华干燥来保存。

④样品保存环境要清洁干净,存放的样品要按日期、批号、编号摆放,以便查找。已腐败变质的样品应弃去不要,并重新采样分析。

总之,样品在保存过程中要防止受潮、风干、变质,保证样品的外观和化学组成不发生变化。分析结束后的剩余样品,除易腐败变质的样品不予保留外,其他样品一般保存 1 个月时间,以备复查。

任务三　食品快速检测的样品制备与结果报告

案例导入

案例:来自央视新闻频道"315特别行动"报道组的最新消息,河南一些地方"瘦肉精"事件曝光后,河南省委省政府高度重视,在沁阳市、孟州市、温县、获嘉县四地展开拉网式排查,并对济源市当地的双汇冷鲜肉进行抽检,首次通报数据显示,"双汇"品牌部分冷鲜肉"瘦肉精"抽检呈阳性。河南省食品安全领导小组办公室通报,济源市政府在全市的7家双汇连锁店和59家双汇冷鲜肉专营店现场封存双汇冷鲜猪肉1877.9公斤,共抽样46个,其中6个确认为阳性,34个阴性,另有6个样品正在等待检测结果。这也是河南省首次通报双汇冷鲜肉"瘦肉精"抽检呈阳性。"瘦肉精"的正式名称是盐酸克仑特罗,又名克喘素、氨哮素、氨必妥、氨双氯喘通。大剂量用在饲料中可以促进猪的增长,减少脂肪含量,提高瘦肉率,但含有过多"瘦肉精"的肉制品对人体有害甚至导致食物中毒。因此我国明令禁止在饲喂畜禽动物时添加"瘦肉精",并将之纳入违法犯罪行为。

讨论:1.冷鲜肉在快速检测"瘦肉精"前需要进行哪些处理? 2.食品快速检测结果为阳性表示什么,阴性又表示什么?

冷鲜肉中瘦肉精的快速检测大多使用免疫胶体金法,先将精肉或内脏样本剪碎放入小小的离心管,然后进行水浴加热10 min,之后用一次性吸管吸取肉样渗出液,在离心管中与缓冲液充分融合,然后将混合液滴入胶体金试剂板的加样孔。样品溶液因层析作用往上扩散,根据试剂板上检测线和质控线的显色情况能判断瘦肉精为阳性或阴性。一般情况下,食品快速检测时仅需对样品进行简单的制备,即在样本分析测定之前需进行一系列的准备工作,包括样本的整理、清洗、匀化、缩分、粉碎、匀浆、消化、提取、净化、浓缩、衍生化等一系列过程,有时为方便将样本整理、清洗、匀化、缩分等步骤称为样本制备,而将粉碎、匀浆、消化、提取、净化、浓缩等步骤称为样本前处理。样品制备的目的是保证样品均匀,使检测时取任何部分都能代表全部样品的成分。样品前处理的目的主要是排除测定前干扰组分,对样品进行浓缩,完整保留被测组分。样品的制备和前处理没有本质上的区别。

一、快速检测样品的制备和前处理

1.快速检测样品制备的一般方法

粮食、咖啡、茶叶等干燥产品:将样品全部磨碎,也可以四分法缩分,取部分样品磨碎全部通过20目筛,混合均匀后缩分。

肉食品类:如鲜肉,先除去骨头、筋膜等,切成大小合适的肉片;如腊肉、火腿、肉罐头等,先除去包装,取出可食用部分,切成适当大小的块状。以上样品用绞肉机反复绞 3 次,混合均匀后缩分。

水产、禽类:将样品各取半只,去除非食用部分,食用部分切细,绞肉机反复绞 3 次,混合均匀后缩分。

蛋和蛋制品:鲜蛋去壳,蛋白和蛋黄充分混匀。其他蛋制品,如粉状物经充分混匀即可。皮蛋等再制蛋,去壳后,置捣碎机内捣碎成均匀的混合物。如蛋白、蛋黄分开检测时,将蛋敲碎后倒入 7.5~9.0 cm 漏斗中,蛋黄在上,蛋白流下,然后分别收集,混合均匀后缩分。

水果、蔬菜类:如有泥沙,先用水洗去,然后除去表面附着的水分,取食用部分,沿纵轴剖开,按四分法取样,切碎,混匀,取部分置于捣碎机内捣碎成均匀的混合物。

花生仁、桃仁:样品用切片器切碎,充分混匀,四分法缩分。

饮料类:啤酒、汽水等含碳酸饮料,在 20~25℃ 温热完全逐出 CO_2 后,再进行检测;非碳酸饮料(如矿泉水,纯净水)可直接检测。

2. 快速检测样品的前处理

(1)粉碎

粉碎是用绞肉机、磨粉机、粮谷粉碎机等将块状的或颗粒较大的动植物样品细化的过程。目的是增大样品表面积,有利于待测组分的提取。

(2)提取

提取是使待测组分与样品分离的过程。提取的方法较多,有静置法、匀浆法、振荡法。

(3)净化

经过提取的待测组分,提取物中通常含有与该组分结构相似的杂质,将待测组分与杂质分离的过程,称为净化。该步骤是样本前处理的技术难点,也是关系到检测结果真实性及检测方法可靠性的重要步骤。主要方法有固相萃取法、固液萃取法、化学处理法、蒸馏法、前置色谱柱净化法等。

(4)浓缩

由于净化过程所引入的溶剂可能会降低待测组分的浓度或不适宜直接进样,需要去除部分或全部溶剂及进行溶剂转换,此过程为浓缩或富集,主要通过旋转蒸发、氮气吹干等除去溶剂。

二、快速检测结果的表述

食品安全现场快速检测的方法主要是定性检测、定量检测和半定量检测。

1. 定性检测

确定检测的食品样品中是否具有某种性质或确定是否含有某种物质。

阳性:表示检出目标物质。阴性:表示未检出目标物质。

2.定量检测

确定检测的食品样品中有关组分的含量或检测某组分的纯度,要有具体量值。

合格:表示检测结果在标准规定值范围内。不合格:表示检测结果超出限量值或达不到标准规定值。

3.半定量检测

对某些食品样品的分析准确度要求不高,但要求简便快速而有一数量级结果的样品,以及在定性分析中除需要给出样品中存在哪些元素外,还需要指出其大致含量。与定量检测方法的表述形式相同,或者与标准规定数值比较得出大致数据或区间范围表示检测结果。

三、快速检测结果报告

食品安全现场快速检测报告中不但要包括检测结果及处理意见,同时样品的相关信息也非常重要,主要包括:样品名称,样品来源,样品数量,编号或批号,采样或送样单位,采样或送样人,样品状态及包装,标示保质期,检测项目,检测依据等。除此之外,还有检测报告单编号、检测日期、检测者、核对者及签发人等内容。实际工作中,要根据现场的具体情况选择需要的样品信息,同时每份报告可以报告一份样品的检测结果,也可以同时出具数份样品的检测结果,样品数量较少时和数量较多时,可以选择不同的报告形式。食品快速检测报告样式可参照表1-4所示。

表1-4 食品快速检测报告参考样式

编号:

食品类别				□生产/□加工/□购进日期		
食品类别		□食用农产品 □小作坊加工食品 □餐饮加工产品		□散装食品 □食品摊贩加工产品 □其他类食品		
受检单位 (个人)	名称					
	地址			电话		
场地,标称 生产企业或 供货单位	名称					
	地址			电话		
抽样日期				抽样人员		
样品数量		抽样基数		抽样单编号		
检测项目	单位	标准值		实测值		检测结果
检测依据						
检测结论		检测单位签章: 签发日期: 年 月 日				

目标检测

一、单项选择题

1. 果蔬农药残留速测卡所采用的是( )。

A. 化学比色分析法　　B. 酶抑制法　　C. 生物传感器法　　D. 酶联免疫法

2. 酶联免疫法 ELISA 测定的对象( )。

A. 只能是抗原　　　　　　　　B. 只能是抗体

C. 既可以是抗原,也可以是抗体　　D. 所有蛋白质

3. 基于层析过程中完成抗原抗体的特异性反应的方法是( )。

A. 酶联免疫法　　　　　　　　B. 免疫胶体金法

C. 生物传感器法　　　　　　　D. 生物芯片法

4. 利用夹心法原理制备的免疫胶体金试纸条检测时,样品呈阳性,则说明( )。

A. 检测线显色,质控线显色

B. 检测线不显色,质控线显色

C. 检测线不显色,质控线不显色

D. 检测线显色,质控线不显色

5. 采样数量应能反映该食品的卫生质量和满足检测项目对试样量的需要,一式三份,供检测、复验、备查或仲裁,一般散装样品每份不少于( )。

A. 0. 1 kg　　　　B. 0. 2 kg　　　　C. 0. 3 kg　　　　D. 0. 5 kg

6. 食品安全现场快速定量检测结果在标准规定值范围内,报告结果应为( )。

A. 阳性　　　　　B. 阴性　　　　　C. 合格　　　　　D. 不合格

7. 适用于散装粮食或袋装较大颗粒食品的采样工具是( )。

A. 长柄勺　　　　B. 玻璃采样器　　C. 采样铲　　　　D. 半圆形金属管

二、多项选择题

1. 食品快速检测的特点有( )。

A. 实验准备过程简单化,使用试剂较少

B. 样品经过简单前处理后就可以进行检测

C. 采用简单的分析方法就能对处理好的样品在短时间内测试出结果

D. 对操作人员的专业技术要求较高

2. 为保证食品安全快速检测结果的准确与结论的正确,采样时一般要遵循的原则有( )。

A. 代表性　　　　B. 典型性　　　　C. 时效性　　　　D. 程序性

3. 采集的样品,为了防止其水分或挥发性成分散失以及其他待测成分的变化,下列操作正确的是( )。

A. 样品应在短时间内进行分析

B. 尽量做到当天采样当天分析

C. 样品应在干燥、低温和避光的环境下保存

D. 采集的样品要密封完好

三、填空题

1. 样品采集是食品安全快速检测的第一步,即从大量的分析对象中抽取_____的一部分样品作为分析样品。

2. 把____相同的许多份检样综合在一起称为原始样品。原始样品的数量根据受检物品的特点、数量和满足检测的要求而定。

3. _____经过混合平均,再均匀地抽取其中一部分供分析检测用,称为平均样品。

4. 采样完毕整理好现场后,将采好的样品分别盛装在容器或牢固的包装内,在容器盖接处或包装上进行_____,可以由_____或_____签封。每件样品还必须贴上标签,明确标记____、____、____、采样地点、采样人、采样日期等内容。

5. 样品制备的目的是_____,使检测时取任何部分都能代表全部样品的成分。

6. 市畜牧局对库存的689头生猪进行尿液检测,发现19头生猪尿液中含有瘦肉精,说明这19头生猪的检测结果呈_____。

四、问答题

1. 试述果蔬农药残留速测卡的检测原理。

2. 简述食品安全快速检测的采样应注意哪些问题?

3. 试述定性、半定量、定量检测的概念及其结果表述方法。

答案及解析

一、单选题

1. B 2. C 3. B 4. A 5. D 6. C 7. C

二、多选题

1. ABC 2. ABCD 3. ABCD

三、填空题

1. 具有代表性 2. 质量 3. 原始样品 4. 签封;采样人;采样单位;品名;来源;数量
5. 保证样品均匀 6. 阳性

四、问答题

1. 果蔬农药残留速测卡的检测原理是有机磷或氨基甲酸酯类农药能抑制胆酰酯酶催化靛酚乙酸酯水解为乙酸与靛酚,乙酸与靛酚能使显色剂变为蓝色。与空白对照卡比较,白色药片不变色或略有浅蓝色均为阳性结果,不变蓝为强阳性结果,说明农药残留量较高,显浅蓝色为弱阳性结果,说明农药残留量相对较低。白色药片变为天蓝色或与空白对照卡相同,为阴性结果。

2. ①一切采样工具和容器都应清洁、干燥、无异味,不应将任何杂质带入样品中。供微

生物检测用的样品,应严格遵守无菌操作规程,防止污染。

②设法保持样品原有微生物状况和理化指标,在进行检测之前样品不得被污染,不得发生变化。

③具体的采样数量和方法,因分析样品的不同而异。

④感官性质极不相同的样品,切不可混在一起,应另行包装,并注明其性质。

⑤样品采集完后,应迅速送往检测室进行分析检测,以免发生变化。如果不能立即分析,则应妥善保存。

⑥盛装样品的器具上要贴牢标签,注明样品名称、采样地点、采样日期、样品批号、采样方法、采样数量、分析项目及采样人,并填写好采样记录。

3. 定性检测:确定检测对象是否具有某种性质或确定是否含有某种物质。其检测结果用阳性表示检出目标物质,阴性表示未检出目标物质。定量检测:确定检测的食品样品中有关组分的含量或检测某组分的纯度,要有具体量值。其检测结果用合格表示检测结果在标准规定值范围内,不合格表示检测结果超出限量值或达不到标准规定值。半定量检测:对某些分析准确度要求不高,但要求简便快速而有一数量级的结果的试样,以及在定性分析中,除需要给出试样中存在哪些元素外,还需要指出其大致含量。其检测结果与定量检测方法的表述形式相同,或者与标准规定数值比较得出具体数据表示检测结果。

项目二　粮食类制品的快速检测技术

学习目标

知识要求

1. 掌握谷物加工品及谷物碾磨加工品中呕吐毒素、玉米等食品中玉米赤霉烯酮的快速检测方法。

2. 理解陈化粮的快速检测；粉丝中吊白块的快速检测；粽子中硼砂的快速检测；小米(黄米)中姜黄色素的快速检测；豆芽中4-氯苯氧乙酸钠、6-苄氨基腺嘌呤的快速检测。

3. 了解常见粮食类制品快速检测方法的应用范围和原理。

技能要求

1. 能理解粮食类制品快速检测技术的检测原理。

2. 能掌握粮食类制品的快速检测技术。

3. 能准确记录检测数据与现象,分析、处理与判定检测结果。

联合国粮食及农业组织的粮食概念是指谷物,即小麦、粗粮、稻谷三大类。按照我国传统解释,粮食有广义和狭义之分。狭义的粮食是指谷物类,主要有稻谷、小麦、玉米、大麦、高粱等。广义的粮食是指谷物类、豆类、薯类的集合。由于历史原因,国家统计局从1953年起就采用了广义的粮食概念。粮食是一种特殊产品,是人类赖以生存的最基本物质,是农业发展的基础,是工业发展的重要原料,是稳定市场、民心和治国安邦的重要物资。但这种具有特殊意义的产品,在市场经济中,被一些别有用心的人进行特殊利用,甚至扰乱粮油市场管理秩序,出现了许多粮食食品安全问题。如近年来,许多地方发生了陈化粮在粮油市场流通的报道。又如粮食及其制品在种植、加工、运输和储藏过程中由于操作不当极易污染真菌。菌毒素具有极强的毒性,进而产生各种真菌毒素,对人类的健康造成严重威胁。作为粮油消费的广大群体对维系生命的粮食了解甚少,很多人不知道什么样的面粉、大米是优良的,只是凭感觉识别粮油的好坏。老百姓希望购买的面粉能白一些,价钱能公道一些,然而部分不法生产经销商受利益驱动,在面粉等粮食中掺杂使假、以次充好,掺入吊白块等有害增白剂使面粉增白。这些有毒、有害的粮食产品在市场流通,对人民的身心健康造成极大的危害,也充分暴露出粮食市场管理中存在的薄弱环节。为了强化这方面市场管理,学习粮食类制品的快速检测技术十分有必要,下面将逐一介绍常见的粮食类制品的快速检测技术。

一、主要安全问题

①粮食以次充好,如陈化粮在粮油市场中流通。

②危害谷物的生物学因素:微生物、真菌毒素,如粮食及其制品在种植、加工、运输和储藏过程中由于操作不当产生的真菌毒素,谷物加工品及谷物碾磨加工品中呕吐毒素,玉米等食品中玉米赤霉烯酮。

③加工中添加剂的使用:如粮食加工过程中使用的吊白块、粽子中硼砂的快速检测、小米(黄米)中姜黄色素的快速检测、豆芽中 4-氯苯氧乙酸钠、6-苄氨基腺嘌呤快速检测等。

二、粮食类制品的快速检测技术

①陈化粮的快速检测。

②粮食制品中吊白块的快速检测。

③粽子中硼砂的快速检测。

④谷物加工品及谷物碾磨加工品中呕吐毒素的快速测定。

⑤玉米等食品中玉米赤霉烯酮快速检测。

⑥小米(黄米)中姜黄色素的快速检测。

⑦豆芽中 4-氯苯氧乙酸钠、6-苄氨基腺嘌呤快速检测。

任务一　陈化粮的快速检测

案例导入

案例:2019 年,网上一则关于仓库陈化粮流入各学校食堂,而且基本给学生吃了的传闻炒得沸沸扬扬。那么什么是陈化粮? 陈化粮究竟有什么危害? 如何采用快速检测方法检测陈化粮呢?

粮食制品是有生命的有机体,由于储存条件不当,或随着储存时间的延长,特别是超过正常储存年限以后,粮食的内部结构逐渐松弛,这是粮食自身的生化变化过程。通常把存储时间一年以上、营养品质变化不大的粮食称为陈粮,这类粮食仍可食用。但存储时间过长或在潮湿、闷热的环境里,粮食品质下降,严重陈化时食味明显变差,酸度明显增加,发生霉变、酸败、脂肪酸含量超标准等现象,同时也会产生黄曲霉毒素等对人体有强烈毒害作用的物质,这类不能直接作为口粮食用的粮食称为陈化粮。

一、感官检测法

1. 硬度

硬度主要由蛋白质含量决定的,米的硬度越大,蛋白质含量和透明度越高。一般新米硬度比陈米要大些。检测时,用牙咬就可感觉出硬度的强弱。

2. 香味和口感

储存时间长,大米中某些营养成分发生变化,米粒变黄,这种米香味和口感都较差。

3. 表面

呈灰粉状或有白沟纹的是陈米。白沟纹、灰粉越多,米越陈旧,如有霉味、虫蚀粒或有活虫、死虫等也是陈米。

二、邻甲氧基苯酚呈色检测法

1. 实验原理

粮食中存在过氧化氢酶,新粮中该酶的活力较高,陈粮中该酶由于变性而丧失活力。本法利用过氧化氢酶分解过氧化氢,并把邻甲氧基苯酚(愈疮木酚)氧化而呈色来确定粮食的新、陈程度。

2. 主要试剂

①1%邻甲氧基苯酚水溶液:将 1 g 新蒸馏的邻甲氧基苯酚(沸点为 205℃)溶于 99 mL 蒸馏水中。此试剂应为无色透明状态,如呈色,应弃去重配。此试剂应保存于棕色瓶中。

②3%过氧化氢溶液:取 1 份 30%过氧化氢,用 9 份水稀释。此试剂保存期限为 3 个月。

3. 实验方法

取待测米 50~100 粒,置于试管中,加入 1%邻甲氧基苯酚水溶液 4 mL,振摇 1 min 后加数滴 3%过氧化氢溶液,静置观察。

同时用新米作对照实验。

4. 结果判定

如果是新米,则溶液上部应在 1~3 min 内显深红褐色。若为陈米,则不呈色。若为新米和陈米的混合物,则呈色时间推迟。

该法是新陈米快速定性的方法,由于其利用的是酶的活性来判断的,所以凡是影响酶活性变化的物质对本法都有干扰,如小麦粉,在加工时局部温度过高,破坏了酶的活性,就不能用该法判断新鲜与否。

三、酶动力分光光度法

1. 实验原理

利用邻甲氧基苯酚在过氧化氢存在下,在新粮的氧化还原酶作用下,生成红色的四邻甲氧基苯酚,陈粮则不显色。

2. 主要仪器、试剂

可见光分光光度计、酶动力学附件、试管、3%过氧化氢溶液、1%邻甲氧基苯酚水溶液。

3. 实验方法

样品处理:取 1~2 g 米样品,置于试管中,加入 1%邻甲氧基苯酚 4 mL,振摇后马上过滤到比色皿中上机测定。

仪器分析条件:选择时间驱动功能(普通分光光度计不含这种功能),分析波长 510 nm (可预先在 400~600 nm 范围扫描,确定最佳分析波长),驱动时间 10 min,测量值为吸光值,样品室温度 34℃。

4. 结果判定

如样品是陈米,10 min 内驱动曲线是一条水平直线,且吸收值很小;如样品为新米,10 min 内驱动曲线是突跃增高,吸收值逐渐增加;如样品为新米和陈米混杂在一起,则吸收值延迟增加。

任务二　粮食制品中吊白块的快速检测

案例导入

案例:为了让生产的豆制品卖相更好,保存时间更长,2014 年 5 月 23 日,郓城县的张某竟然在生产的豆制品中添加国家命令禁止的吊白块。菏泽市中级人民法院终审判决张某犯生产、销售有毒、有害食品罪,判处有期徒刑六个月,缓刑一年,并禁止张某在缓刑考验期限内从事食品生产、销售及相关活动。那么什么是吊白块? 吊白块究竟有什么危害? 如何采用快速检测方法检测吊白块呢?

甲醛次硫酸氢钠,俗称"吊白块",是印染行业常用的一种漂白剂。吊白块是一种对人体有害的物质,国家早已明文规定禁止在食品中用作添加剂。但近年来一些食品经销单位和个人,把有毒的工业用增白剂当作食品添加剂,用于馒头、凉皮、粉条、腐竹、米粉等食品以达到增白及增重的目的。吊白块在馒头中的使用,不仅效果好,价格低廉,而且使用十分方便简单。如在质次的沤黄米米粉中掺入有毒的吊白块,可以做成洁白晶亮的"上等"米粉。

吊白块是印染行业常用的一种漂白剂,如应用在食品中,会使食品中残留有害物质甲醛,甲醛进入人体后,可使蛋白质凝固。人的致死量为 10 g。

一、醋酸铅试纸法

1. 实验原理

甲醛次硫酸氢钠在酸性介质中与原子态氢生成 H_2S 使醋酸铅试纸变黑。

2. 主要仪器、试剂

三角瓶、万能粉碎机、盐酸、锌粒、醋酸铅试纸。

3. 检测方法

取 2 g 磨碎待测样品于三角瓶中,加入 10 倍量的水混匀,然后向瓶中加入(1∶1)的盐酸溶液约 5 mL,再加锌粒 2~3 粒,迅速在瓶口包一张醋酸铅试纸,放置 1 h,同时做对照试验,观察试纸颜色的变化。

4. 结果评判

如果试纸变为棕黑色,则证明测试样品中含有吊白块,即甲醛次硫酸氢钠。

二、试剂盒比色法

甲醛次硫酸氢钠(吊白块)可产生甲醛与二氧化硫,甲醛与二氧化硫遇到盐酸品红溶液时,可产生紫红色络合物。根据这一原理可快速检测米、面和豆制品(包括:腐竹、粉丝、米粉、面粉、馒头、面条等样品)中是否掺有吊白块。

1. 主要仪器、试剂

试剂盒、盐酸品红溶液、检测试管、三角瓶、吸管等。

2. 实验方法

取大约 20 g 样品于三角瓶中,加入 50 mL 的水,充分振摇,放置 10 min;用吸管吸取 1 mL 样品浸取液,加入检测管中,盖好检测管的盖子,充分摇匀,静置 5 min,检测时用净水做空白对照管。吊白块检测管中的试剂含有酸性物质,因此操作时要小心,不要让其洒落出来,加样品液后盖紧盖子再摇动。

3. 结果判定

以白纸或白瓷板衬底,溶液显蓝绿色为吊白块未检出;样品中吊白块含量较低时溶液显浅紫色;吊白块含量高时溶液显紫红色。

该反应专一性强,不易受其他物质干扰,可以快速、准确地判定食品样品中有没有加入吊白块或甲醛。最低检测限为 10 mg/kg。

任务三　粽子等食品中硼砂的快速检测

案例导入

案例:2020 年央视新闻 12 月 18 日消息,据市场监管总局发布消息,近年来,市场监管部门通过日常检查和监督抽检发现,有不法商家在凉皮、酿皮(面条)及粽子中添加硼砂。数据显示,三年来市场监管部门在监督抽检中查处食品中非法添加硼砂的案件 43 件,移送公安机关 15 件。市场监管部门已将相关抽检和行政处罚信息依法对外公开。市场监管部门坚定贯彻食品安全"四个最严"要求,始终保持高压重处态势,对食品安全违法行为实施最严厉的处罚。那么什么是硼砂?硼砂究竟有什么危害?如何采用快速检测方法检测硼砂呢?

　　硼砂是一种有毒物质,食用一定量时,可引起脑、肝、肾脏及皮肤黏膜的损害,严重时可发生休克。硼砂作为食品添加剂早已被禁用,但目前仍存在在制作米面制品、腐竹、粉肠、凉粽等食品时加入硼砂以增加样品质量的现象发生。

一、感官检测法

　　凡加入硼砂的粮食,用手摸均有滑爽感觉,并能闻到轻微的碱性味。

二、姜黄色素比色法

1. 范围

　　本方法适用于粮食制品、淀粉及淀粉制品、糕点、豆制品、速冻食品(速冻面米食品、肉丸、蔬菜丸)中硼砂的快速检测。

2. 原理

　　通过乙基己二醇—三氯甲烷溶液对样品中的硼砂进行快速富集和萃取,除去共存盐类的影响,利用硫酸与姜黄混合生成的质子化姜黄与硼砂反应生成红色产物,得到溶液颜色的深浅与样品中硼砂含量成正比。

3. 试剂及材料

　　①硫酸、无水乙醇、亚铁氰化钾、乙酸锌、姜黄素(CAS:458-37-7,纯度 ≥ 99%)、冰乙酸、2-乙基-1,3-己二醇(色谱纯)、三氯甲烷(色谱纯)。

　　②硫酸溶液(1+1):取等体积的硫酸与水,将硫酸缓慢加入水中,并用玻璃棒不断地搅拌,待冷却后装入塑料容器中。

　　③亚铁氰化钾溶液:称取 10.6 g 亚铁氰化钾,用水溶解并稀释至 100 mL。

　　④乙酸锌溶液:称取 22.0 g 乙酸锌,用水溶解并稀释至 100 mL。

　　⑤2-乙基-1,3-己二醇—三氯甲烷溶液($EHD-CHCl_3$ 溶液):称取 2-乙基-1,3-己二醇 10.6 g,用三氯甲烷溶解并稀释至 100 mL,此溶液保存于塑料容器中。

　　⑥姜黄—冰乙酸溶液:称取姜黄素 40 mg,溶于 100 mL 冰乙酸中,此溶液保存于塑料容器中,该溶液需临用新制。

　　⑦硼砂参考物质中文名称、英文名称、CAS 号、分子式、分子量见表 2-1。

表 2-1　硼砂参考物质中文名称、英文名称、CAS 号、分子式、分子量

名称	英文名称	CAS 登录号	分子式	分子量
硼砂	Boric Acid	10043-35-3	H_3BO_3	61.8

⑧标准溶液配制。

硼砂标准储备液(1000 μg/mL):准确称取在硫酸干燥器中干燥 5 h 以上的硼砂标准品适量,用水溶解并配制成 1000 μg/mL 的标准储备液,保存于塑料容器中。

硼砂标准溶液(100 μg/mL):取硼砂标准储备液 10.0 mL,加水定容至 100 mL,保存于塑料容器中。所配制溶液于 0~4℃冰箱中可储存 3 个月。

⑨硼砂快速检测试剂盒,需在阴凉、干燥、避光条件下保存。

4. 仪器与设备

电子天平、样品捣碎机、超声仪、离心机、氮气吹干仪或空气吹干仪、涡旋振荡器、移液器(200 μL、1 mL、10 mL)。

5. 检测方法

(1)试样制备

采集不少于 50 g 具有代表性的样品,取其可食部分,充分粉碎混匀。

(2)试样前处理

准确称取混合均匀的试样 2 g(精确至 0.1 g),置于 50 mL 离心管中,准确加水 7 mL,加入硫酸溶液 2 mL,涡旋振荡提取 1min 后超声提取 15 min,期间振摇 2~3 次,加入 0.5 mL 亚铁氰化钾溶液与 0.5 mL 乙酸锌溶液,混匀后于 4000 r/min 离心 5 min(若离心效果不佳,可适当提高离心转速),准确吸取 1.0 mL 上清液于 2.0 mL 离心管中,向离心管中加入 EHD-CHCl$_3$ 溶液 0.5 mL,上下颠倒振摇 15~20 次,静置分层(若有乳化现象,可低速离心),将上层溶液去除干净,取下层液体 100 μL 于 2.0 mL 离心管中,加入 400 μL 姜黄素—冰乙酸溶液,再加入 20 μL 硫酸溶液,于 60~70℃ 水浴中氮气(或空气)吹至近干,加入 1 mL 无水乙醇,振摇使残渣全部溶解,为待测液。

注:粉丝、粉条等干基样品加入水和硫酸溶液后需浸泡 15 min,再进行后续处理。

(3)测定步骤

将待测液与标准色阶卡目视比色,15 min 内判读结果。需进行平行试验,两次测定结果应一致,即显色结果无肉眼可辨识差异。

注:整个试验避免在阳光直射的地方操作。

(4)质控试验

每批样品应同时进行空白试验和质控样品试验(或加标质控试验)。用色阶卡和质控试验同时对检测结果进行控制。

①空白试验。

称取空白样品,按照与样品同法操作。

②质控样品试验(或加标质控试验)。

A. 质控样品

硼砂质控样品:采用典型样品基质或相似样品基质模拟实际生产工艺生产的,含有一定量硼砂(可考虑基质本底最大可能硼砂量),并可稳定保存的样品。样品需经参比方法确认质控样品中硼砂的含量。

B. 加标质控样品

硼砂加标质控样品:准确称取空白试样 2 g(精确至 0.1 g),加入适量硼砂标准溶液(1000 μg/mL 或 100 μg/mL),使在不同基质样品中硼砂含量与质控样品相同。

质控样品(或加标质控样品)按(1)(2)与样品同法操作。

6. 结果判定

观察待测液的颜色,与标准色阶卡比较判读样品中硼砂的含量。颜色浅于检测限(2.5 mg/kg)则为阴性样品;颜色深于检测限的根据颜色的深浅进行判读。色阶卡见图2-1。

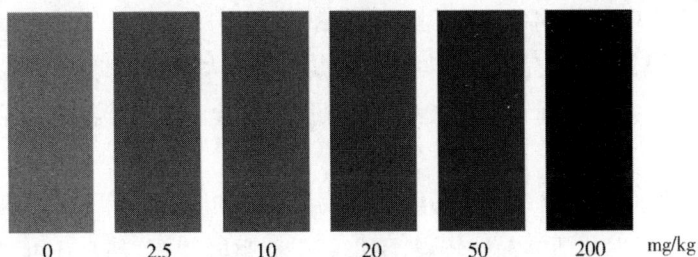

图 2-1　硼砂色阶卡

质控试验要求:空白试验测定结果应为阴性,质控样品试验测定结果应在其标示量值允差范围内,加标质控试验测定结果应与加标量相符。

7. 结论

由于色阶卡目视判读存在一定误差,为尽量避免出现假阴性结果,读数时遵循就高不就低的原则。

8. 性能指标

①检测限:2.5 mg/kg。

②灵敏度:灵敏度应≥99%。

③特异性:特异性应≥85%。

④假阴性率:假阴性率应≤1%。

⑤假阳性率:假阳性率应≤15%。

注:性能指标计算方法见附录 A。

9. 其他

本方法所述试剂、试剂盒信息及操作步骤是为给方法使用者提供方便,在使用本方法时不作限定。方法使用者在使用替代试剂、试剂盒或操作步骤前,须对其进行考察,应满足本方法规定的各项性能指标。色阶卡应确保在试剂盒保质期内不出现褪色或变色的情况。

若检测结果大于检测限,需对其进行研判,并采用参比方法确证。

本方法的参比方法为 GB 5009.275—2016《食品安全国家标准 食品中硼砂的测定》。

任务四 谷物加工品及谷物碾磨加工品中呕吐毒素的快速测定

案例导入

案例:人畜摄入了被呕吐毒素污染的食物后,会导致厌食、呕吐、腹泻、发烧、站立不稳和反应迟钝等急性中毒症状,严重时损害造血系统造成死亡。此外,呕吐毒素还具有很强的细胞毒性和胚胎毒性,被联合国粮农组织(FAO)和世界卫生组织(WHO)确定为最危险的自然发生食品污染物之一。1998年,在国际癌症研究机构公布的评价报告中,呕吐毒素被列为三类致癌物。呕吐毒素在谷物中最易出现,当谷物水分含量为22%时,在很短时间内,谷物即产生大量呕吐毒素。那么什么是呕吐毒素? 呕吐毒素究竟有什么危害? 如何采用快速检测方法检测呕吐毒素呢?

呕吐毒素,又称脱氧雪腐镰刀菌烯醇,因其引起猪呕吐而得名,国际上普遍将其定义为致癌物。呕吐毒素对人和动物毒性较强,不仅能引起呕吐腹泻,甚至还可以造成人畜流产等,小麦中呕吐毒素产生最重要的原因就是小麦赤霉素,小麦赤霉病是产生呕吐毒素的"罪魁祸首"。对于种植户来说,在小麦种植过程中,一定要注重赤霉病的防治,这才是避免"呕吐毒素"超标的根本。

1. 范围

本方法规定了食品中呕吐毒素的胶体金免疫层析快速检测方法。

本方法适用于谷物加工品及谷物碾磨加工品中呕吐毒素的快速测定。

2. 原理

样品中呕吐毒素与胶体金标记的特异性抗体结合,抑制抗体与检测卡中检测线(T线)上呕吐毒素-BSA偶联物的免疫反应,从而导致检测线颜色深浅的变化。通过检测线与质控线(C线)颜色深浅比较,对样品中呕吐毒素进行定性判定。

3. 试剂

①提取液:水或胶体金免疫层析检测卡专用提取液。

②甲醇。

③呕吐毒素参考物质的中文名称:脱氧雪腐镰刀菌烯醇;CAS登录号51481-10-8;分子量296.32。

④标准溶液配制:准确称取适量呕吐毒素参考物质(精确至0.0001 g),用甲醇溶解,配成0.10 mg/mL的标准储备液,-20℃保存,有效期3个月。

⑤呕吐毒素胶体金免疫层析检测卡。

⑥中速定性滤纸。

⑦滤膜:0.45 μm 水相滤膜。

4. 仪器及设备

天平、粉碎机、0.9 mm 样品筛、漩涡混合器、移液器(100 μL、200 μL、1.0 mL)、恒温装置(37.0℃±2.0℃)。

5. 分析步骤

(1)试样制备

样品粉碎:将待测样品粉碎,过 0.9 mm 样品筛,充分混合均匀,备用。

(2)试样提取

准确称取粉碎混匀样品 5.0 g 于离心管中,加入 25.0 mL 水或专用提取液,漩涡混合器提取 5 min,静置 1 min,中速定性滤纸过滤,滤液用 0.45 μm 水相滤膜过滤,将滤液稀释至检测卡检测范围内,混匀,即得待测液。

(3)测定步骤

吸取 150 μL 上述待测液加入检测卡中,恒温装置内反应 6 min 后进行结果判定。

(4)质控实验

每批样品应同时进行空白试验和加标质控试验。

①空白试验。

称取空白试样,按照与样品同法操作。

②加标质控试验。

准确称取空白试样 5.0 g 或适量(精确至 0.01 g)置于离心管中,加入适量呕吐毒素标准溶液,使呕吐毒素浓度为 1.0 mg/kg,按照与样品同法操作。

6. 结果判定

根据质控线(C 线)和检测线(T 线)颜色变化进行结果判定,采用目测法对结果进行判定,比色法和消线法判定原则如下:

(1)比色法

①无效。

质控线(C 线)不显色,无论检测卡(T 线)是否显色,表示操作不正确或检测卡已失效。

②阳性结果。

质控线(C 线)显色,检测线(T 线)显色明显浅于质控线(C 线),判为阳性。

③阴性结果。

质控线(C 线)显色,检测线(T 线)比质控线(C 线)显色深或检测线(T 线)与质控线(C 线)显色基本一致,判为阴性。

比色法结果判定示意图如图 2-2 所示。

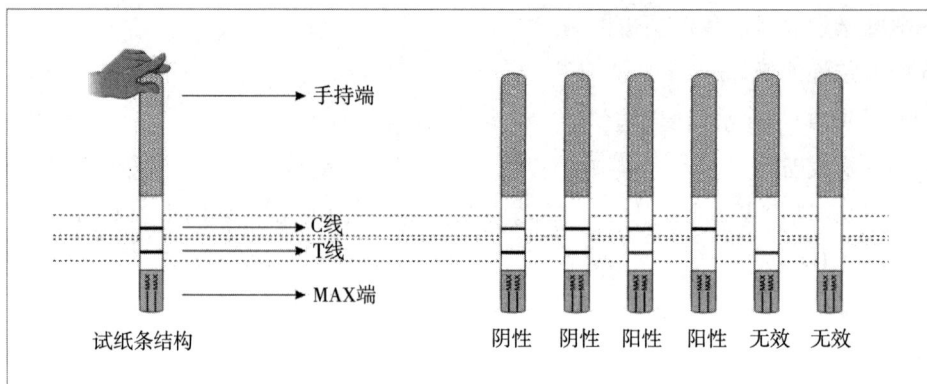

图 2-2　比色法结果判定示意图

（2）消线法

①无效。

质控线（C 线）不显色,无论检测卡（T 线）是否显色,表示操作不正确或检测卡已失效。

②阳性结果。

质控线（C 线）显色,检测线（T 线）不显色,判为阳性。

③阴性结果。

质控线（C 线）显色,检测线（T 线）显色,判为阴性。

消线法结果判定示意图如图 2-3 所示。

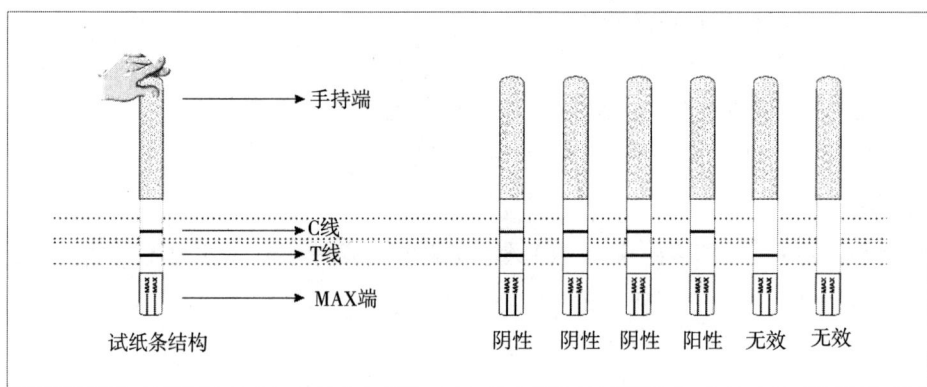

图 2-3　消线法结果判定示意图

（3）质控样品要求

空白试验测定结果应为阴性,加标质控试验测定结果应为阳性。

7. 结论

当检测结果为阳性时,应对结果进行确证。

8. 性能指标

①检测限:呕吐毒素为 1.0 mg/kg。

②判定限:呕吐毒素为 0.9 mg/kg。

③假阴性率:假阴性率应≤5%。

④假阳性率:假阳性率应≤10%。

注:假阳性率和假阴性率计算方法参照《食品快速检测方法评价技术规范》(食药监办科〔2017〕43 号)执行。

9. 其他

本方法测定步骤和结果判读也可以根据厂家检测卡的说明书进行,但应符合或优于本方法规定的性能指标。

本方法参比方法为 GB 5009.111—2016《食品安全国家标准　食品中脱氧雪腐镰刀菌烯醇及其乙酰化衍生物的测定》。

任务五　玉米等食品中玉米赤霉烯酮快速检测

案例导入

案例:2021 年 1 月 13 日,河北省市场监督管理局公布,近期市场监管部门在石家庄市场抽检了粮食加工品,乳制品,食用农产品,食用油、油脂及其制品,肉制品 5 类 162 批次样品,检测合格 161 批次,不合格 1 批次。不合格样品为:桥西区张波粮油经销处销售的玉米面,检测出玉米赤霉烯酮不符合食品安全国家标准规定。

那么什么是玉米赤霉烯酮? 玉米赤霉烯酮究竟有什么危害? 如何采用快速检测方法检测玉米赤霉烯酮呢?

玉米赤霉烯酮(Zearalenone,ZEN) 又称为 F-2 毒素,主要是由禾谷镰刀菌、尖孢镰刀菌、木贼镰刀菌、雪腐镰刀菌等菌种产生的有毒代谢产物,主要存在于易受到真菌污染的玉米、小麦、高粱、大米等谷物中。ZEN 侵染作物主要发生在作物的耕作、收获、运输和贮存期间,在温度适中而湿度较高的环境中滋生镰刀菌,由镰刀菌产毒所致。玉米赤霉烯酮具有生殖发育毒性和免疫毒性,与肿瘤发生也有一定联系,被国际癌症研究中心归类为 3 类致癌物。有研究显示,中国人群暴露 ZEN 的风险较低,其中 3~13 岁儿童为高风险人群,需引起关注。

玉米赤霉烯酮主要污染玉米、小麦、大米、大麦、小米和燕麦等谷物,其耐热性较强,110℃下处理 1 小时才被完全破坏。GB 2761—2017《食品安全国家标准　食品中真菌毒素限量》规定,玉米赤霉烯酮在玉米面(渣、片)中的限量为≤60 μg/kg。食用玉米赤霉烯酮超标的食品可能会引起中枢神经系统的中毒症状,如恶心、发冷、头痛等。造成玉米赤霉烯酮超标的原因可能是原料质量较差,在生长时受镰刀菌属菌株污染;或者是原料、成品储运不当导致镰刀菌属菌株快速繁殖,造成玉米赤霉烯酮超标。

一、比色法

1. 范围

本方法规定了食品中玉米赤霉烯酮快速检测胶体金免疫层析法。

2. 原理

本方法采用竞争抑制免疫层析原理。样品中的玉米赤霉烯酮经提取后与胶体金标记的特异性抗体结合,抑制抗体和试纸条中检测线(T线)上的抗原结合,从而导致检测线颜色深浅的变化。通过检测线(T线)与质控线(C线)颜色深浅的比较,对样品中玉米赤霉烯酮进行结果判定。

3. 试剂及材料

乙腈、甲醇水溶液(7:3,体积比)、稀释缓冲液(胶体金免疫层析检测试剂盒专用提取液或根据产品使用说明书配置)、玉米赤霉烯酮、玉米赤霉烯酮胶体金免疫层析试剂盒(适用基质为玉米、小麦及其碾磨加工品)。

4. 仪器及设备

移液器(100 μL、200 μL、1 mL 和 5 mL)、旋涡混合器、离心机、电子天平。

5. 分析步骤

(1)标准溶液的配制

①标准储备液:称取适量标准品,用乙腈溶解,配制成浓度为 100 μg/mL 的标准储备液。−18℃避光保存,有效期 6 个月。

②标准工作液:准确量取标准储备液(100 μg/mL)100 μL,置于 10 mL 容量瓶中,用乙腈稀释至刻度,摇匀,制成浓度为 1 μg/mL 的玉米赤霉烯酮标准工作液,2~8℃避光保存,有效期 1 个月。

(2)测定条件

环境温度:20~30℃。

空气相对湿度:最佳测定湿度 45%~65%。若湿度低于 45%,相应延长待测液与试纸条反应时间,以质控实验为准;若湿度为 65%~80%,微孔与试纸条拆开后立即使用,避免微孔与试纸条长时间暴露在空气中受潮;避免在湿度 80%以上湿度进行实验。

(3)试样制备

按 GB/T 5491—1985 扦取的样品充分碾磨或粉碎混匀,过 40 目筛。

(4)提取

准确称取试样 5.0 g(精确至 0.01 g)于 50 mL 离心管中,加入 20 mL 甲醇水溶液,用旋涡混合器振荡 3 min,离心分层或静置分层,上清液备用。

准确移取 0.8 mL 稀释缓冲液于 1.5 mL 离心管中,加入 25 μL 上清液,混匀,待检。

(5)测定步骤

依检测所需,取相应数量的金标微孔和试纸条,做好标记。吸取待检液 200 μL 于金标微孔中,抽吸至孔底的紫红色颗粒完全溶解,孵育 10 min。将试纸条插入金标微孔中,反应 3~5 min。

从金标微孔中取出试纸条,弃去试纸条下端的样品垫,观察显色情况,进行结果判定。若试剂盒冷藏保存,使用前需恢复至实验环境温度。

6. 质控试验

每批样品应同时进行空白试验和阳性质控试验,可根据检测样品量制定适宜频次的质控试验。

(1)空白试验

①试剂空白试验:除不称取试样外,均按上述所述步骤操作。

②基质空白试验:准确称取空白试样,均按上述所述步骤操作。

(2)阳性质控试验

准确称取玉米赤霉烯酮含量为 60 μg/kg 的质控样,按上述步骤操作。或准确称取空白试样,加入一定体积的玉米赤霉烯酮标准工作液,使玉米赤霉烯酮添加量为 60 μg/kg,按上述步骤操作。

7. 结果判定

通过对比控制 C 线和检测 T 线的颜色深浅进行结果判定。

(1)无效结果

无论样品中有无玉米赤霉烯酮存在,控制 C 线均会出现一条紫红色条带。若 C 线未显色,表明操作不正确或试纸条已失效,检测结果无效(见图 2-4)。

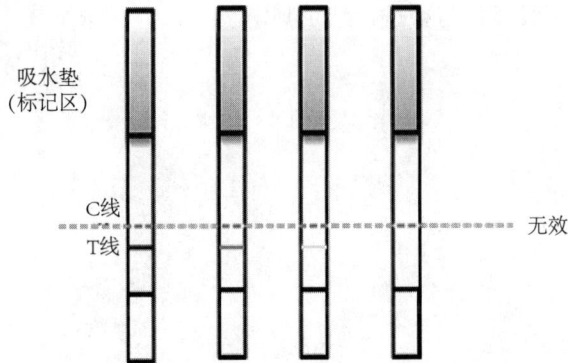

图 2-4　试纸条目视判定图

(2)阳性结果

控制 C 线显色,检测 T 线显色比 C 线浅或者没有颜色,判定为阳性(见图 2-5)。

(3)阴性结果

控制 C 线显色,检测 T 线显色比 C 线深或者一致,判定为阴性(见图 2-5)。

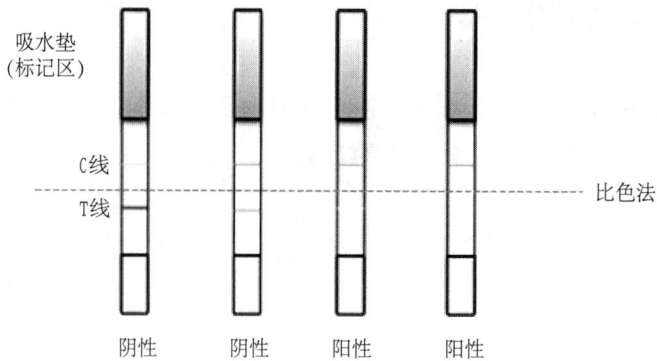

图 2-5　试纸条目视判定图

（4）质控试验要求

空白试验结果应为阴性,阳性质控试验结果应为阳性。

二、消线法

1. 范围

本方法适用玉米、小麦及其碾磨加工品中玉米赤霉烯酮快速筛选测定。

2. 原理

本方法采用竞争抑制免疫层析原理。样品中的玉米赤霉烯酮经提取后与胶体金标记的特异性抗体结合,抑制抗体和试纸条中检测线（T 线）上的抗原结合,从而导致检测线颜色深浅的变化。通过 T 线显色与否进行结果判定。

3. 试剂及材料

同比色法。

4. 仪器及设备

同比色法。

5. 环境条件

环境温度:10~40℃。

空气相对湿度:同比色法。

6. 分析步骤

（1）试样制备

同比色法。

（2）提取

准确称取试样 5.0 g(精确至 0.01 g) 于 50 mL 离心管中,加入 12.5 mL 甲醇水溶液,用旋涡混合器振荡 3 min,离心分层或静置分层,上清液备用。

准确移取 400 μL 稀释缓冲液于 1.5 mL 离心管中,加入上清液(小麦 50 μL,玉米 80 μL),混匀,待测。

（3）测定步骤

同比色法。

7. 质控试验

每批样品应同时进行空白试验和阳性质控试验,可根据检测样品量制定适宜频次的质控试验。

（1）空白试验

①试剂空白试验:除不称取试样外,均按上述所述步骤操作。

②基质空白试验:准确称取空白试样,均按上述所述步骤操作。

（2）阳性质控试验

准确称取玉米赤霉烯酮含量为 60 μg/kg 的质控样,按上述步骤操作。或准确称取空白试样,加入一定体积的玉米赤霉烯酮标准工作液,使玉米赤霉烯酮添加量为 60 μg/kg,按上述步骤操作。

8. 结果判定

通过观察检测 T 线显色与否进行结果判定。

（1）无效

同比色法。

（2）阳性结果

控制 C 线显色,检测 T 线不显色,判定为阳性(见图 2-6)。

（3）阴性结果

控制 C 线显色,检测 T 线显色,判定为阴性(见图 2-6)。

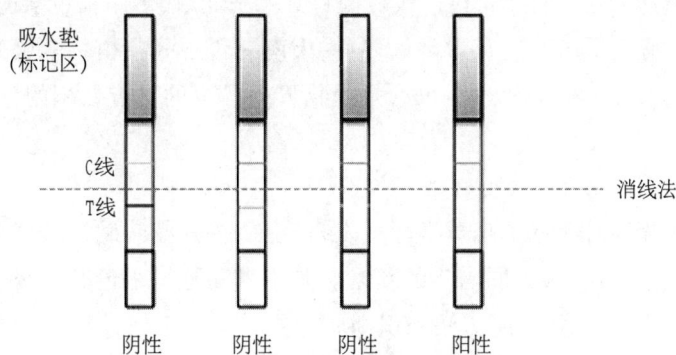

图 2-6　试纸条目视判定图

9. 质控试验要求

同比色法。

三、读数仪法

具体检测步骤及结果判定可参考相应的说明书操作,质控试验参照第一法与第二法。

1.结论

本方法筛查出的阳性样品进行确认时,应按 GB 2761—2017 指定方法标准检测并判定。

2.性能指标

①检出限:60 μg/kg。

②灵敏度:灵敏度应≥95%。

③特异性:特异性应≥90%。

④假阴性率:假阴性率应≤5%。

⑤假阳性率:假阳性率应≤10%。

3.其他

本方法所述试剂、试剂盒信息及操作步骤是为了方便方法使用者,在使用本方法时不做限定。方法使用者在使用替代试剂、试剂盒或操作步骤前,须对其进行考察,满足本方法规定的各项性能指标时方可使用。

本方法参比的标准为 GB 5009. 209—2016《食品安全国家标准 食品中玉米赤霉烯酮的测定》。

任务六 小米(黄米)中姜黄色素的快速检测

案例导入

案例:据报道,在农贸市场上,曾发现一些经过染色的小米在出售。所谓染色,是指小米发生霉变,失去食用价值。投机商将其漂洗之后,再用黄色素进行染色,使其色泽艳黄,蒙骗购买者。姜黄素是从姜科、天南星科中一些植物的根茎中提取的一种化学成分,其中,姜黄含 3%~6%,是植物界很稀少的具有二酮的色素,为二酮类化合物。

不法商贩为了掩盖陈小米和陈黄米轻度发霉现象,将其漂洗后,加入姜黄粉及姜黄色素,进行伪装,使其鲜黄诱人,如同当年的新米。陈小米和陈黄米色暗,无新鲜感。用姜黄粉染色的小米和黄米,可以用以下方法来识别。

一、感官鉴别

1.色泽

新鲜小米、黄米的色泽均匀,呈金黄色,富有光泽。染色后的小米、黄米,色泽深黄,缺乏光泽,看上去粒粒黄米的色泽一样。

2.气味

新鲜小米、黄米有一股小米、黄米的正常气味。染色后的小米,闻之有姜黄色素的气味。

3. 水洗

新鲜小米、黄米用温水清洗时,水色不黄。染色后的小米、黄米,用温水清洗时,水色显黄。

二、化学方法鉴别

1. 实验原理

利用姜黄粉在碱性条件下呈红褐色的化学性质来鉴别。

2. 主要试剂

10%氢氧化钠溶液、无水乙醇。

3. 实验方法

取 10 g 小米于研钵中,加入 10 mL 无水乙醇进行研磨,待研碎后,再加入 15 mL 无水乙醇研匀。取其悬浮液 10 mL 置于比色管中,加入 10%的氢氧化钠溶液 2 mL,振荡,静置片刻,观察颜色的变化。

4. 结果判定

如果出现橘红色,则说明小米是用姜黄素染色的。

任务七 豆芽中 4-氯苯氧乙酸钠、6-苄氨基腺嘌呤快速检测

案例导入

案例 1:2019 年 8 月,闽北两家超市的豆芽中检出 4-氯苯氧乙酸钠。不合格样品为:在南平市延平区亿发福乐福生鲜超市抽检的黄豆芽检出 4-氯苯氧乙酸钠(以 4-氯苯氧乙酸计),在南平市星光量贩超市有限公司抽检的无公害绿豆芽检出 4-氯苯氧乙酸钠(以 4-氯苯氧乙酸计)。

案例 2:2020 年 6 月 20 日,海口市市场监督管理局美兰分局发布关于不合格食品核查处置情况的公告,海口美兰符积虎蔬菜蛋摊销售的黄豆芽被检出 6-苄氨基腺嘌呤(6-BA)超标。按照 2020 年国家食品安全抽样监测工作计划有关要求,美兰分局于 2020 年 03 月 10 日对海口美兰符积虎蔬菜蛋摊销售的黄豆芽进行了海南省食品安全抽样检测。经检测发现,黄豆芽中问题项目为 6-苄氨基腺嘌呤(6-BA)项目不符合要求,检测结论为不合格。

那么什么是 4-氯苯氧乙酸钠、6-苄氨基腺嘌呤?4-氯苯氧乙酸钠、6-苄氨基腺嘌呤究竟有什么危害?如何采用快速检测方法检测 4-氯苯氧乙酸钠、6-苄氨基腺嘌呤呢?

豆芽是深受广大消费者喜爱的蔬菜之一,其富含维生素C、氨基酸、视黄醇、膳食纤维等对人体有益的成分,而且脂肪、胆固醇含量很低,适合"三高"人群食用,有利于调节不健康的膳食结构。而且其在生长过程中将绿豆中的大部分蛋白质分解为氨基酸,更加有利于人体的吸收。

4-氯苯氧乙酸钠(4-CPANa)俗称防落素,是一种植物生长调节剂。主要用于防止落花落果、抑制豆类生根等,并能调节植物株内激素的平衡。但其对人体有一定积累毒性。豆芽中检出4-氯苯氧乙酸钠可能是由于豆芽生产商在生产过程中为了抑制豆芽生根,提高豆芽产量而违规使用。国家食品药品监督管理总局、农业部、国家卫生和计划生育委员会关于豆芽生产过程中禁止使用6-苄氨基腺嘌呤等物质的公告(2015年第11号)规定豆芽生产经营过程中禁止使用4-氯苯氧乙酸钠。

6-苄氨基腺嘌呤(6-Benzylaminopurine,简称6-BA)白色针状结晶,难溶于水,微溶于乙醇,可溶于酸性及碱性溶液中,属于第一个人工合成的细胞分裂素,具有抑制植物叶内叶绿素、核酸、蛋白质分解,保绿防老的作用。目前常用于蔬菜,水果的保鲜和无根豆芽的培育。它在植物体内含量甚微但它对植物的生长发育具有显著的影响,其主要作用是促进细胞的分裂、促进侧芽的发育、抑制衰老等,具有诱导同化物向施用部位定向运输的作用。它在细胞分裂素中活性最高。6-BA作为促长剂和保鲜剂的主要成分,已在国内外进入应用阶段。人体通过食物链摄入过多6-BA,会刺激食道、胃黏膜,造成损伤,出现恶心、呕吐等现象。下面介绍豆芽中4-氯苯氧乙酸钠、6-苄氨基腺嘌呤残留的快速检测方法。

1. 范围

本规程规定了豆芽中4-氯苯氧乙酸钠、6-苄氨基腺嘌呤残留的快速检测方法。本规程适用于豆芽中4-氯苯氧乙酸钠、6-苄氨基腺嘌呤的快速检测。本方法检出限为1.0 mg/kg(4-氯苯氧乙酸钠)、0.5 mg/kg(6-苄氨基腺嘌呤)。

2. 原理

本方法应用了竞争抑制免疫层析的原理。样本中的4-氯苯氧乙酸钠、6-苄氨基腺嘌呤与胶体金标记的特异性单克隆抗体结合,抑制了抗体与检测卡中检测线(T线)上的4-氯苯氧乙酸钠、6-苄氨基腺嘌呤-BSA偶联物的免疫反应,从而导致检测线颜色的变化。通过检测线(T线)与质控线(C线)颜色深浅比较,对样品中的4-氯苯氧乙酸钠、6-苄氨基腺嘌呤进行定性判定。

3. 仪器设备

研钵、天平。

4. 试剂和耗材

4-氯苯氧乙酸钠、6-苄氨基腺嘌呤残留快检试剂盒(胶体金快速检测卡/条,以及配套试剂)、样本稀释液(PBS缓冲溶液,由胶体金检测卡/条配套提供,或按照其说明书配制)、滴管、金标微孔(由胶体金检测卡/条配套提供)、离心管(0.5 mL)。

5. 检测步骤

（1）试样制备

采集 10 g 具有代表性的样品，称取适量豆芽根部 2~3 cm 的待测样品于研钵中，用研钵棒充分研磨至汁水渗出。

（2）试样前处理

取出 200 μL 汁水于 0.5 mL 离心管中，再加入 200 μL 样品稀释液，充分振荡混匀 10 s，待测。

（3）测定

从包装袋中取出快速测卡/条（开封后在一小时内尽快使用），平放于桌面，用滴管吸取待检样品溶液，垂直滴加 4 滴（约 120 μL）于金标微孔中，2 min 后用滴管将微孔中的金标待检液充分混匀，将金标微孔中待检液全部转移到检测卡的加样孔中，在规定时间内读取。

6. 结果判定

通过对比质控线和检测线的颜色深浅进行结果判定。由于长时间放置会引起检测线颜色的变化，需在规定时间内进行结果判定。采用目视法对结果进行判定，示意图如图 2-7，结果判定建议按照试剂盒说明书。

（1）无效

质控线（C 线）不显色，无论检测卡/条（T 线）是否显色，表示操作不正确或检测卡已失效。

（2）阴性结果

质控线（C 线）显色，检测线（T 线）比质控线（C 线）显色深或检测线（T 线）与质控线（C 线）显色基本一致，判为阴性。

（3）阳性结果

质控线（C 线）显色，检测线（T 线）不显色或显色明显浅于质控线（C 线），判为阳性。

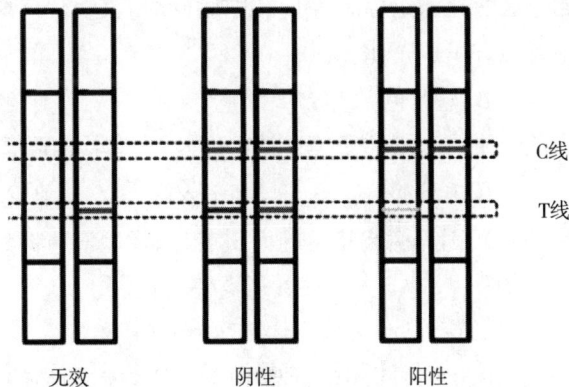

图 2-7　试纸条目视判定示意图（消线法）

7.限量要求

依据国家食品药品监督管理局、农业部、国家卫生和计划生育委员会关于豆芽生产过程中禁止使用6-苄氨基腺嘌呤等物质的公告(2015 年第 11 号),豆芽中禁用 4-氯苯氧乙酸钠和6-苄氨基腺嘌呤。

8.注意事项

①请不要混用不同批号的试剂盒产品。

②不能用水或其他液体作为阴性样品检测对照。

③本检测结果仅供参考,4-氯苯氧乙酸钠阳性样确证方法为 SN/T 3725—2013《出口食品中对氯苯氧乙酸残留量的测定》,6-苄氨基腺嘌呤阳性样确证方法为 GB/T 23381—2009《食品中 6-苄氨基腺嘌呤的测定高效液相色谱法》。

目标检测

一、单选题

1.采用邻甲氧基苯酚呈色检测法检测大米的新陈时,如果是(　　),则溶液上部应在1~3 min 溶液内呈白浊,在溶液上部应显深红褐色。

A.陈米　　　　　　　B.新米

2.粮食中存在(　　),新粮中该酶的活力较高,陈粮中该酶由于变性而丧失活力。

A.多酚氧化酶　　　B.脂肪氧化酶　　C.过氧化氢酶　　D.淀粉酶

3.米粉、粉丝和腐竹中发现的甲醛次硫酸氢钠,俗称(　　)。

A.石膏　　　　　　　B.吊白块　　　　C.烧碱　　　　　D.滑石粉

4.醋酸铅试纸法检测馒头、凉皮、粉条、腐竹、米粉等食品的吊白块时,如果试纸变为(　　),则证明测试样品中含有吊白块。

A.红色　　　　　　　B.绿色　　　　　C.蓝色　　　　　D.棕黑色

5.采用姜黄色素比色法快速测定粽子等食品中硼砂时,其反应产物呈(　　),得到溶液颜色的深浅与样品中硼砂含量成正比。

A.黑褐色　　　　　　B.蓝紫色　　　　C.绿色　　　　　D.红色

6.采用姜黄色素比色法快速测定粽子等食品中硼砂时,其检出限是(　　)。

A.25 mg/kg　　　　B.10 mg/kg　　　C.2.5 mg/kg　　D.2.0 mg/kg

7.呕吐毒素,又称(　　),因其引起猪呕吐而得名,国际上普遍将其定义为致癌物。

A.脱氧雪腐镰刀菌烯醇　　　　　　B.禾谷镰刀菌

C.黄色镰刀菌　　　　　　　　　　D.粉红镰刀菌

8.采用胶体金免疫层析快速检测法测定食品中呕吐毒素时,质控线(C 线)显色,检测线(T 线)比质控线(C 线)显色深或检测线(T 线)与质控线(C 线)显色基本一致,判为(　　)。

A.无效　　　　　　　B.阳性　　　　　C.阴性　　　　　D.无法判断

9. 采用胶体金免疫层析快速检测法测定食品中呕吐毒素的检测限为(　　)。

A. 1.0 mg/kg　　　　B. 2.0 mg/kg　　C. 5.0 mg/kg　　　　D. 10 mg/kg

10. 玉米赤霉烯酮(Zearalenone,ZEN)又称为(　　)。

A. F-2 毒素　　　B. 禾谷镰刀菌　C. 尖孢镰刀菌　　　　D. 雪腐镰刀菌

11. 采用胶体金免疫层析法对食品中玉米赤霉烯酮进行快速检测时,若 C 线未显色,表明检测结果(　　)。

A. 无法判断　　　　B. 阳性　　　　C. 阴性　　　　D. 无效

12. 采用胶体金免疫层析法对食品中玉米赤霉烯酮进行快速检测时,控制 C 线显色,检测 T 线显色比 C 线浅或者没有颜色,判定为(　　)。

A. 无效　　　　B. 阳性　　　　C. 阴性　　　　D. 无法判断

13. 采用化学方法鉴别小米(黄米)中是否掺有姜黄色素,如果出现(　　),则说明小米是用姜黄素染色的。

A. 黄色　　　　B. 紫色　　　　C. 蓝色　　　　D. 橘红色

二、多选题

1. 下列哪些食品中的硼砂可采用姜黄色素比色法快速检测?(　　)

A. 糕点　　　　B. 豆制品　　　　C. 肉丸　　　　D. 蔬菜丸

2. 在市场中购买的豆芽短粗、无根,则很有可能在豆芽的加工时加入了(　　)。

A. 4-氯苯氧乙酸钠　　　　　　B. 6-苄氨基腺嘌呤

C. 赤霉素　　　　　　　　　　D. 尿素

答案及解析

一、单选题

1. B　2. C　3. B　4. D　5. D　6. C　7. A　8. C　9. A　10. A

11. D　12. B　13. D

二、多选题

1. ABCD　2. AB

项目三　食用油脂的快速检测技术

学习目标

知识要求

1. 掌握食用油脂中酸价、过氧化值快速检测方法；芝麻油掺假快速检测的方法；食用油中黄曲霉毒素 B1 的快速检测方法。

2. 熟悉食用油脂中酸价、过氧化值快速检测；芝麻油掺假快速检测；食用油中黄曲霉毒素 B1 的快速检测。

3. 了解常见食用油脂类制品快速检测方法的应用范围和原理。

技能要求

1. 能理解食用油脂快速检测技术的检测原理。

2. 能掌握食用油脂的快速检测技术。

3. 能准确记录检测数据与现象,分析、处理与判定检测结果。

食用油脂,是三大供能营养素之一,也是提供人体所需的必需脂肪酸、脂溶性维生素及磷脂的重要来源,食物在煎、炒、烹、炸时,都离不开油脂。食用油脂有动物脂肪和植物油两大类,其中动物脂肪包括猪脂、牛脂、羊脂、乳脂、海洋鱼类等,植物油包括豆油、菜籽油、花生油、棉籽油、芝麻油、葵花子油、亚麻油、核桃油、玉米油、米糠油等。动物油脂中饱和脂肪酸含量和熔点高,常温下呈固态,消化吸收率低。植物油脂中多不饱和脂肪酸含量高,熔点低,常温下呈液态,消化吸收率比动物油高。随着生活水平、认识程度和消费者质量意识的不断提升,食用油脂质量安全问题已引起了消费者广泛的关注。

我国目前食用油主要存在的质量安全现状:一是加工水平的影响,我国绝大部分国有中小型油脂加工企业生产的食用植物油产品以二级油为主,这些企业生产水平低下,生产工艺落后,生产设备老化,导致生产成本高,产品质量差。二是流通环节的影响,由于流通环节混乱而造成的掺假、掺伪等现象严重。其中有些不法商贩唯利是图,在食用植物油中掺入价格低廉、感观上难以辨别的棕榈油、工业用猪油、矿物油,芝麻油中掺入其他植物油等来牟取暴利,严重损害了消费者的利益,甚至出现了食用油食物中毒事件。1999 年 8 月 9 日,广东省肇庆市发生了集体食物中毒事故,共有 639 人出现中毒症状,中毒原因是工人食用掺有“矿物油”的豆油而引起的。1998 年 12 月中旬,江西省赣州地区龙南、定南两县相继发生群众因食用来自深圳有毒桶装食用油而引起中毒事件,造成 1002 人中毒,其中 60 人重度中毒,3 人死亡。2001 年 8 月 14 日,有关部门查明,南京肯德基有限公司下属的 17 家餐厅,平均日产废油逾 7000 kg,全部卖给了玄武区一家个体非法加工厂,然后去向不明,这些有毒有害"黑心油"经简单炼制后流向了餐馆和街头炸油条的早点摊,给人民的身体健康造成极大的威胁。以上事件以劣充优来欺骗消费者,不仅造成市场经济秩序混乱,而且严重危害消费者的身体健康和生命安全。

为了加强对食用油脂产品质量的控制,学习食用油脂的快速检测技术十分有必要,下面将逐一介绍常见的食用油脂快速检测技术。

一、主要安全问题

①危害油脂的生物学因素:有害微生物、黄曲霉毒素 B1 的污染,如食用油脂在加工、运输和储藏过程中由于操作不当产生的污染细菌、真菌毒素,如食用油脂中黄曲霉毒素 B1 超标、酸价超标、过氧化值超标等。

②食用油脂以次充好,如芝麻油中掺入菜籽油、米汤等其他物质。

二、食用油脂的快速检测技术

①食用油脂酸价的快速检测。

②食用油脂过氧化值的快速检测。

③芝麻油快速鉴别检测技术。

④食用油中黄曲霉毒素 B1 的快速检测。

任务一　食用油脂酸价的快速检测

案例导入

案例:闷热潮湿影响胃口,一些年轻人喜欢去路边摊或者小吃店吃麻辣烫。2016 年 7 月 7 日下午,《法制晚报》记者将六份麻辣烫样品送至北京智云达食品安全检测中心,进行罂粟壳、亚硝酸盐、油脂检测。检测发现,两份样品油脂酸价指标超过国家限量标准,这两份样品一份购自某麻辣烫连锁店,一份购自网络订餐。那么什么是酸价?酸价超过标准以后究竟对人体产生哪些什么危害?如何采用快速检测方法检测酸价呢?

酸价是对化合物(例如脂肪酸)或混合物中游离羧酸基团数量的一个计量标准。酸价表示中和 1 克游离脂肪酸所需的氢氧化钾(KOH)的质量(毫克)。典型的测量程序是,将一份重量已知的样品溶解,以酚酞为指示剂,用浓度已知的氢氧化钾溶液滴定。酸价可作为油脂变质程度的指标。

油脂酸价的大小与制取油脂的原料、加工工艺、贮运方法与条件等有关。例如:成熟较不成熟或正发芽生霉的种子制取油脂的酸价要小。在制油过程中甘油三酸酯受热或解脂酶的作用,以及油脂在贮藏期间受水分、温度、光线、脂肪酶等因素的影响而分解产生游离脂肪酸,从而使酸价增大。酸价越大,油脂越不新鲜。如今,食品安全是社会各界关注度极高的话题之一。尤其是进入夏季,食品更容易出现各种安全问题,酸价超标就是其中之一。对此,食品生产企业要做好食品的贮存工作,利用冷链物流来避免因高温产生的食品酸价超标,同时也要选择质量好的包装设备和包装材料,加强对油脂酸价超标问题的防范。

评价食用植物油是否符合国家卫生标准,常用的理化指标是酸价和过氧化值。国家标准检测方法分别使用酸碱滴定和氧化还原滴定法。这两种方法需要对滴定液进行标定,因此需要在实验室中完成。采用显色法和试纸比色法不但加快了检测速度,而且解决了现场检测的问题。

一、显色法

1. 范围

本方法适用于常温下为液态的食用植物油、食用植物调和油和食品煎炸过程中的各种食用植物油的酸价的快速测定。

2. 原理

食用植物油经异丙醇溶解后,游离脂肪酸与氢氧化钾碱性溶液反应,每克植物油消耗氢氧化钾的毫克数,即为酸价的数值。

3. 试剂及材料

除另有规定外,本方法所用试剂均为分析纯,水为 GB/T 6682—2016 规定的二级水。

①异丙醇(C_3H_8O)。

②氢氧化钾(KOH)。

③酚酞($C_{20}H_{14}O_4$)。

④氢氧化钾溶液:称取 0.08 g 氢氧化钾,用水定容到 100 mL,现用现配。

⑤酚酞溶液:称取 1.0 g 酚酞,用 95% 乙醇定容到 100 mL。

⑥百里酚酞溶液:称取 2.0 g 百里酚酞,用 95% 乙醇定容到 100 mL。

⑦移液器:5 mL 和 10 mL。

⑧天平:感量为 0.01 g。

⑨环境条件:温度 15~35℃,湿度≤80%。

4. 分析步骤

(1)试样的提取

称取 1 g(精确至 0.01 g)食用植物油试样,置于锥形瓶中,加入 5 mL 异丙醇,振摇使油溶解。

(2)样品测定

在溶解油样的溶液中加入 2~3 滴酚酞溶液(深色油脂可加入百里酚酞溶液),食用植物油加入氢氧化钾溶液 3.74 mL,煎炸过程中的食用植物油加入氢氧化钾溶液 6.23 mL,振摇,观察颜色变化。

（3）质控试样测定

每批样品测定应同时进行质控试验。

质控样品:采用典型样品基质或相似样品基质,经参比方法确认为阴性、阳性的质控样品。

称取 1 g(精确至 0.01 g)质控试样,按照样品测定步骤同法操作。

5.结果判定

观察样液的颜色,若液体颜色变为粉红色并于 30 s 内不褪色,说明样品中的酸价值低于标准值(阴性)。若液体颜色不变色或粉红色在 30 s 内褪色,说明样品中的酸价值高于标准值(阳性)。

阴性质控样的测定结果应为阴性,阳性质控试验测定结果应均为阳性。

当检测结果为阳性时,应采用 GB 5009.229—2016《食品安全国家标准　食品中酸价的测定》进行确证,进一步确定样品中酸价的含量。

6.性能指标

①检测限:食用植物油 3 mg KOH/g;煎炸过程中的食用植物油 5 mg KOH/g。

②灵敏度:灵敏度应≥95%。

③特异性:特异性应≥90%。

④假阴性率:假阴性率应≤5%。

⑤假阳性率:假阳性率应≤10%。

二、试纸比色法

1.范围

本方法适用于常温下为液态的食用植物油、食用植物调和油和食品煎炸过程中的各种食用植物油的酸价的快速测定。

2.原理

食用植物油酸败后产生了游离脂肪酸,游离脂肪酸与固化在试纸上的复合指示剂反应,试纸的颜色变化反映出食用植物油的酸败程度。

3.试剂及材料

除另有规定外,本方法所用试剂均为分析纯,水为 GB/T 6682—2016 规定的二级水。

①固化有复合指示剂的酸价试纸。

②恒温水浴锅。

③环境条件:温度 15~35℃,湿度≤80%。

4.分析步骤

（1）试样的提取

用清洁、干燥容器量取少量的食用植物油样品,将食用植物油样品的温度调整到

$20 \sim 30℃$。

（2）样品测定

用塑料吸管吸取适量待测液,滴至试纸条的反应膜上(或将试纸直接插入到待测液中浸泡 5 s 后取出),静置 90 s,从试纸侧面将多余的油样用吸水纸吸掉,与色阶卡进行对比。进行平行试验,两次测定结果应一致,即显色结果无肉眼可辨识差异。

（3）质控试样的测定

每次测定应同时进行质控试验。

质控样品:采用典型样品基质或相似样品基质,经参比方法确认为阴性、阳性的质控样品。

取少量质控试样,按照样品测定步骤同法操作。

5. 结果判定

观察试纸条的颜色,与标准色阶卡进行比较,判定检测结果。颜色相同或相近的色块下的数值即是本样品的检测值,如试纸的颜色在两色块之间,则取两者的中间值。按 GB 2716—2018 规定,食用植物油酸价颜色深于 3 mg/g 则为阳性样品,煎炸过程中的食用植物油酸价颜色深于 5 mg/g 则为阳性样品。其他食用植物油的结果判定以所执行的相应标准为准。色阶卡见图 3-1。

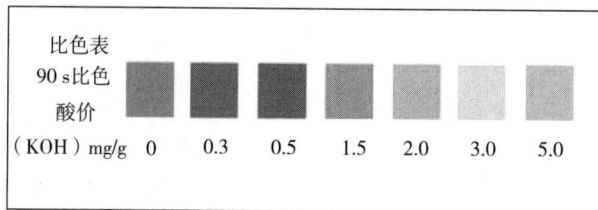

图 3-1 酸价色阶卡

阴性质控样的测定结果应为阴性,阳性质控试验测定结果应为阳性。

当检测结果为阳性时,应采用 GB 5009. 229—2016《食品安全国家标准 食品中酸价的测定》确证,进一步确定试样中酸价的含量。

6. 性能指标

①检测限:酸价 0.3 mg/g。

②灵敏度:灵敏度应≥95%。

③特异性:特异性应≥90%。

④假阴性率:假阴性率应≤5%。

⑤假阳性率:假阳性率应≤10%。

7. 注意事项

本方法所述试剂、试剂盒信息及操作步骤是为方法使用者提供方便,在使用本方法时不作限定。方法使用者在使用替代试剂、试剂盒或操作步骤前,须对其进行考察,应满足本方法规定的各项性能指标。

色阶卡应确保在试剂盒保质期内不出现褪色或变色的情况。

任务二 食用油脂过氧化值的快速检测

案例导入

案例:2016 年 11 月 4 日,浙江省食品药品监督管理局在执行国家食品监督抽检计划时,委托宁波出入境检测检疫局检测检疫技术中心对浙江省宁波市宁海县梅林街道一个食品店销售的标称浙江龙游××公司生产的"梅干菜酥饼"进行抽样检测。经检测"梅干菜酥饼"受检样品因过氧化值(以脂肪计)项目不符合 GB 7099—2015《食品安全国家标准 糕点、面包》标准要求(标准指标:≤0.25 g/100g,实测值 0.43 g/100g),被判定不合格。那么什么是过氧化值?过氧化值超过标准以后究竟对人体产生哪些什么危害?如何采用快速检测方法检测过氧化值呢?

过氧化值在一定程度上可以反映食品的质量,是表示油脂和脂肪酸等被氧化程度的一种指标,是 1 千克样品中的活性氧含量,以过氧化物的毫摩尔数表示。一般来说,过氧化值越高其酸败就越厉害。长期食用过氧化值超标的食物对人体的健康非常不利,因为过氧化物可以破坏细胞膜结构,导致胃癌、肝癌、动脉硬化、心肌梗塞、脱发和体重减轻等。长期食用过高过氧化值的食物对心血管病、肿瘤等慢性病有促进作用。除了食用油质量检测时需要测定过氧化值,以油脂、脂肪为原料制作的食品,也通过检测其过氧化值来判断其质量和变质程度,比如蛋糕、月饼、方便面、绿豆糕、桃酥、莲花酥、饼干、面包、萨其马、肉制品、坚果、水产品及其制品、速冻水饺、火腿、火腿肠、腌腊肉、婴幼儿奶粉等食品。同时地沟油作为反复使用的废弃油脂回购加工所得,其过氧化值也是严重超标的,虽然不能作为检测地沟油的唯一指标,但是也可以作为地沟油的初步筛查方法之一。另外,并不是合格的食品就不用担心过氧化值超标的问题,如果放置过长,或者生产过久的食品,食品中的油脂不可避免地会发生酸败氧化,进而引起过氧化值增高的问题,比如合格的食用油,在使用过程中,每次打开盖,都会进去一些氧气,打开次数越多越会增加油脂酸败氧化的速度,所以要尽量减少打开的次数,购买食品也要注意查看保质期。

在 GB/T 5009.227—2016《食品安全国家标准 食品中过氧化值的测定》中,介绍了对食用植物油中过氧化值的检测方法和标准,测定方法主要是滴定法和电位滴定法。快速检测过氧化值的方法主要有显色法和试纸比色法。

一、显色法

1.范围

本方法适用于常温下为液态的食用植物油、食用植物调和油和食品煎炸过程中的各种食用植物油的过氧化值的快速测定。

2. 原理

植物油经有机溶剂溶解后,加入碘化钾与过氧化物反应生成碘单质,用硫代硫酸钠标准溶液滴定析出的碘。通过硫代硫酸钠的用量计算样品中过氧化值。

3. 试剂及材料

除另有规定外,本方法所用试剂均为分析纯,水为 GB/T 6682—2016 规定的二级水。

①异丙醇(C_3H_8O)。

②冰醋酸(CH_3COOH)。

③硫代硫酸钠溶液:称取 2.49 g 硫代硫酸钠($Na_2S_2O_3 \cdot 5H_2O$),溶于 1000 mL 水中,现用现配。

④碘化钾(KI)。

⑤淀粉指示剂(1%):称取 0.5 g 可溶性淀粉,加少量水调成糊状,边搅拌边倒入 50 mL 沸水,再煮沸搅拌均匀后,放冷备用。

⑥移液器:1 mL 和 5 mL。

⑦天平:感量为 0.01 g。

⑧环境条件:温度 15~35℃,湿度≤80%。

4. 分析步骤

(1)试样的提取

称取 2 g(精确至 0.01 g)食用植物油试样,置于玻璃瓶中,加入 18 mL 异丙醇,振摇使油溶解。

(2)测定步骤

①样品测定。

加入 3 mL 冰醋酸,1 g 碘化钾,振荡 30 s,置于暗处反应 3 min。加入 20 mL 蒸馏水,1 mL 淀粉指示剂,摇匀,再加入硫代硫酸钠溶液 3.94 mL,观察颜色变化。

②质控试样的测定。

每批样品测定应同时进行质控试验。

质控样品:采用典型样品基质或相似样品基质,经参比方法确认为阴性、阳性的质控样品。

称取 2 g(精确至 0.01 g)质控试样,按照样品测定步骤与样品同法操作。

5. 结果判定

观察样液的颜色,若为无色,说明样品中的过氧化值低于标准值(阴性)。若液体颜色仍为蓝色或棕色,说明样品中的过氧化值高于标准值(阳性)。

阴性质控样的测定结果应为阴性,阳性质控试验测定结果应均为阳性。

当检测结果为阳性时,应采用 GB 5009.227—2016《食品安全国家标准 食品中过氧化值的测定》进行确证,进一步确定样品中过氧化值的含量。

6. 性能指标

①检测限:0.25 g/100g。

②灵敏度:灵敏度应≥95%。

③特异性:特异性应≥90%。

④假阴性率:假阴性率应≤5%。

⑤假阳性率:假阳性率应≤10%。

二、试纸比色法

1. 范围

本方法适用于常温下为液态的食用植物油、食用植物调和油和食品煎炸过程中的各种食用植物油的过氧化值的快速测定。

2. 原理

食用植物油中的过氧化物被固化在试纸上的过氧化物酶催化分解出氧,与联苯胺类化合物反应显色,试纸的颜色反映出食用植物油中的过氧化值的量。

3. 试剂及材料

除另有规定外,本方法所用试剂均为分析纯,水为 GB/T 6682—2016 规定的二级水。

①固化有过氧化物酶的过氧化值试纸。

②恒温水浴锅。

③环境条件:温度 15~35℃,湿度≤80%。

4. 分析步骤

(1)试样的提取

用清洁、干燥容器量取少量的食用植物油样品,将食用植物油样品的温度调整到20~30℃。

(2)测定步骤

①样品测定。

用塑料吸管吸取适量待测液,滴至试纸条的反应膜上(或将试纸直接插入到待测液浸泡 5 s 后取出),静置 90 s,从试纸侧面将多余的油样用吸水纸吸掉,与色阶卡进行对比。进行平行试验,两次测定结果应一致,即显色结果无肉眼可辨识差异。

②质控试样的测定。

每次测定应同时进行质控试验。

质控样品:采用典型样品基质或相似样品基质,经参比方法确认为阴性、阳性的质控样品。

取少量质控试样,按照样品测定步骤同法操作。

5. 结果判定

观察试纸条的颜色,与标准色阶卡进行比较,判定检测结果。颜色相同或相近的色块下的数值即是本样品的检测值,如试纸的颜色在两色块之间,则取两者的中间值。按 GB

2716—2018 的规定,食用植物油过氧化值颜色深于 0.25 g/100 g 则为阳性样品。其他食用植物油的结果判定以所执行的相应标准为准。色阶卡见图 3-2。

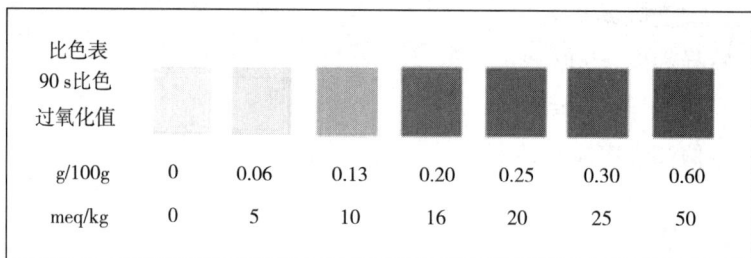

比色表 90 s比色 过氧化值						
g/100g	0	0.06	0.13	0.20	0.25	0.30	0.60
meq/kg	0	5	10	16	20	25	50

图 3-2　过氧化值色阶卡

阴性质控样的测定结果应为阴性,阳性质控试验测定结果应为阳性。

当检测结果为阳性时,应采用 GB 5009.227—2016《食品安全国家标准　食品中过氧化值的测定》确证,进一步确定试样中过氧化值的含量。

6. 性能指标

①检测限:0.3 mg/g。

②灵敏度:灵敏度应≥95%。

③特异性:特异性应≥90%。

④假阴性率:假阴性率应≤5%。

⑤假阳性率:假阳性率应≤10%。

7. 注意事项

本方法所述试剂、试剂盒信息及操作步骤是为本方法使用者提供方便,在使用本方法时不作限定。方法使用者在使用替代试剂、试剂盒或操作步骤前,须对其进行考察,应满足本方法规定的各项性能指标。

色阶卡应确保在试剂盒保质期内不出现褪色或变色的情况。

任务三　芝麻油快速鉴别检测技术

案例导入

案例:2020 年 5 月,《消费者报道》向权威第三方检测机构送检了 22 款芝麻油,检测了棕榈酸、硬脂酸、油酸、亚油酸 4 个特征指标,结果显示 5 款小作坊芝麻油中有 3 款的油酸含量均不符合 GB/T 8233—2018 的要求,说明它们并非纯芝麻油,有可能添加了其他食用油脂。那么纯正的芝麻油是什么样的?芝麻油掺假后怎样鉴别?

芝麻油又称香油,因为它含有多种挥发性芳香物质(如芝麻酚等),所以具有浓烈的香味。它能提高食品的口感(口味和滋味),增强人的食欲,其营养价值也优于其他食用植物油,因此芝麻油市场售价也最高。然而,有些个体商贩以生产、销售掺伪芝麻油牟利。如在芝麻油中掺入棉籽油、卫生油(精炼棉籽油)、玉米胚油和菜籽油等低价食用植物油脂,也有在香油中掺入米汤(小米汤等),还有用清酱掺水勾兑掺入香油中,用红糖和淀粉加水混合熬制掺入香油中等各种掺伪方法。"油掺油,神仙都发愁",这曾是食用油行业进行掺假鉴别的真实写照,明知掺假却束手无策。2018年,国家市场监督管理总局发布了GB/T 8233—2018《芝麻油》,对于芝麻油是否掺假可以通过测试4种特征脂肪酸的含量来判断。检测机构的技术员表示,纯芝麻油中的脂肪酸组成基本稳定在一个范围,如果掺入了其他油脂,这个组成会发生变化。根据GB/T 8233—2018《芝麻油》,纯芝麻油的棕榈酸、硬脂酸、油酸、亚油酸的含量分别必须为7.9%~12.0%、4.5%~6.9%、34.4%~45.5%和36.9%~47.9%。

芝麻油的选购方法:一是依据品名,由于芝麻油的种类很多,在生活中有一类芝麻调和油,是用其他油脂和芝麻油勾兑出来的。这种油无论是味道还是里面含有的营养都不能和纯芝麻油相媲美。二是看配料,对于一瓶优质芝麻油,其配料仅是一种芝麻成分,但市场上有很多产品,其成分列表中还有其他成分,例如精华素等,此类都不是纯芝麻油。三是看加工工艺,质量优质的芝麻油,是采用传统工艺水代法制作出来的小磨芝麻油,不论是质量还是里面的营养都是极其优质的。

一、芝麻油掺伪的感官鉴别

1. 观察法

在夏季的阳光下看纯芝麻油,清晰透明;掺入1.5%的凉水,在光照下呈不透明液体状;掺入3.5%的凉水,芝麻油会自动分层,容易沉淀变质;掺入猪油,加热就会发白;掺入菜籽油,颜色发青;掺入棉籽油,加热就会粘锅;掺入米汤,会浑浊并有沉淀。

2. 降温法

由于芝麻油的成分中有较多的小分子量化合物以及短链脂肪酸,因此其具有较低的沸点和凝固点。将芝麻油试样瓶放在-10℃冰箱内冷冻观察,纯芝麻油在此温度下仍为液体,掺伪的芝麻油在此温度下开始凝固。

3. 振荡法

将芝麻油试样少许倒入试管中,用力振荡后观察。纯正芝麻油振荡后不起泡或只起少量泡沫,而且很快消失;掺入花生油振荡后泡沫多、消失慢,泡沫呈白色;掺入精炼棉籽油振荡后泡沫多,不易消失,用手掌蘸油摩擦,可闻到碱味;掺入大豆油振荡后出现淡黄色泡沫且不容易消失,用手掌蘸油摩擦,可闻到豆腥味;掺入菜籽油振荡后出现泡沫、消失慢,用手掌蘸油摩擦,可闻到辛辣味。

4. 观色法

纯芝麻油呈淡红色或红中带黄;小磨芝麻油颜色稍深,为棕红色透明油状液体。如芝麻油中掺入了其他食用植物油脂,则色泽发生变化。掺入菜籽油则呈深黄色;掺入棉籽油则呈黑红色;掺入精炼棉籽油则呈黄色;如芝麻油中掺入米汤(上清液)类物质,则浑浊模糊不清并有沉淀物,且容易变质。

5. 水试法

用筷子蘸 1 滴芝麻油,轻轻滴在平静的水面上(可用碗、盘或小盆盛清水)。纯芝麻油会呈现出五色透明的薄薄的大油花,并有浓重的芝麻油味,而掺伪的芝麻油会出现较厚的小油花,油花持续时间短,芝麻油香味淡薄,并伴有其他油脂的异味。

6. 摩擦法

将油样滴于手心,用另一手掌用力摩擦,由于摩擦产热,油内芳香物质分子运动加速,香味容易扩散。如为芝麻油,则有单纯浓重的芝麻油香味;如掺入菜籽油,则除有芝麻油香味外还夹杂有菜籽油的异味;如掺入棉籽油,则摩擦后油的香味淡薄或不明显。

摩擦法简便易行,可靠性较强,适用于现场鉴别。

二、芝麻油掺伪的定性检测

1. 硫酸反应法

(1)仪器与试剂

白瓷反应板、浓硫酸。

(2)实验方法

取浓硫酸数滴于白瓷反应板上,加入待检油样 2 滴,观察反应后表面颜色的变化。

(3)结果评判

如显棕黑色,则为芝麻油,否则为非芝麻油(花生油显棕红色;豆油、茶籽油、菜籽油、棉籽油显棕褐色;棕桐油显橙黄色;葵花籽油显棕红色)。芝麻油中含有芝麻酚类物质,与浓硫酸反应时变棕黑色。

2. 蔗糖反应法

(1)仪器与试剂

试管、石油醚、蔗糖盐酸液(取 1 g 蔗糖溶解于 100 mL 盐酸中,临用时配)。

(2)实验方法

取油样 2 滴,加石油醚 3 mL,加蔗糖盐酸液 3 mL,缓缓摇动 15 min,加入蒸馏水 2 mL,摇匀后观察。

(3)结果评判

如果水层显红色,则为芝麻油,否则为非芝麻油。芝麻油中的色素类物质可溶解于蔗糖的盐酸溶液中,脂肪溶解于石油醚中,从而下层水中显色。

3.糠醛反应法

（1）仪器与试剂

比色管、量筒、浓盐酸、2%糠醛乙醇溶液（取纯糠醛 2 mL，用 95% 乙醇稀释到 100 mL。作空白试验时不呈紫色即为合格）。

（2）实验方法

量取混匀、过滤的油样和浓盐酸各 5 mL，置于比色管中，摇匀后加入 1~2 滴 2%糠醛乙醇溶液，猛烈振摇 30 s，静置至溶液分为两层后，观察其颜色。如溶液呈红色，即表示有芝麻油存在；如底层呈洋红色，则加 10 mL 水后再摇动。若红色消失，表示无芝麻油存在。

（3）实验要求

①试验时观察颜色应越快越好，否则会显出不是芝麻油特性的颜色。

②油样色深时，可用碱漂白，并将油中的碱和水除净后再进行试验。

③此法对陈油或 250℃加热 30 min 的油、加氢处理的油呈色减弱或不呈色。

（4）结果评判

芝麻油中含微量芝麻油醛，经盐酸水解生成芝麻油酚后，与糠醛作用产生血红色反应。

4.芝麻油中掺入其他油脂的定性检测

（1）掺入棉籽油

取油样 2 mL，加戊醇与 1%硫黄的二硫化碳溶液等容量的混合液 2 mL，在沸水浴中加热 20 min。如果显红色，即表示含有棉籽油。

（2）掺入花生油

取油样 1 mL，置于锥形瓶中，加 1.5 mol/L 氢氧化钾的乙醇液 50 mL，在 90~95℃水浴上加热 5 min，加入 70%乙醇 50 mL，盐酸 0.5 mL，摇匀，溶解所有沉淀物（必要时加热），再将试管置于 11~12℃水中冷却 20 min。如产生大量浑浊或沉淀，即表示含有花生油。

（3）掺入大豆油

取油样 5 mL 于试管中，加入 2 mL 三氯甲烷和 3 mL 2%硝酸钾溶液，剧烈振摇，使之形成乳浊液。如乳浊液呈柠檬黄色，即表示含有大豆油。

任务四　食用油中黄曲霉毒素 B1 的快速检测

案例导入

案例：广州市人民政府网站 6 月 5 日发布的《广州市市场监督管理局 2020 年第 13 期食品安全监督抽检信息》显示，标称广州市从化街口香润食用植物油加工店生产（供货）的一批次散装称重的花生油黄曲霉毒素 B1 超标。那么花生黄曲霉毒素 B1 超标后可能会造成哪些危害？如何采用快速检测方法检测黄曲霉毒素 B1 呢？

市面上能见到的不少散装食用油,多是一些生产工艺落后、技术含量较低、规模较小、质量管理较差的小企业生产的,产品质量难以保证。而在销售环节,可能存在商户暗自把质量不等、产地不同、生产时间不同的散装油混装,或把质量等级较低的食用油作为散装油出厂,人为地造成散装油质量下降。1993 年,世界卫生组织(WTO)癌症研究机构将黄曲霉毒素划定为一类致癌物,是一种毒性极强的剧毒物质。黄曲霉毒素的危害性在于对人及动物肝脏组织有破坏作用,严重时可导致肝癌甚至死亡。在天然污染的食品中以黄曲霉素 B1 最为多见,其毒性和致癌性也最强。长期食用黄曲霉毒素等超标的食用油,会增大患癌风险。食用油中黄曲霉毒素 B1 的快速检测主要采用胶体金免疫层析法。

一、胶体金免疫层析法

1. 范围

本方法适用于花生油、玉米油、大豆油及其他植物油脂等食用油中黄曲霉毒素 B1 的快速测定。

2. 原理

采用竞争抑制免疫层析原理。样品中的黄曲霉毒素 B1 经提取后与胶体金标记的特异性抗体结合,抑制抗体和试纸条或检测卡中检测线(T 线)上抗原的结合,从而导致检测线颜色深浅的变化。通过检测线与质控线(C 线)颜色深浅比较,对样品中黄曲霉毒素 B1 进行定性判定。

3. 试剂及材料

除另有规定外,本方法所用试剂均为分析纯,水为 GB/T 6682—2016 规定的二级水。

(1)试剂

①十二水磷酸氢二钠。

②二水磷酸二氢钠。

③氯化钠。

④吐温-20。

⑤提取液:30%甲醇水或胶体金免疫层析检测试剂盒专用提取液或根据产品使用说明书配置。

⑥稀释液:称取 2.90 g 十二水磷酸氢二钠,0.296 g 二水磷酸二氢钠,4.50 g 氯化钠,溶解于 400 mL 水中,加入 0.5 mL 吐温-20,用水稀释至 500 mL,混匀即成稀释液;或使用胶体金免疫层析检测试剂盒专用稀释液。

(2)标准溶液的配制

①黄曲霉毒素 B1 标准储备液(0.1 mg/mL):精密称取适量黄曲霉毒素 B1 标准品,置于 10 mL 容量瓶中,用甲醇溶解并稀释至刻度,摇匀,制成浓度为 0.1 mg/mL 的黄曲霉毒素 B1 标准储备液;或可直接购买黄曲霉毒素 B1 标准储备液。-20℃避光保存备用,有效期 3 个月。

②黄曲霉毒素 B1 标准中间液（10 μg/mL）：精密量取黄曲霉毒素 B1 标准储备液（0.1 mg/mL）1 mL，置于 10 mL 容量瓶中，用甲醇稀释至刻度，摇匀，制成浓度为 10 μg/mL 的黄曲霉毒素 B1 标准中间液，临用新制。

（3）材料

黄曲霉毒素 B1 胶体金免疫层析试剂盒，适用基质为食用油。

①金标微孔（含胶体金标记的特异性抗体）。

②试纸条或检测卡。

（4）仪器及设备

①移液器：100 μL、200 μL 和 1 mL。

②涡旋混合器。

③离心机：转速≥4000 r/min。

④电子天平：感量为 0.01 g。

⑤环境条件：温度 15～35℃，湿度≤80%。

4. 分析步骤

（1）试样制备

①试样选取。

取适量有代表性样品充分混匀。

②试样提取和净化。

称取 1 g 油样于离心管中，加入 2 mL 提取液并混合均匀。漩涡振荡 3 min，然后 4000 r/min 离心 5 min 或静置 5～10 min，取下清液备用。

依据检测样品种类及试剂盒说明书，用稀释液将下清液稀释并涡旋混匀，得待测液。

（2）测定步骤

①试纸条与金标微孔测定步骤。

吸取 100～200 μL 待测液于金标微孔中，抽吸 5～10 次使混合均匀，尽量不要有气泡，室温温育 3～5 min（根据配套说明书进行避光操作）。将检测试纸条样品端垂直向下插入反应微孔中，温育 5～10 min，从微孔中取出试纸条，进行结果判定。

②检测卡测定步骤。

吸取 100～150 μL 待测液滴加到检测卡的加样孔中，温育 5～10 min，进行结果判定。

5. 质控试验

每批样品应同时进行空白试验和加标质控试验。

（1）空白试验

称取空白试样，按照测定步骤与样品同法操作。

（2）加标质控试验

花生油、玉米油样品：准确称取空白试样 100 g（精确至 0.01 g），置于 100 mL 玻璃溶液瓶中，加入 200 μL 黄曲霉毒素 B1 标准中间液（10 μg/mL），使试样中黄曲霉毒素 B1 浓度为 20 μg/kg,按照测定步骤与样品同法操作。

其他油脂样品:准确称取空白试样 100 g(精确至 0.01 g)置于 100 mL 玻璃溶液瓶中,加入 100 μL 黄曲霉毒素 B1 标准中间液(10 μg/mL),使试样中黄曲霉毒素 B1 浓度为 10 μg/kg,按照测定步骤与样品同法操作。

6.结果判定

通过对比质控线(C 线)和检测线(T 线)的颜色深浅进行结果判定。目视结果判读如图 3-3 所示。

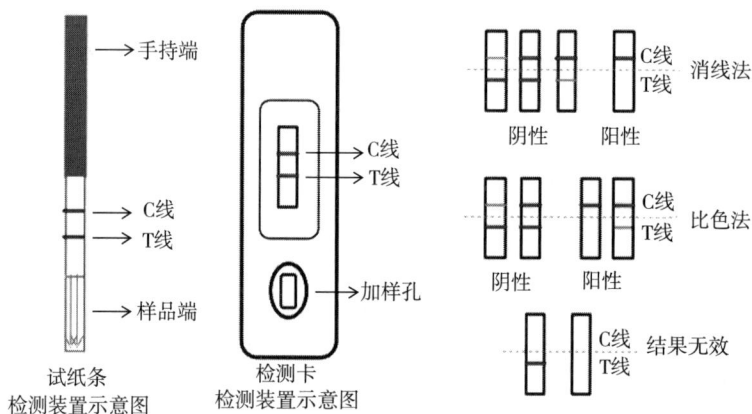

图 3-3　试纸条/检测卡目视判定示意图

(1)无效

质控线(C 线)不显色,表明不正确操作或试纸条检测卡无效。

(2)阳性结果

①消线法。

检测线(T 线)不显色,质控线(C 线)显色,表明样品中黄曲霉毒素 B1 含量高于方法检测限,判定为阳性。

②比色法。

检测线(T 线)颜色比质控线(C 线)颜色浅或几乎不显色,表明样品中黄曲霉毒素 B1 含量高于方法检测限,判定为阳性。

(3)阴性结果

①消线法。

检测线(T 线)、质控线(C 线)均显色,表明样品中黄曲霉毒素 B1 含量低于方法检测限,判定为阴性。

②比色法。

检测线(T 线)颜色比质控线(C 线)颜色深或者检测线(T 线)颜色与质控线(C 线)颜色相当,表明样品中黄曲霉毒素 B1 含量低于方法检测限,判定为阴性。

（4）质控试验要求

空白试验测定结果应为阴性,加标质控试验测定结果应为阳性。

（5）结论

黄曲霉毒素 B1 与其他几种黄曲霉毒素(黄曲霉毒素 B2、黄曲霉毒素 M、黄曲霉毒素 M2、黄曲霉毒素 G、黄曲霉毒素 G2)有交叉,当检测结果为阳性时,应对黄曲霉毒素 B1 结果进行确证。

7. 性能指标

①检测限:玉米油、花生油为 20 μg/kg;其他植物油脂为 10 μg/kg。

②灵敏度:灵敏度应≥99%。

③特异性:特异性应≥90%。

④假阴性率:假阴性率应≤1%。

⑤假阳性率:假阳性率应≤10%。

目标检测

一、单选题

1. 酸价是指中和 1 g 油脂中所含的(　　　)所需要氢氧化钾的质量。

A. 过氧化物　　　　B. 脂肪酸　　　　C. 游离脂肪酸　　　　D. 甘油三酸酯

2. 显色法测定油脂是酸价加入 5 mL 异丙醇的目的是(　　　)。

A. 使油溶解　　　　　　　　B. 使显色更明显

C. 指示剂的作用　　　　　　D. 使油凝固

3. 显色法测定油脂是酸价结果判定方法:若液体颜色变为粉红色并于 30 s 内不褪色,说明样品中的酸价值低于标准值,则为(　　　)。

A. 阴性　　　　　　B. 阳性

4. 显色法测定油脂是酸价,阳性质控试验测定结果应均为(　　　)。

A. 阴性　　　　　　B. 阳性

5. 显色法测定油脂中的过氧化值时,植物油经有机溶剂溶解后,加入碘化钾与过氧化物反应生成碘单质,用(　　　)标准溶液滴定析出的碘。通过硫代硫酸钠的用量计算样品中过氧化值。

A. 硫酸　　　　　　B. 硫代硫酸钠　　C. 氢氧化钠　　　D. 氯化钠

6. 显色法测定油脂中的过氧化值时,加入 3 mL 冰醋酸,1 g 碘化钾,振荡 30 s,置于暗处反应(　　　)min。

A. 1　　　　　　　　B. 2　　　　　　C. 3　　　　　　　D. 4

7. 显色法测定油脂中的过氧化值时,用(　　　)作为指示剂。

A. 酚酞　　　　　　B. 甲基红　　　　C. 甲基橙　　　　D. 淀粉

8. 试纸比色法测定油脂中过氧化值时,食用植物油中的过氧化物被固化在试纸上的过氧化物酶催化分解出氧,与( )类化合物反应显色,试纸的颜色反映出食用植物油中的过氧化值的量。

    A. 苯胺   B. 联苯胺

    C. 邻联甲苯胺   D. 特丁基对苯二酚

9. 芝麻油掺伪的感官鉴别不包括( )。

    A. 观察法   B. 升温法   C. 振荡法   D. 观色法

10. 芝麻油掺伪的感官鉴别中摩擦法更适用于( )。

    A. 试验室鉴别   B. 现场鉴别

11. 浓硫酸与芝麻油反应颜色应为( )色。

    A. 显棕褐色   B. 显棕红色   C. 显棕黑色   D. 显橙黄色

12. 蔗糖反应法鉴别芝麻油如果水层显( ),则为芝麻油,否则非芝麻油。

    A. 绿色   B. 红色   C. 黑色   D. 黄色

13. 如果食用油脂样品中黄曲霉毒素 B1 的含量等于或高于检测限,在规定的检测时间内,T 线不显色,结果为( )。

    A. 阳性   B. 阴性   C. 酸性   D. 碱性

14. 食用油脂黄曲霉毒素 B1 检测过程中,如果检测试纸条 T 线显色,则说明( )。

    A. 样品中黄曲霉毒素 B1 的含量低于检测限,结果为阳性

    B. 样品中黄曲霉毒素 B1 的含量高于检测限,结果为阳性

    C. 样品中黄曲霉毒素 B1 的含量高于检测限,结果为阴性

    D. 样品中黄曲霉毒素 B1 的含量低于检测限,结果为阴性

15. 食用油脂黄曲霉毒素 B1 检测过程中,如果质控线(C 线)不显色,则说明( )。

    A. 黄曲霉毒素 B1 的含量太高

    B. 黄曲霉毒素 B1 的含量太低

    C. 检测有效

    D. 检测无效

16. 食用油脂黄曲霉毒素 B1 检测过程中,试样提取和净化过程中离心的转速和时间是( )。

    A. 4000 r/min、5 min   B. 3000 r/min、3 min

    C. 2000 r/min、5 min   D. 1000 r/min、3 min

二、多选题

1. 试纸比色法测定油脂酸价结果判定方法为:观察试纸条的颜色,与标准色阶卡进行比较,判定检测结果。颜色( )的色块下的数值即是本样品的检测值,如试纸的颜色在两色块之间,则取两者的中间值。

    A. 相同   B. 相近   C. 不同   D. 不近

2. 过氧化值表示( )等被氧化程度的一种指标。是 1 千克样品中的活性氧含量,以过氧化物的毫摩尔数表示。

A. 蛋白质　　　　　　　B. 碳水化合物　C. 油脂　　　　　　　D. 脂肪酸

3. 不法商贩在芝麻油中掺入( )等低价食用植物油脂,也有在香油中掺入米汤等。

A. 棉籽油　　　　　　　B. 卫生油　　　C. 玉米胚油　　　　　　D. 菜籽油

4. 检测试纸条可能出现几种结果?( )

A. C 线,T 线同时显色,结果为阴性

B. C 线显色,T 线不显色,结果为阳性

C. C 线,T 线同时不显色,结果为检测无效

D. C 线不显色,T 线显色,结果为检测有效

答案及解析

一、单选题

1. C　2. A　3. A　4. B　5. B　6. C　7. D　8. B　9. B　10. B　11. C　12. B　13. A　14. D　15. D　16. A

二、多选题

1. AB　2. CD　3. ABCD　4. ABC

项目四　果蔬农产品快速检测技术

学习目标

　　知识要求

　　1. 了解我国蔬菜和水果农产品安全的现状及其快速检测技术的标准。

　　2. 熟悉蔬菜和水果农产品快速检测项目及其实验原理。

　　3. 掌握蔬菜和水果农产品快速检测方法的操作与注意事项等。

　　技能要求

　　1. 能正确使用果蔬农产品检测的标准和方法。

　　2. 能熟练操作果蔬农产品检测项目的样品处理、测试、报告出具等。

　　我国人口众多,农作物生产面积大,既是果蔬农产品生产大国,也是果蔬农产品消费大国。然而近年来,由于化肥农药污染、大气污染、水质污染、土壤污染、人为操作污染等原因造成生态环境的恶化,食用受到农药严重污染的水果、蔬菜而造成的急性中毒事件屡有发生,所以果蔬农产品的食品安全问题越来越引起世界各国的关注。

一、主要安全问题

①使用毒性较强、不允许在蔬菜水果上施撒的农药或农药残留中毒。

②施撒农药不当或施撒农药后的采摘时间不当,而引起农药残留超标或农药中毒。

③使用工业污染严重的废水灌溉蔬菜或废气排放引起的蔬菜重金属超标。

④过量施撒氮肥,导致蔬菜中硝酸盐含量超标。

⑤蔬菜存放或腌制过程中,容易出现亚硝酸盐含量超标。

⑥某些蔬菜或水果在加工过程中,过量使用添加物如防腐剂、增白剂二氧化硫等。

二、果蔬农产品快速检测项目

①果蔬农产品农药残留的快速检测。

②新鲜蔬菜硝酸盐的快速检测。

③不新鲜的蔬菜或腌制菜中亚硝酸盐的快速检测。

④竹笋、黄花菜等蔬菜或干果加工中加入防腐剂、漂白剂二氧化硫的快速检测。

任务一　果蔬农产品快速检测样品制备方法

一、果蔬样品的制备取样部位

依据 NY/T 3304—2018《农产品检测样品管理技术规范》。

1. 蔬菜类样品制备取样部位（表 4-1）

表 4-1　蔬菜类样品制备取样部位

样品类别	类别说明	取样部位	
		农药残留检测	其他检测
蔬菜（鳞茎类）	鳞茎葱类：大蒜、洋葱、薤等	可食部分	依据检测方法标准要求
	绿叶葱类：韭菜、葱、青蒜、蒜薹、韭葱等	整株	
	百合	鳞茎头	
蔬菜（芸薹属类）	结球芸薹属：结球甘蓝、球茎甘蓝、孢子甘蓝、赤球甘蓝、羽衣甘蓝等	整棵。对于孢子甘蓝仅仅分析小甘蓝状等	
	头状花序芸薹属：花椰菜、青花菜等	整棵，去除叶	
	茎类芸薹属：芥蓝、菜薹、茎芥菜等	整棵，去除根	
蔬菜（叶菜类）	绿叶类：菠菜、普通白菜（小白菜、小油菜、青菜）、苋菜、蕹菜、茼蒿、大叶茼蒿、叶用莴苣、莴笋、苦苣、野苣、落葵、油麦菜、叶芥菜、萝卜叶、芜菁叶、菊苣等	整棵，去除根	
	叶柄菜：芹菜、小茴香、求茎茴香等	整棵，去除根	
	大白菜	整棵，去除根	
蔬菜（茄果类）	番茄类：番茄、樱桃番茄等	全果（去柄）	
	其他茄果类：茄子、辣椒、黄秋葵、酸浆等	全果（去柄）	
蔬菜（瓜类）	黄瓜：腌制用小黄瓜	全瓜（去柄）	
	小型瓜类：西葫芦、节瓜、苦瓜、丝瓜、线瓜、瓠瓜等	全瓜（去柄）	
	大型瓜类：冬瓜、南瓜、笋瓜等	全瓜（去柄）	
蔬菜（豆类）	荚可食类：豇豆、菜豆、食荚豌豆、四棱豆、扁豆、刀豆、利马豆等	全荚	
	荚不可食类：菜用大豆、蚕豆、豌豆、菜豆等	全豆（去荚）	
蔬菜（茎类）	芦笋、朝鲜蓟、大黄等	整棵	
蔬菜（根茎类和薯芋类）	根茎类：萝卜、胡萝卜、根甜菜、根芹菜、根芥菜、姜、辣根、芜菁、桔梗等	整棵，去除顶部叶及叶柄。必要时，用软毛刷轻轻刷掉附着的黏土火绒残渣，用干净的滤纸吸干	
	马铃薯	全薯	
	其他薯芋类：甘薯、山药、牛蒡、木薯、芋、葛、魔芋等	全薯	

样品类别	类别说明	取样部位	
		农药残留检测	其他检测
蔬菜 （水生类）	茎叶类:水芹、豆瓣菜、茭白、蒲菜等	整棵,茭白去除外皮	
	果实类:菱角、芡实等	全果（去壳）	
	根类:莲藕、荸荠、慈姑等	整棵	
蔬菜 （芽菜类）	绿豆芽、黄豆芽、萝卜芽、苜蓿芽、花椒芽、香椿芽等	全部	
蔬菜 （其他类）	黄花菜、竹笋、仙人掌、玉米笋等	全部	
干制蔬菜	脱水蔬菜、干豇豆、萝卜干等	全部	

注:GB 2763 和其他食品安全国家标准对取样部位有规定的,按其规定执行。

2. 果品类样品制备取样部位(表 4-2)

表 4-2　果品类样品制备取样部位

样品类别	类别说明	取样部位	
		农药残留检测	其他检测
水果（柑橘类）	橙、橘、柠檬、柚、柑、佛手柑、金橘等	全果	依据检测方法标准要求
水果（仁果类）	苹果、梨、山楂、枇杷、榅桲等	全果（去柄）,枇杷参照核果	
水果（核果类）	桃、油桃、杏、枣(鲜)、李子、樱桃、青梅等	全果（去柄和果核）,残留量计算应计入果核的重量	
水果 （浆果和 其他 小型 水果）	藤蔓和灌木类:枸杞、黑莓、蓝莓、覆盆子、越橘、加仑子、悬钩子、醋栗、桑葚、唐棣、露莓(包括波森莓和罗甘莓)等	全果（去柄）	
	小型攀缘类:a.皮可食:葡萄等;b.皮不可食:猕猴桃、西番莲等	全果	
	草莓	全果（去柄）	
水果 （热带和 亚热带 水果）	皮可食:柿子、杨梅、橄榄、无花果、杨桃、莲雾等	全果（去柄）,杨梅、橄榄检测果肉部分,残留量计算应计入果核的重量	
	皮不可食小型果:荔枝、龙眼、红毛丹等	果肉,残留量计算应计入果核的重量	
	皮不可食中型果:芒果、石榴、鳄梨、番荔枝、番石榴、西番莲、黄皮、山竹等	全果,鳄梨和芒果去除核,山竹测定果肉,残留量计算应计入果核的重量	
	皮不可食大型果:香蕉、番木瓜、椰子等	香蕉测定全蕉;番木瓜测定去除果核的所有部分,残留量计算应计入果核的重量;椰子测定椰汁和椰肉	
	带刺果:菠萝、菠萝蜜、榴莲、火龙果等	菠萝、火龙果去除叶冠部分;菠萝蜜、榴莲测定果肉,残留量计算应计入果核的重量	

续表

样品类别	类别说明	取样部位	
		农药残留检测	其他检测
水果（瓜果类）	西瓜	全瓜	依据检测方法标准要求
	甜瓜类：薄皮甜瓜、网纹甜瓜、哈密瓜、白兰瓜、香瓜等	全瓜	
干制水果	柑橘脯、李子干、葡萄干、干制无花果、枣（干）等	全果（测定果肉，残留量计算应计入果核的重量）	
	小粒坚果：杏仁、榛子、腰果、松仁、开心果等	全果（去壳）	
坚果	大粒坚果：核桃、板栗、山核桃、澳洲坚果等	全果（去壳）	
	甘蔗	整根甘蔗，去除顶部叶及叶柄	
糖料	甜菜	整根甜菜，去除顶部叶及叶柄	

注：GB 2763 和其他食品安全国家标准对取样部位有规定的，按其规定执行。

二、制样关键要点

1. 取样原则

尽量避开影响实验结果的所有因素，用正确的方法在恰当的部位取样。

2. 取样部位的选择

①优先考虑可食用部位。

②尽量取到蔬菜的最外层，因为大部分蔬菜外层的农药残留相对较高。

③该部位尽量不含微生物、泥土、色素、淀粉等影响结果的因素。

④操作要便捷并且方便后面的做样。

⑤在复检时，为保证实验的准确性和取样的可代表性要从不少于两处取样。

3. 具体操作内容

①普通叶菜类：不取腐败部位[a]，从两处[b]叶子取样，放入烧杯底部[c]，量要略大于 1 g 但不应塞太满[d]。

原因：a 防止影响结果；b 提高准确性；c 让其与缓冲液接触充分；d 方便吸液做样。

②瓜果类、地上茎菜类（例如芥兰头、莴笋等）：在中间部分的表层横切一小块（不宜太深，量大于 1 g）[e]，不取两端；茄瓜不取蒂部；复检时分别取表皮和带皮的表层肉分别测定。

原因：e 很多瓜果会有被水冲洗或浸泡过的现象，取表层的肉保证结果的准确性。

③包菜、椰菜、白菜等多层叶子包裹起来的叶菜：一般取最外层叶子[f]，复检时内外层同取。

原因：f 外层农药残留相对较高。

④豆角、四季豆、尖椒、青椒等条状蔬菜:捏成几小段浸没于缓冲液中。注意红椒和指天椒要浸泡表面,避免里面的色素渗出。

⑤圆椒、彩椒、红椒:切表面的薄皮,不要切过多的肉,更不应将肉切穿^g;复检时可用缓冲液来回冲洗其表面多次,然后以冲洗的缓冲液为提取液测定。

原因:g 圆椒、彩椒、红椒假阳性较高。

⑥西兰花、花椰菜:取一小部分完整的花束,不可使花破碎。

⑦红白洋葱:去掉所有的外层衣皮,只取最外一层的肉。

⑧玉米:取里面的玉米籽并保证其不破损,尽量不用须或包叶代替。一般来说,玉米因为有包叶的包裹,里面玉米籽农药残留相对较少,不易超标。

⑨番茄:切表层的皮,不能让中间的汁液流出,也不能用番茄蒂部代替,测定番茄蒂部可能会结果偏高,属于不规范操作。

⑩西芹、韭菜、葱、蒜等:有叶的取叶,然后把它整株或 U 形完整地浸泡;没叶的取一小节茎,然后整株浸提,但要尽量避免缓冲液接触到折断的部位。

⑪土豆、马铃薯、粉葛、莲藕、淮山等含较多淀粉类:切表层的皮,尽量少取肉;或切一小角,但要尽量减少肉与缓冲液的接触面积。

⑫蘑菇:从蘑菇盖取样,量要适当。

⑬木瓜:切表层的皮或切一小角,但要注意勿让流出的白色汁液渗到缓冲液中。

⑭白萝卜:尽量取底部的茎须放入烧杯中整株浸泡,注意勿让缓冲液接触到萝卜肉;若没有茎须,则切表皮,切皮要尽可能的薄;复检时可用缓冲液来回冲洗其表面多次,然后以冲洗的缓冲液为提取液测定。

⑮水果类:常见的苹果、梨、桔子等取表皮测定;体积较小的水果如枣、葡萄、草莓等采用整株浸提的方法;香蕉等可取肉测定。

⑯表面含较多泥土的蔬菜品种:清洗掉后按相应方法取样。

4. 注意事项

①实际取样量应略大于国标取样量,但要明确只有与缓冲液有接触部分的重量才为有效重量,不接触部分无效。

②茄子、番茄等不能取蒂部,萝卜等不取其叶子(不食用部位)。

③番茄、蒲瓜、佛手瓜类等取到少量的肉不会影响结果,但土豆、马铃薯、粉葛、莲藕、淮山等含较多淀粉类和白萝卜、圆椒、彩椒、木瓜等肉要尽量少取。

④茄瓜、水瓜、丝瓜等复检时必须分别取表皮和带皮的表层肉测定。

⑤土豆、番薯、莲藕等含较多淀粉类取肉过多、浸泡时间过长或震荡过于剧烈会使缓冲液黏稠。

⑥缓冲液应为透明无色,浸泡样品后不能出现严重变色、浑浊或黏稠等现象,否则检测结果无效。

⑦假阳性较高的蔬菜:白萝卜、圆椒、洋葱、彩椒、蒜苗;测定结果容易偏高的样品:葱、

蘑菇、红椒、指天椒、姜等。

附图:蔬菜的分类

1.白菜类

菜心　　　　白菜心　　　　红菜苔　　　上海青(青菜)　　小白菜　　　大白菜

黄白菜　　长白菜(绍菜)　　娃娃菜　　　奶白菜　　　塌菜(盘菜)

2.甘蓝类

结球甘蓝(椰菜)　结球甘蓝(紫椰菜)　芥兰　　花椰菜(白花)　西兰花　球茎甘蓝(芥兰头)

3.绿叶菜类

菠菜　　　　潺菜　　　　茼蒿　　　　皇帝菜　　　枸杞菜　　油麦菜(香莴、莴菜)

包心生菜　　生菜　　　苦麦菜　　雍菜(空心菜)　红苋菜　　西洋菜　　佛手瓜苗
　　　　　　　　　　　　　　　　　　　　　　　　　　　　　　　　　　(龙须菜)

春菜	芥菜	雪里蕻	红薯叶(番薯叶)	豆苗	西芹	结球芥菜(包芥)

4. 根茎类

白萝卜	青萝卜	水萝卜	小水萝卜	胡萝卜	沙葛

粉葛	淮山	铁棍山药	马铃薯(土豆)	芋头	芋仔

生姜	南姜	沙姜	番薯(红薯)	莴苣

5. 香辛菜类

红白洋葱	红葱头	独蒜	大葱	薤(葱)	韭菜

韭苔	韭黄	蒜薹	香芹(芹菜)	蒜苗	芫荽(香菜)

蒜头

紫苏

薄荷

茴香菜

6. 茄果类

紫茄

紫黑茄

青茄

白茄

番茄（西红柿）

小番茄

灯笼果（酸浆）

甜椒（圆椒）（彩椒）

青椒（羊角椒）

红椒

指天椒

青泡椒

红泡椒

螺丝椒

线椒

青椒（牛角椒）

7. 瓜类

青瓜

吊瓜

冬瓜

佛手瓜

黄瓜

瓠瓜（蒲瓜）

节瓜（毛瓜）

苦瓜（凉瓜）

西葫芦（小瓜）

水瓜（丝瓜）

丝瓜（角瓜）

绿皮南瓜

南瓜

8. 豆类

荷兰豆　　　扁豆（刀豆）　　　扁豆　　　菜豆（四季豆）　　　蚕豆（胡豆）

毛豆　　　豌豆（甜豆）　　　豆芽菜　　　豆角

9. 水生蔬菜

荸荠（马蹄）　　　慈姑　　　茭白（水笋）　　　牛角菱　　　莲藕

10. 多年生及杂类

百合　　　板栗　　　竹笋（毛笋）　　　黄花菜　　　茅根

黄秋葵　　　芦笋　　　玉米

11. 食用菌类

白灵菇　　　草菇　　　茶树菇　　　猴头菇　　　鸡腿菇　　　金针菇

平菇　　双孢蘑菇(白蘑菇)　香菇　　　杏鲍菇　　真姬菇(海鲜菇)　　木耳

12. 野菜类

芦蒿　　　马齿苋　　　益母草　　　鱼腥草　　　紫背菜

任务二　蔬菜中有机磷和氨基甲酸酯类农药残留的快速检测

案例导入

　　案例:2014 年 9 月 18 日,沿河中学 150 多名学生在晚餐进食后,发生腹痛、恶心、呕吐等中毒症状。经化验当天晚餐中的四季豆和青椒含有甲胺磷农药,且含量分别为稻谷中甲胺磷最大残留量的 4.7 倍和 3.2 倍。2011 年 4 月 27 日,青岛连现三起韭菜中毒事件,确认为有机磷类和氨基甲酸酯类农药残留中毒。

　　讨论:农药残留有什么危害? 如何快速检测出果蔬中的农药残留?

　　农药是防治农作物病虫害、去除杂草、调节农作物生长、实现农业机械化和提高农产品产量和质量的主要措施。化学农药的出现对农业的快速发展起了革命性的推动作用,然而,农业生产者缺乏正确、科学、安全施用农药的科学知识,以及对农药不科学、不系统的认知能力共同催生了农药的乱施滥用,导致农产品中农药残留超标,进而在食品加工过程中产生农药残留。

　　农药的频繁使用使得土壤中富集大量化学物质,进而间接进入生物体组织,并在食物链中不断传递、迁移,从而对害虫及其天敌、水生及土壤生物造成影响,对长期生活在该环境系统中的人类健康构成威胁,同时也对大气环境、水资源造成污染。农药残留对土壤中的微生物、原生动物以及其他的节肢、环节、软体等动物均会产生不同程度的毒性作用,某些高毒、高残留或具有"致畸、致癌、致突变"的"三致"毒性农药通过食物链进入人体后,会参与人体各种生理生化过程,产生病变,破坏体内的酶,影响器官功能,进而导致系统功能紊乱。

目前我国果蔬农产品中农药残留最为严重的是有机磷类和氨基甲酸酯类农药。有机磷农药绝大多数为杀虫剂,如常用的对硫磷、内吸磷、马拉硫磷、乐果、敌百虫及敌敌畏等。有机磷农药对人、畜均有毒性,可经皮肤、黏膜、呼吸道、消化道侵入人体,引起中毒。氨基甲酸酯类农药是在有机磷酸酯之后发展起来的合成农药,具有选择性强、高效、广谱、对人畜低毒的特点。常见氨基甲酸酯类农药有速灭威、西维因、涕灭威、克百威、叶蝉散和抗蚜威等。

一、速测卡法(纸片法)

1. 原理

样品中的有机磷和氨基甲酸酯类农药残留经缓冲液提取,有机磷和氨基甲酸酯类农药对胆碱酯酶(白色药片)有抑制作用,抑制胆碱酯酶催化靛酚乙酸酯(红色药片)水解为乙酸与靛酚(蓝色),从而导致速测卡颜色深浅的变化。通过空白颜色比较,对样品中有机磷和氨基甲酸酯类农药进行定性判定。

2. 主要仪器、试剂

固化有胆碱酯酶和靛酚乙酸酯试剂的纸片(速测卡)、pH 7.5 磷酸盐缓冲溶液、常量天平。

3. 检测方法

(1)整体测定法

选取有代表性的蔬菜样品,擦去表面泥土,剪成 1 cm 左右见方碎片,取 5 g 放入带盖瓶中,加入 10 mL 缓冲溶液振摇 50 次,静置 2 min 以上。

取一片速测卡,用白色药片沾取提取液,放置 10 min 以上进行预反应,有条件时在37℃恒温装置中放置 10 min。预反应后的药片表面必须保持湿润。将速测卡对折,用手捏3 min 或在恒温装置恒温 3 min,使红色药片与白色药片叠合发生反应。

每批测定应设一个缓冲液的空白对照卡。

(2)表面测定法(粗筛法)

擦去蔬菜表面泥土,滴 2~3 滴缓冲溶液在蔬菜表面,用另一片蔬菜在滴液处轻轻摩擦。取一片速测卡将蔬菜上的液滴滴在白色药片上,放置 10 min 以上进行预反应,有条件时在37℃恒温装置中放置 10 min。预反应后的药片表面必须保持湿润。将速测卡对折,用手捏 3 min 或在恒温装置恒温 3 min,使红色药片与白色药片叠合发生反应。

每批测定应设一个缓冲液的空白对照卡。

4. 结果判定

白色药片区域不变色或略有浅蓝色为阳性结果;白色药片区域变为天蓝色或与空白对

照卡相同,为阴性结果。通过对比空白和样品白色药片区域的颜色变化进行结果判定。目视判定示意图见图4-1。

对阳性结果的样品,可用其他分析方法进一步确定具体农药品种和含量。

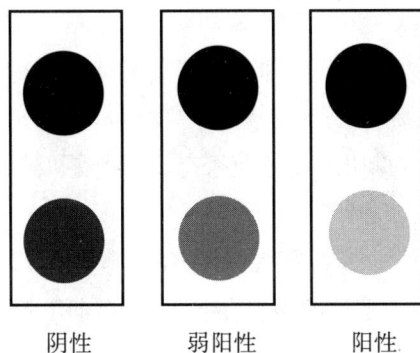

阴性　　　弱阳性　　　阳性

图4-1　目视判定示意图

5.速测卡技术指标

灵敏度指标见表4-3。

表4-3　速测卡对部分农药的检出限

农药名称	检出限/(mg/kg)	农药名称	检出限/(mg/kg)
敌敌畏	0.3	氧化乐果	2.3
对硫磷	1.7	乙酰甲胺磷	3.5
水胺硫磷	3.1	久效磷	2.5
甲胺磷	1.7	甲萘威	2.5
马拉硫磷	2.0	敌百虫	0.3
乐果	1.3	呋喃丹	0.5

6.说明

①本方法所述试剂、试剂盒信息及操作步骤是为给方法使用者提供方便,在使用本方法时不做限定。方法使用者在使用替代试剂、试剂盒或操作步骤前,须对其进行考察,应满足本方法规定的各项性能指标。

②葱、蒜、萝卜、韭菜、芹菜、香菜、茭白、蘑菇及番茄汁液中,含有对酶有影响的植物次生物质,容易产生假阳性。处理这类样品时,可采取整株(体)蔬菜浸提或采用表面测定法。对一些含叶绿素较高的蔬菜,也可采取整株(体)蔬菜浸提的方法,减少色素的干扰。

③当温度条件低于37℃,酶反应的速度随之放慢,药片加液后放置反应的时间应相对延长,延长时间的确定,应以空白对照卡用手指(体温)捏3 min时可以变蓝为参考,即可往下操作。注意样品放置的时间应与空白对照卡放置的时间一致才有可比性。空白对照卡不变色的原因:一是药片表面缓冲溶液加的少、预反应后的药片表面不够湿润,二是温度太低。

④红色药片与白色药片叠合反应的时间以3 min为准,3 min后的蓝色会逐渐加深,24 h后颜色会逐渐退去。

二、酶抑制率法(分光光度法)

1. 原理

在一定条件下,有机磷和氨基甲酸酯类农药对胆碱酯酶正常功能有抑制作用,其抑制率与农药的浓度呈正相关。正常情况下,酶催化神经传导代谢产物(乙酰胆碱)水解,其水解产物与显色剂反应,产生黄色物质,用分光光度计在412 nm处测定吸光度随时间的变化值,计算出抑制率,通过抑制率可以判断出样品中是否有高剂量有机磷或氨甲酸酯类农药的存在。

2. 主要仪器、试剂

pH 8.0磷酸盐缓冲溶液、5,5-二硫代双(2-硝基苯甲酸)(显色剂)、碘化乙酰硫代胆碱(底物)、乙酰胆碱酯酶。置4℃冰箱中保存备用,保存期不超过两周。

分光光度计或相应测定仪、常量天平、恒温水浴或恒温箱。

3. 检测方法

(1)样品处理

选取有代表性的蔬菜样品,冲洗掉表面泥土,剪成1 cm左右方碎片,取样品1 g,放入烧杯或提取瓶中,加入5 mL缓冲溶液振荡1~2 min,倒出提取液,静置3~5 min,待用。

(2)对照溶液测试

先于试管中加入2.5 mL缓冲溶液,再加入0.1 mL酶液、0.1 mL显色剂,摇匀后于37℃放置15 min以上(每批样品的控制时间应一致)。加入0.1 mL底物摇匀,此时检液开始显色反应,应立即放入仪器比色池中,记录反应3 min的吸光度变化值$\triangle A_0$。

(3)样品溶液测试

先于试管中加入2.5 mL样品提取液,其他操作与对照溶液测试相同,记录反应3 min的吸光度变化值$\triangle A_t$。

其检测流程如下:

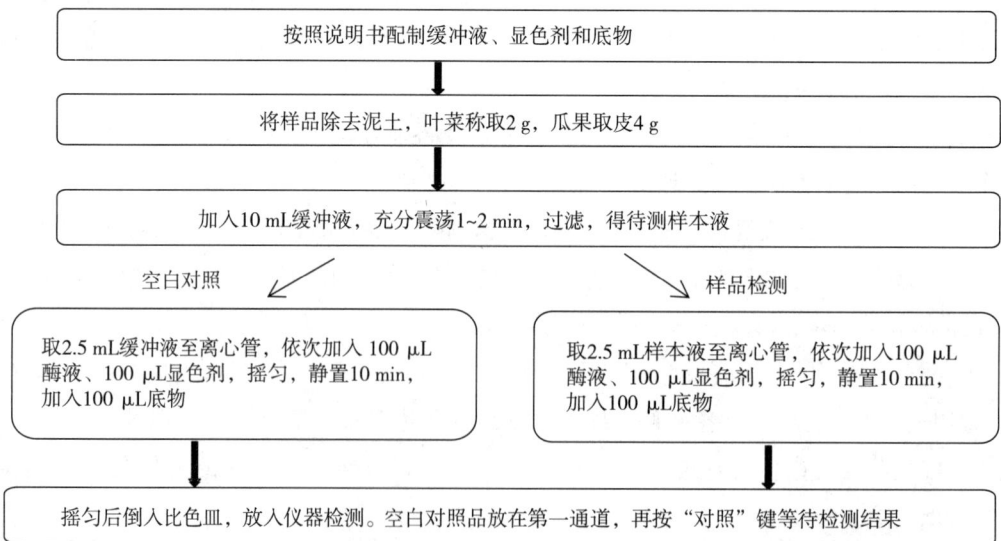

```
┌─────────────────────────────────────────────┐
│         按照说明书配制缓冲液、显色剂和底物          │
└─────────────────────────────────────────────┘
                     ↓
┌─────────────────────────────────────────────┐
│      将样品除去泥土,叶菜称取2 g,瓜果取皮4 g        │
└─────────────────────────────────────────────┘
                     ↓
┌─────────────────────────────────────────────┐
│   加入10 mL缓冲液,充分震荡1~2 min,过滤,得待测样本液  │
└─────────────────────────────────────────────┘
      空白对照↙                    ↘样品检测
┌───────────────────────┐   ┌───────────────────────┐
│取2.5 mL缓冲液至离心管,依次  │   │取2.5 mL样本液至离心管,依次 │
│加入100 μL酶液、100 μL显   │   │加入100 μL酶液、100 μL显  │
│色剂,摇匀,静置10 min,      │   │色剂,摇匀,静置10 min,     │
│加入100 μL底物            │   │加入100 μL底物           │
└───────────────────────┘   └───────────────────────┘
           ↓                            ↓
┌─────────────────────────────────────────────────────────┐
│摇匀后倒入比色皿,放入仪器检测。空白对照品放在第一通道,再按"对照"键等待检测结果│
└─────────────────────────────────────────────────────────┘
```

4. 结果计算

(1)结果计算见下式

$$抑制率(\%) = [(\triangle A_0 - \triangle A_t) / \triangle A_0] \times 100$$

式中：$\triangle A_0$——对照溶液反应 3 min 吸光度的变化值；

$\triangle A_t$——样品溶液反应 3 min 吸光度的变化值。

(2)结果判定

检测结果以酶被抑制的程度(抑制率,%)表示：

当果蔬样品提取液对酶的抑制率≥50%时,表示果蔬中存在高剂量有机磷或氨基甲酸酯类农药,样品为阳性结果。阳性结果的样品需要重复检测两次以上。

对阳性结果的样品,可用其他方法进一步确定具体农药品种和含量。

5. 酶抑制率法技术指标

灵敏度指标见表4-4。

表 4-4　酶抑制率法对部分农药的检出限

农药名称	检出限/(mg/kg)	农药名称	检出限/(mg/kg)
敌敌畏	0.1	氧化乐果	0.8
对硫磷	1.0	甲基异柳磷	5.0
辛硫磷	0.3	灭多威	0.1
甲胺磷	2.0	丁硫克百威	0.05
马拉硫磷	4.0	敌百虫	0.2
乐果	3.0	呋喃丹	0.05

6. 说明

①葱、蒜、萝卜、韭菜、芹菜、香菜、茭白、蘑菇及番茄汁液中,含有对酶有影响的植物次生物质,容易产生假阳性。处理这类样品时,可采取整株(体)蔬菜浸提。对一些含叶绿素较高的蔬菜,也可采取整株(体)蔬菜浸提的方法,减少色素的干扰。

②当温度条件低于 37℃,酶反应的速度随之放慢,加入酶液和显色剂后放置反应的时间应相对延长,延长时间的确定,应以胆碱酯酶空白对照测试 3 min 的吸光度变化 $\triangle A_0$ 值在 0.3 以上为参考,即可往下操作。注意样品放置时间应与空白对照溶液放置时间一致才有可比性。胆碱酯酶空白对照溶液 3 min 的吸光度变化 $\triangle A_0$ 值<0.3 的原因：一是酶的活性不够,二是温度太低。

任务三　果蔬中二氧化硫的快速检测

二氧化硫是国内外允许使用的一种食品添加剂,我国 GB 2760—2014《食品安全国家标准　食品添加剂使用标准》明确规定了二氧化硫作为漂白剂、防腐剂、抗氧化剂用于经表面处理的鲜水果、水果干类、蜜饯凉果、干制蔬菜、腌渍蔬菜、蔬菜罐头(仅限竹笋、酸菜)等。国际食品添加剂联合专家委员会(JECFA)制定的二氧化硫安全摄入限是每天每公斤体重 0.7 毫克。

通常情况下,二氧化硫以焦亚硫酸钾、焦亚硫酸钠、亚硫酸钠、亚硫酸氢钠、低亚硫酸钠等亚硫酸盐的形式添加于食品中,或采用硫黄熏蒸的方式用于食品处理,发挥护色、防腐、漂白和抗氧化的作用。比如在水果、蔬菜干制,蜜饯,凉果生产,白砂糖加工及鲜食用菌和藻类在贮藏和加工过程中可以防止氧化褐变或微生物污染。利用二氧化硫气体熏蒸果蔬原料,可抑制原料中氧化酶的活性,使制品色泽明亮美观。在白砂糖加工中,二氧化硫能与有色物质结合达到漂白的效果。按照标准规定合理使用二氧化硫不会对人体健康造成危害,但用量过大或长期超限量,急性会引起眼、鼻、黏膜的刺激症状,严重时会产生喉头痉挛、水肿、支气管痉挛等,慢性会导致嗅觉迟钝、鼻炎、支气管炎、哮喘等,影响机体对钙的吸收。

一、速测管比色测定法

1.范围

本方法适用于粉丝、银耳、莲子、荔枝、虾仁、冬笋、白瓜子、食糖、食用淀粉、面制品(馒头、面条、饺子皮、馄饨皮、拉面等)、中药材(浙贝母、天麻、党参、百合、天冬、山药、白术、白芍、白芨、粉葛等)、腐竹、腌菜等中二氧化硫的快速检测。

2.原理

本产品是在盐酸副玫瑰苯胺比色法的基础上加以改进,根据提取液中的二氧化硫与盐酸副玫瑰苯胺显色剂反应生成紫色化合物,在一定范围内,二氧化硫含量越高紫色越深。

本方法引自国家标准 GB/T 5009.34—2016 副玫瑰苯胺检测方法,采用醇胺试剂代替了国标方法中的四氯汞钠有毒试剂,现场使用效果良好。

3. 主要仪器、试剂

二氧化硫检测管、盐酸副玫瑰苯胺、三乙醇胺、甲醛、50 mL 离心管、移液器或滴管、超声仪。

4. 检测方法

(1)样品处理

①液体样品:无色或颜色较浅的液体样品可直接取样,作为样品待测液;颜色较深的样品,需进一步稀释后,再进行检测。

②固体样品:准确称取(2±0.1)g 粉碎或剪碎后样品于 50 mL 离心管中,加 40 mL 纯净水或蒸馏水(或加水至 40 mL,刻度线处),充分振摇混匀,超声 10 min(如条件不允许可选择浸泡 10 min),充分混匀,静置至上清清澈,上清待测。

(2)测定

吸取 1 mL 样品待测液加入到检测管中,盖上盖子,摇匀,静置反应 5 min 观察显色情况。当颜色超出色卡时,可将样品用水进一步 10 倍或 100 倍稀释,稀释后判读的结果乘以稀释倍数即可。

5. 结果判定

以白纸或白瓷板衬底,呈蓝绿色为阴性反应,蓝紫色或紫红色为阳性反应,参照包装袋上标准比色板可进行半定量判定。当样品显色深于或相当于国标限量值的前一个色卡点时,判为阳性,此时建议用国标方法进一步确认。

6. 说明

①该方法只能做样本中的二氧化硫的半定量筛查,不能确定其精确含量。

②该方法仅提供初步的筛查结果,必要时可用其他方法进行确证分析。

③样品中不含二氧化硫时,检测管为蓝绿色,含二氧化硫时,呈紫色反应。若检测管为无色时,提示二氧化硫的含量可能很高,应对样品进行稀释后再测。

④样品待测液若颜色较深,可能会影响显色判断,请将待测液进一步稀释后再测。

⑤超标样品需采用标准方法加以确认。

⑥正常的显色剂为黄色或黄棕色,当检测管中显色剂变为紫色时,说明检测管已失效,请勿使用。

二、试剂盒快速滴定法

1. 原理

样品中的二氧化硫以游离型和结合型存在,加入氢氧化钾使之破坏其结合状态,并使之固定。加入硫酸又使二氧化硫游离,然后用碘标准溶液滴定。到达终点时,过量的碘即与指示剂作用生成蓝色复合物。根据碘标准溶液的消耗量计算出二氧化硫的含量。

2. 主要仪器、试剂

塑料称量杯、具塞三角瓶、漏斗各 2 个,滤纸 1 盒,塑料吸管 10 支,含补充试液一套(1 号碱性溶液、2 号酸性溶液、3 号指示液、4 号试液各 1 瓶,空滴瓶 1 个)。

3. 检测方法

(1)无色水溶性固体样品(如白砂糖、冰糖、果糖等)

准确称取 2.0 g 样品,置入具塞三角瓶中,加入 10~20 mL 蒸馏水或纯净水,加入 5 滴 1 号碱性试液,盖塞振摇溶解后待测。

(2)水不溶性固体样品(如粉丝、竹笋、干果、干菜、蘑菇罐头等)

取适量样品研磨或捣碎,准确称取 2.0 g 样品,置入具塞三角瓶中,加入 50.0 mL 蒸馏水或纯净水,加入 10 滴 1 号碱性试液,盖塞后振摇 2 min 或用超声波提取器提取 30 s,如果样品黏性较大(葡萄干等),应溶解成絮状形成,必要时采用玻璃棒助溶,将溶液用滤纸过滤,或静置后用刻度吸管直接吸取得到 10.0 mL 澄清溶液,放入另一个三角瓶中待测(此时的样品取样量 $M = 2×10/50 = 0.4$ g)。

(3)测定

在待测液的三角瓶中加入 3 滴 2 号试液(酸液),如果样品在处理时未从中分取一部分溶液测定,在待测液的三角瓶中加入 5 滴 2 号试液(保证测定是在酸性溶液中进行);盖塞轻轻摇动 50 次,加入 3~5 滴 3 号试液(指示液),将棕色瓶中的 4 号试液倒入到备用空滴瓶中,用此滴瓶对三角瓶中的溶液进行直立式滴定,每滴一滴试液后都要摇动几下,滴至出现蓝紫色并 30 s 不褪色为止,记录 4 号试液消耗的滴数。取与样品相同体积的蒸馏水或纯净水按相同的方法进行空白溶液测定并记录 4 号试液消耗的滴数。

4. 结果计算

按以下公式计算出样品中二氧化硫的含量。

$$e = \frac{(G1-G2)×0.016}{M}$$

式中:e——样品中二氧化硫的含量,g/kg(L);

$G1$——滴定样品溶液消耗 4 号试液的滴数;

$G2$——滴定空白溶液消耗 4 号试液的滴数;

0.016——换算系数;

M——取样量,g。

5. 说明

①在取样量 2.0 g 的情况下,每 1 滴 4 号试液相当于 0.008 g/kg 的二氧化硫,由此可推算出用 4 号试液滴定某些食品时不应超出的滴数(减去空白消耗后的滴数),如残留限量≤0.05 g/kg 的食品不应多于 7 滴,≤0.03 g/kg 的食品不应多于 4 滴,≤0.1 g/kg 的食品不应多于 12 滴。当取样量改变时(如水不溶性固体样品),应按公式计算。

②萝卜、蒜、辣椒中含有硫化物成分对测定有干扰,选择样品时应加以注意。

③本方法不适于有色泽或色泽较深的样品。

④1 号和 2 号试液分别为强碱和强酸溶液,一旦误入眼中请用大量清水冲洗。

⑤剩余的碘标准溶液必须倒回棕色瓶中保存,以待下次使用。

⑥本方法为国家标准分析方法改进后的现场快速检测方法(省去了蒸馏步骤),与国标法相比其测定结果的精密度差一些,多次测定结果的平均值可以起到校准作用,对于超出国家标准规定值的样品,必要时可以送实验室进一步测定。

⑦依据 GB 2760—2014《食品安全国家标准 食品添加剂使用标准》,食品中二氧化硫限量标准参考如表 4-5:

表 4-5 食品中二氧化硫限量标准参考表

品 种	二氧化硫残留限量/[mg/kg(L)]
食用淀粉	≤30
盐渍蔬菜、多种蔬菜和菌类罐头	≤50
粉丝、粉条、食糖、饼干、水果干类等	≤100
干制蔬菜、腐竹类	≤200
蜜饯凉果	≤350

目标检测

一、填空题

1. 蔬菜中有机磷和氨基甲酸酯类农药残留量的快速检测的两个标准:＿＿＿＿＿＿和＿＿＿＿＿＿。

2. 酶抑制率法适合于＿＿＿＿＿＿及＿＿＿＿＿＿类农药残留的快速检测。

3. GB/T 5009.199—2003 中,当蔬菜样品提取液对酶的抑制率＿＿＿＿＿＿时,表示蔬菜中有高剂量有机磷或氨基甲酸酯类农药存在样品为＿＿＿＿＿＿。

4. 对于葱、蒜、萝卜、韭菜、芹菜、香菜、茭白、蘑菇及番茄汁液对酶有影响的植物次生物质,容易产生假阳性。处理这类样品时,可采取＿＿＿＿＿＿。

5. 食品二氧化硫的快速检测方法包括＿＿＿＿＿＿和＿＿＿＿＿＿。

6. 国家对干果中的二氧化硫的残留限量标准为:＿＿＿＿＿＿。

二、选择题

1. 新鲜水果和蔬菜等样品的采集,无论进行现场常规鉴定还是送实验室做品质鉴定一般要求(　　)取样,具有代表性。

A. 随机　　　　　　B. 选择　　　　　　C. 任意　　　　　　D. 有目的性

2.《农产品质量安全法》中所称的农产品,是指来源于农业的(　　)。

A.农产品及制品　　　B.初级产品　　　C.植物产品　　　D.动物产品

3.样品的制备是指对样品的(　　)等过程。

A.粉碎　　　　　　　　　　　B.混匀

C.缩分　　　　　　　　　　　D.以上三项都正确

4.农药残留速测仪不可以检测(　　)类农药残留。

A.有机磷类　　　　　　　　　B.氨基甲酸酯

C.拟除虫菊酯

三、问答题

1.试述 GB/T 5009.199—2003 方法中酶抑制法的检测原理。

2.简述二氧化硫及亚硫酸盐在食品中的作用。

3.简述二氧化硫试剂盒快速滴定法的方法原理。

答案及解析

一、填空题

1. GB/T 5009.199—2003　NY/T 448—2001

2.有机磷　氨基甲酸酯

3. ≥50%　阳性结果

4.整株(体)浸提

5.试剂盒快速滴定法　速测比色测定法

6. ≤100 mg/kg(L)

二、选择题

1. A　2. B　3. D　4. C

三、简答题

1.在一定条件下,有机磷和氨基甲酸酯类农药对胆碱酯酶正常功能有抑制作用,抑制率与农药浓度成正相关关系。正常情况下,酶(胆碱酯酶)催化神经传导代谢产物(乙酰胆碱)水解,其水解产物与显色剂反应,产生黄色物质,用农药残毒速测仪于 412 mm 处测定吸光度随时间的变化值,计算出抑制率,通过抑制率判断样品中是否存在有机磷或氨基甲酸酯类农药残留。

2.二氧化硫及亚硫酸盐在食品添加剂中有漂白、增白、防褐变及防腐等作用。

①防止食品的酶促褐变与非酶褐变。

②抑制微生物生长。

③抗氧化。

④漂白作用。

3.样品中的二氧化硫以游离和结合型存在,加入氢氧化钾使之破坏其结合状态,并使之固定。加入硫酸又使二氧化硫游离,然后用碘标准溶液滴定。到达终点时,过量的碘即与指示剂作用生成蓝色复合物。根据碘标准溶液的消耗量计算出二氧化硫的含量。

项目五　肉及肉制品的快速检测技术

学习目标

知识要求

1. 掌握肉类掺假快速检测技术、肉制品中亚硝酸盐的快速检测技术。

2. 理解肉类新鲜度挥发性盐基氮快速检测法;肉类等动物源性食品中诺酮类药物残留快速检测;肉类等动物源性食品中克伦特罗、莱克多巴胺、沙丁胺醇快速检测技术;非洲猪瘟疫病毒快速检测。

3. 了解常见肉及肉制品快速检测方法的应用范围和原理。

技能要求

1. 能理解肉及肉制品快速检测技术的检测原理。

2. 能掌握肉及肉制品的快速检测技术。

3. 能准确记录检测数据与现象,分析、处理与判定检测结果。

广义来讲,凡是作为人类食物的动物体组织均可称为"肉"。狭义来讲,肉指动物的肌肉组织和脂肪组织以及附着于其中的结缔组织,微量的神经和血管。现代人类消费的肉主要来自家畜和家禽,如猪、牛、羊、鸡、鸭、鹅等。肉制品是指肉类经过各种加工程序(如冷加工、热加工、腌制、干制、烟熏、罐藏等)而制成的各种肉食品,包括香肠制品、火腿制品、腌腊制品、酱卤制品、熏烧烤制品、干制品、油炸制品、调理肉制品、罐藏制品和其他肉糕类和肉冻类食品。肉及肉制品含有大量蛋白质、优质的脂肪酸、丰富的铁等矿物质元素和分布广泛的脂溶性维生素等,是人类获取优质营养物质的主要途径之一。随着社会的发展和经济水平的提高,人们的饮食结构发生了重大改变,肉及肉制品逐渐成为人们日常饮食中的重要组成部分。与人们的需求背道而驰的是越来越多的肉品安全问题日益凸显。

影响肉及肉制品安全的因素众多,有生物因素、化学因素、物理因素、动物疫病及人为掺假等。肉中富含营养物质和水分,是微生物的良好培养基,如果加工或保存不当,极易发生腐败变质,肉的新鲜度是衡量肉产品质量最重要的指标之一。化学方面的因素:如肉及肉制品中残留的农药兽药,动物通过食物链摄入和富集的有毒元素,生产过程中加入的食品添加剂都有可能对人体产生潜在的危害。物理性危害:如肉及肉制品在加工和储藏阶段带入的玻璃、金属、石头、木块和塑料等也可能引起消费者的疾病或损伤。动物疫病如非洲猪瘟病毒、疯牛病、口蹄疫等也严重危害了肉及肉制品的安全和人类健康。此外,一些不法分子在经济利益的驱使下,不惜以假乱真、以次充好,"挂羊头卖狗肉",市场上频频出现病死猪肉、注水肉、猪鸭肉伪造的牛羊肉,甚至用非食用肉类伪装食用肉类,以及含瘦肉精的肉,这些非法肉及肉制品问题严重伤害了消费者的感情,损害了消费者利益。因此,建立准确、灵敏、快速的肉及肉制品检测技术对保障肉及肉制品安全、维护消费者的合法权益具有重要的意义。

一、主要安全问题

①肉类因加工或长期保存,遭受微生物侵害发生腐败变质,通过挥发性盐基氮的快速检测来衡量其新鲜度。

②肉及肉制品中残留的农药兽药:肉类等动物源性食品中诺酮类药物残留快速检测。

③生产过程中添加剂的使用:肉制品中亚硝酸盐的快速检测技术。

④在饲料中非法添加瘦肉精:肉类等动物源性食品中克伦特罗、莱克多巴胺、沙丁胺醇快速检测技术。

⑤不法分子为了利益进行掺假:肉类掺假快速检测技术。

⑥动物疫病:非洲猪瘟疫病毒抗原胶体金测试卡。

二、肉及肉制品的快速检测技术

①肉类掺假快速检测技术。

②肉类新鲜度挥发性盐基氮快速检测法。

③肉类等动物源性食品中诺酮类药物残留快速检测。

④肉类等动物源性食品中克伦特罗、莱克多巴胺、沙丁胺醇快速检测技术。

⑤肉制品中亚硝酸盐的快速检测技术。

⑥非洲猪瘟疫病毒快速检测。

任务一　肉类掺假快速检测技术

案例导入

案例1:2013年1月,瑞典、英国和法国部分牛肉制品中发现了马肉,德国也宣布发现疑似此类"挂牛头卖马肉"情况。此外,爱尔兰、荷兰、罗马尼亚等多个欧洲国家卷入丑闻中,引发消费者反感。

案例2:2013年12月17日,市民王先生向某报社反映,称他在泉城路沃尔玛超市买了1600袋五香驴肉和五香牛肉后,食用后感觉口感异样,送往山东省出入境检测检疫局进行检测,检测结果显示,送检肉品中未检测出驴肉等成分,却检测出了狐狸肉。

那么不法商家为什么要对肉类进行掺假？肉类掺假究竟有什么危害？如何采用快速检测方法检测肉类掺假呢？

近年来，随着经济社会的发展，人们的生活水平得到了大幅提高，饮食结构也在逐渐发生变化，动物性蛋白质在饮食中所占的比例呈现逐渐升高的趋势。这使得许多不法商贩以价格低廉的马肉、猪肉、鸡肉或其他动物肉类冒充价格高昂的牛肉、羊肉，赚取高额利润。比如上面案例中提到的欧盟多国的"马肉风波"和济南沃尔玛超市熟驴肉中掺杂狐狸肉等事件。这些欺诈行为不仅扰乱了市场秩序，同时涉及了宗教饮食禁忌等问题，严重损害了消费者的利益，同时也带来了诸多食品安全隐患。下面介绍肉类掺假快速检测操作规程。

本规程规定了肉及肉制品中动物源性成分（猪、牛、羊、鸡、鸭等）的快速检测方法。

本规程适用于肉及肉制品中动物源性成分（猪、牛、羊、鸡、鸭等）的掺假鉴别快速检测。

第一法检测限为 0.01%；第二法检出限为 0.50%；第三法检出限为 1.00%。

一、实时荧光 PCR 法

1. 原理

采用 PCR 方法结合荧光探针检测技术，以目标动物的特异性基因片段为靶区域，设计特异性引物及荧光探针，通过实时监测 PCR 扩增产物的累积过程中荧光信号的变化对动物核酸进行快速检测，从而判定目标源性成分的有无。

2. 仪器及设备

荧光定量 PCR 仪、移液枪（2.5 μL、10 μL、100 μL、1000 μL）、离心机、涡旋混匀器、天平（感量 0.01 g）。

3. 试剂及材料

①商品化动物源性成分检测试剂盒（PCR-荧光探针法）。

反应液 I（酶、dNTP、离子缓冲液等）、反应液 II（引物、探针等）、样本处理液（核酸提取裂解液）。

②灭菌离心管（1.5 mL 或 2.0 mL）。

③灭菌 PCR 反应管（200 μL、100 μL）。

④配套灭菌吸头。

⑤冰盒。

4. 检测步骤

（1）试样制备

取待检样品 200 g（根据实际情况可调整），采用均质器、剪刀等实验器具对样本进行均质处理；称取上述均质样品 50 mg 左右置于 1.5 mL 离心管内，加入样本处理液，振荡混匀5 s，备用。

注:加工后的食品样本可能含有盐、糖、植物色素和发酵产生的有色物质,会影响下游实验操作,应在均质样品前通过双蒸水洗涤方式尽量去除样品中的盐、糖和色素等干扰物质。

(2)扩增试剂准备

从试剂盒中取出反应液 I、反应液 II、阳性对照品、阴性对照品,待其充分溶解后,振荡混匀 5 s,瞬时离心。

根据所要检测的样本数 n 和各 1 份阳性对照品与阴性对照品,取($n+2$)份的反应液 I、反应液 II,充分混合后,分装于 PCR 反应管中备用,分装时应尽量避免气泡。

(3)加样

在分装有反应液的 PCR 反应管中分别加入待检样本 DNA、阳性对照品、阴性对照品,压紧管盖,混匀后瞬时离心。

注 1:加样时应使样本完全落入反应液中,不应黏附于管壁上,加样后应尽快压紧管盖。

注 2:试剂准备和加样应在冰盒中进行。

(4)测定

将反应管放入荧光定量 PCR 仪内,记录加样顺序。上机前注意反应管是否盖紧,避免泄露污染仪器。

按试剂盒提供的反应条件设置荧光 PCR 仪,根据探针标记选择荧光通道,开始检测。待检测完毕,判断检测通道有无 S 型扩增曲线,参照具体仪器使用说明进行基线设定和阈值设定,并读取 Ct 值。

5.结果判定

(1)质控标准

阴性对照:检测通道无 S 型扩增曲线。

阳性对照:检测通道有 S 型扩增曲线且 Ct 值低于参考值。

如果阳性对照和阴性对照的检测结果均符合上述要求,则实验有效,否则此次实验无效,需重新检测。

(2)结果判定

若样本检测通道 Ct 值低于参考值,且有 S 型扩增曲线,则报告该源性成分检测阳性。

若样本检测通道 Ct 值在参考值之间,则应复检,再根据复检结果另行判断。若样本的 Ct 值大于参考值或无 Ct 值且无 S 型扩增曲线,则报告该源性成分检测阴性。

注:Ct 值参考值请参照试剂盒说明书。

二、环介导恒温荧光扩增法(LAMP 法)

1.原理

基于环介导恒温扩增技术(Loop-mediated isothermal amplification, LAMP),利用两对

特殊引物和具有链置换活性的 *Bst* DNA 聚合酶,以目标动物的特异性基因片段为靶区域,在恒温条件下(60~65℃)进行连续快速扩增,扩增产物与核酸染料结合发出荧光信号,根据所产生的扩增曲线判断源性成分的有无。

2. 仪器及设备

恒温荧光检测仪或荧光定量 PCR 仪、移液枪(2.5 μL、10 μL、100 μL、1000 μL)、离心机、涡旋混匀器、金属浴、天平(感量 0.01 g)。

3. 试剂及材料

①商品化动物源性成分检测试剂盒(恒温荧光法):反应液 A(引物、dNTP、离子缓冲液等)、反应液 B(酶)、密封液。

②动物组织基因组 DNA 快速提取试剂盒:试剂 A(核酸提取裂解液)、试剂 B(pH 调节缓冲液)。

③灭菌离心管(1.5 mL 或 2.0 mL)。

④灭菌 PCR 反应管(200 μL、100 μL)。

⑤配套灭菌吸头。

⑥冰盒。

4. 检测步骤

(1)试样制备

取待检样品 200 g(根据实际情况可调整),采用均质器、剪刀等实验器具对样本进行均质处理;称取上述均质样品 20 mg 左右置于 1.5 mL 离心管内,加入 500 μL DNA 提取试剂 A,震荡混匀,80℃热浴 10 min。

取 10 μL 上清液至新的离心管中,加入 1 mL 试剂 B 混匀,备用。

注:DNA 提取可使用各试剂盒配套的快速提取试剂,也可采用传统 CTAB 等核酸提取方法。

(2)扩增试剂准备

从试剂盒中取出反应液 A、反应液 B、阳性对照品、阴性对照品,待其充分解冻后,振荡混匀 5 s,离心 30 s。

根据所要检测的样本数 *n* 和各 1 份阳性对照品与阴性对照品,取(*n*+2)份的反应液 A 和反应液 B,充分混合后,分装于 PCR 反应管中,每管加入 1 滴密封液备用。

(3)加样

在分装有反应液的反应管中分别加入待检样本 DNA、阳性对照品、阴性对照品,压紧管盖,涡旋混匀 30 s,离心 1 min。

注 1:加样时应使样本完全落入反应液中,不应黏附于管壁上,加样后应尽快压紧管盖。

注 2:试剂准备和加样应在冰盒中进行。

(4)测定

将反应管立即放入恒温荧光检测仪或荧光定量 PCR 仪内,记录加样顺序。上机前注意反应管是否盖紧,避免泄露污染仪器。

按试剂盒提供的反应条件设置相应参数,一般为 63℃ 反应 45 min,开始检测。待检测完毕,判断是否有 S 型扩增曲线。

5. 结果判定

(1)质控标准

阴性对照:扩增曲线为直线或轻微斜线,无 S 型扩增曲线。

阳性对照:呈 S 型扩增曲线。

如果阳性对照和阴性对照的检测结果均符合上述要求,则实验有效,否则此次实验无效,需重新检测。

(2)结果判定

若样本有 S 型扩增曲线,则报告该源性成分检测阳性。若样本无 S 型扩增曲线,则报告该源性成分检测阴性。

注:某些仪器可自动判定结果,直接显示"阴性"或"阳性"。

三、重组酶介导恒温荧光扩增法(RAA 法)

1. 原理

基于重组酶介导扩增技术(recombinase-aid amplification, RAA),以目标动物的特异性基因片段为靶区域,利用从细菌或真菌中获得的重组酶,在 37~39℃ 条件下与靶标 DNA 紧密结合,在单链 DNA 结合蛋白和 DNA 聚合酶的帮助下,进行连续快速扩增,再利用荧光探针的标记和核酸外切酶酶切实时监控扩增过程,根据所产生的扩增曲线判断源性成分的有无。

2. 仪器及设备

恒温荧光检测仪或荧光定量 PCR 仪、移液枪(2.5 μL、10 μL、100 μL、1000 μL)、离心机、涡旋混匀器、金属浴、天平(感量 0.01 g)。

3. 试剂及材料

①商品化动物源性成分检测试剂盒(RAA-荧光型):干粉酶制剂、反应缓冲液、反应催化剂。

②DNA 快速提取试剂(核酸提取裂解液)。

③灭菌离心管(1.5 mL 或 2.0 mL)。

④配套灭菌吸头。

4. 检测步骤

(1)试样制备

取待检样品 200 g(根据实际情况可调整),采用均质器、剪刀等实验器具对样本进行均质处理;称取上述均质样品 50 mg 左右放入装有 0.5 mL 核酸提取裂解缓冲液的试剂管中,70℃ 热浴 10 min,中间振摇 2~3 次,冷却到室温,离心 1 min,取上清即为待检样本 DNA,备用。

注:DNA 提取可使用各试剂盒配套的快速提取试剂,也可采用传统 CTAB 等核酸提取方法。

（2）加样

向装有干粉酶制剂的检测单元管中加入反应缓冲液,再向检测单元管中分别加入待检样本 DNA、阳性对照品、阴性对照品,最后向检测单元管盖上加入反应催化剂,盖上管盖,上下颠倒充分混匀,低速离心 10 s。

（3）测定

将检测单元管放置于恒温荧光检测仪或荧光定量 PCR 内,记录加样顺序。上机前注意反应管是否盖紧,避免泄露污染仪器。

按试剂盒提供的反应条件设置参数,一般为 39℃反应 20 min 左右,开始检测。待检测完毕,判断是否有 S 型扩增曲线,读取出峰时间或 Ct 值。

5. 结果判定

（1）质控标准

阴性对照:无扩增曲线出现,出峰时间或 Ct 值高于参考值。

阳性对照:有典型的扩增曲线出现,出峰时间或 Ct 值低于参考值。

如果阳性对照和阴性对照的检测结果均符合上述要求,则实验有效,否则此次实验无效,需重新检测。

（2）结果判定

若样本有典型扩增曲线,且出峰时间或 Ct 值低于参考值,则报告该源性成分检测阳性。

若样本有典型扩增曲线,但出峰时间或 Ct 值在参考值之间,则需复检,再根据复检结果另行判断。

若样本出峰时间或 Ct 值高于参考值且无典型扩增曲线则报告该源性成分检测阴性。

注 1:出峰时间或 Ct 值参考值请参照试剂盒说明书。

注 2:某些仪器可自动判定结果,直接显示"阴性"或"阳性"。

6. 注意事项

样品采集和制备是动物源性鉴别的重要步骤,为防止交叉污染,尽量使用一次性均质器具,取样时尽量采取肌肉组织,对于同一批样品,应多点采集合并后作为一份样品进行均质。

分子检测容易造成气溶胶污染,为防止污染,实验应分区操作,试剂准备区、样本制备区、扩增及产物分析区之间最好进行物理性隔离,各区域物品不得交叉使用,实验结束后立即清理实验台。

实验过程中应穿戴工作服和乳胶手套,所有使用的离心管、Tip 头应高压灭菌,且不含脱氧核糖核酸酶(DNase),实验废弃物密封进行无害化处理。

试剂盒应避光保存,以免荧光物质衰减;试剂使用前要完全解冻,推荐使用前涡旋混匀,短暂离心;试剂应避免反复冻融,可按检测频次将反应液以适当体积分管保存;不同批号试剂请勿混合使用。

本检测结果仅供参考,阳性样确证方法为《食品、化妆品和饲料中牛羊猪源成分检测方法 实时 PCR 法》(SN/T 2051—2008)、《食品及饲料中常见畜类品种的鉴定方法 实时荧光 PCR 法》(SN/T 3730—2013)、《肉及肉制品中动物源性成分的测定 实时荧光 PCR 法》(SB/T 10923—2012 报批稿)或最新标准。

任务二 肉类新鲜度挥发性盐基氮快速检测法

案例导入

案例:2014 年 7 月 20 日晚,媒体曝光麦当劳、肯德基等快餐供应商上海福喜食品公司存在大量采用过期变质肉类原料等行为。上海食药监部门连夜出击跟进调查,要求上海肯德基、麦当劳问题产品全部下架。上海市食药监局和市公安局等部门随即成立了"720"联合办案指挥部,调查表明,上海福喜涉嫌存在利用回收食品生产经营食品、篡改生产日期和保质期等违法行为。

那么如何采用快速检测方法检测肉类的新鲜度呢?肉类新鲜度和挥发性盐基氮有何关系?

随着生活条件不断提高,人们对肉制品品质要求也越来越高。然而肉类在贮藏、加工、运输及销售过程中很难保证它不会受到外界环境和微生物等条件的影响,这些因素会导致猪肉品质下降。腐败变质后的猪肉,会给人民群众的健康甚至生命产生重大的影响,严重损害消费者的利益。因此,消费者对自己日常食用的猪肉品质以及它的新鲜程度非常关注。国标中规定,猪肉中挥发性盐基氮含量是划分猪肉新鲜度等级的标准。

挥发性盐基氮指肉类等动物性食品由于酶和细菌的作用,在腐败过程中,使蛋白质分解而产生氨以及胺类等碱性含氮物质。此类物质具有挥发性,其含量越高,表明氨基酸被破坏的越多,是反映原料鱼和肉的鲜度的主要指标。一般来讲,挥发性盐基氮的测定方法采用半微量定氮法或微量扩散法,这种方法前处理繁琐、检测周期长、效率低,不能满足当今肉检过程的快速、无损、自动化的需求。下面介绍具有检测速度快、操作简便、非破坏性等优势的畜禽肉新鲜度挥发性盐基氮含量的近红外测定法。

1. 范围

本标准适用于不带骨鲜畜禽肉中挥发性盐基氮含量的快速测定,不适用于仲裁检测。

2. 原理

近红外光谱是利用物质的含氢基团 XH(X = C、N、O 等)在 780～2526 nm 波长下的振动或转动所产生的特征谱图,用化学计量学方法建立畜禽肉中近红外光谱与挥发性盐基氮含量之间的相关关系,建立畜禽中挥发性盐基氮定量分析预测模型,可以快速测定畜禽肉中的挥发性盐基氮含量。

3.仪器及设备

近红外光谱测量分析仪器:应具有基于畜禽肉样品近红外光谱区的吸收特性,能够测定畜禽肉中的挥发性盐基氮含量或特性指标的专用分析仪器,且具备近红外光谱数据的收集、存储、分析和计算等功能,能够建立畜禽肉中挥发性盐基氮含量的校正模型。

4.试样制备

按照 GB/T 9695.19—2008 规定的方法进行取样,去除样品表面的可见脂肪和筋膜等。

5.分析步骤

(1)光谱采集

在同一测试温度范围内,通过试验确定合适的光谱采集参数,在畜禽肉表面避开筋膜采集光谱,每次测定要求连续测量样品的不少于 3 次的吸收度光谱,计算样品吸光度重复性指标,该指标应不大于 0.0004 AU,计算平均光谱作为最终测量光谱,否则记录为异常测量,增加测定次数直至满足要求。

(2)标准理化分析方法测定

选取近红外光谱采集处的畜禽肉组织,按照 GB 5009.228—2016 规定的方法测定每个样品的挥发性盐基氮含量。

(3)校正模型的建立

参与建立校正模型的畜禽肉样品应具有代表性,同一品种的样品应包含不同性别、不同月龄、存放时间,挥发性盐基氮含量范围要涵盖未来要分析的样品特性。选择 100 份以上的校正样品组成校正集,选择合适的预处理方法对近红外光谱数据进行预处理,选择合适的波长或频率以及变量数目,选择合适的化学计量学方法,建立校正模型。校正模型的性能利用 SEC、R^2C 等指标评价,相关评价指标的要求见表 5-1。

表 5-1 校正模型校正评价指标

项目	SEC	R^2C
挥发性盐基氮评价指标	≤1.4 mg/100g	≥0.8

(4)校正模型的验证

使用 40 份以上的校正样品集之外的样品验证校正模型的准确性和重复性,其代表性要求与校正样品一致,应用(3)建立的模型进行预测,采用(2)所示的标准理化分析方法测定其挥发性盐基氮含量,选择 SEC、R^2C 等指标评价校正模型验证效果,相关评价指标的要求见表 5-2。

表 5-2 校正模型验证评价指标

项目	SEC	R^2C
挥发性盐基氮评价指标	≤1.6 mg/100g	≥0.8

6. 样品测量和结果

（1）样品测量

采用 5（1）的方法采集样品的近红外光谱,仪器和采集条件应与建模过程一致。应用 5(3)建立的校正模型测定其挥发性盐基氮含量,记录测量结果。测量结果有效数字与相应标准理化分析方法保持一致。

（2）测量结果

测量结果应在近红外光谱测量分析仪器所使用的校正模型所覆盖的挥发性盐基氮含量范围内。

每个样品两次测定结果绝对差值不得大于算术平均值的 10%,计算扣除系统偏差后的平均值作为最终测量结果。否则记录为异常测量。

任务三　肉类等动物源性食品中喹诺酮类药物残留快速检测

案例导入

案例:2016 年 2 月 24 日,国家食品药品监督管理总局发布抽检通告,在抽检的 374 批次样品中有 8 个批次肉类及其制品不合格,原因是其中的磺胺类、土霉素、氟苯尼考、沙拉沙星、恩诺沙星兽用抗菌素残留超标。

那么什么是喹诺酮类药物? 喹诺酮类药物究竟有什么危害? 如何采用快速检测方法检测肉类等动物源性食品中的喹诺酮类药物呢?

喹诺酮类药物是人工合成的具有 1,4-二氢-4-氧化喹啉-3-羧酸结构的一类药物的总称,分为四代,目前临床应用较多的为第三代,常用药物有诺氟沙星、氧氟沙星、环丙沙星、氟罗沙星等。动物专用的有沙拉沙星、恩诺沙星、丹诺沙星、马波沙星、奥比沙星、达诺沙星等。

喹诺酮类药物是畜禽类和人类的主要抗菌药物之一。主要通过阻断特异性拓扑酶、抑制细菌 DNA 复制从而发挥抗菌作用。该药具有价格低廉、抗菌谱广、无交叉耐药性等优点,广泛应用于动物和人类的感染性疾病的治疗和预防。但喹诺酮类药物常有不合理使用和滥用的情况发生,使其或其代谢产物残留于动物肌肉和脏器中,进而通过食物链导致人体产生抗药性,影响疾病的治疗与康复,引起严重的肉类等动物源性食品的安全问题。因此,肉类等动物源性食品中喹诺酮类药物残留问题越来越引起人们的重视。下面介绍肉类等动物源性食品中喹诺酮类药物残留快速检测胶体金免疫层析法。

1. 范围

本方法规定了动物源性食品中喹诺酮类物质的胶体金免疫层析快速检测方法。

本方法适用于生乳、巴氏杀菌乳、灭菌乳、猪肉、猪肝、猪肾中洛美沙星、培氟沙星、氧氟沙星、诺氟沙星、达氟沙星、二氟沙星、恩诺沙星、环丙沙星、氟甲喹、噁喹酸残留的快速测定。

2. 原理

本方法采用竞争抑制免疫层析原理。样品中的喹诺酮类物质与胶体金标记的特异性抗体结合,抑制了抗体和检测线(T 线)上抗原的结合,从而导致检测线颜色变化,通过检测线与质控线(C 线)颜色深浅比较,对样品中喹诺酮类物质进行定性判定。

3. 试剂及材料

除另有规定外,本方法所用试剂均为分析纯,水为 GB/T 6682—2008 规定的二级水。

(1)试剂

①乙腈。

②甲酸。

③分散固相萃取剂 I:分别称取硫酸镁 18 g、醋酸钠 4.5 g 放于研钵中研碎。

④分散固相萃取剂 II:分别称取硫酸镁 27 g、N-丙基乙二胺(PSA)4.5 g 放于研钵中研碎。

⑤甲酸—乙腈溶液:98 mL 乙腈中加入 2 mL 甲酸,混匀。

⑥甲醇。

⑦稀释液:脱脂奶粉:水(1:10)。

(2)参考物质

喹诺酮类参考物质的中文名称、英文名称、CAS 登录号、分子式、分子量见表 5-3,纯度≥99%。

表 5-3 喹诺酮类参考物质的中文名称、英文名称、CAS 登录号、分子式、分子量

序号	中文名称	英文名称	CAS 登录号	分子式	分子量
1	洛美沙星	Lomefloxacin	98079-51-7	$C_{17}H_{19}F_2N_3O_3$	351.35
2	培氟沙星	Pefloxacin	70458-92-3	$C_{17}H_{20}FN_3O_3$	333.36
3	氧氟沙星	Ofloxacin	82419-36-1	$C_{18}H_{20}FN_3O_4$	361.37
4	诺氟沙星	Norfloxacin	70458-96-7	$C_{16}H_{18}FN_3O_3$	319.33
5	达氟沙星	Danofloxacin	112398-08-0	$C_{19}H_{20}FN_3O_3$	357.38
6	二氟沙星	Difloxacin	5522-39-4	$C_{28}H_{33}N_3F_2$	449.58
7	恩诺沙星	Enrofloxacin	93106-60-6	$C_{19}H_{22}FN_3O_3$	359.16
8	环丙沙星	Ciprofloxacin	85721-33-1	$C_{17}H_{18}FN_3O_3$	331.13
9	氟甲喹	Flumequine	42835-25-6	$C_{14}H_{12}FNO_3$	261.25
10	噁喹酸	Oxolinic Acid	14698-29-4	$C_{13}H_{11}NO_5$	261.23

(3)标准溶液的配制

①喹诺酮类物质标准储备液(1 mg/mL):分别精密称取喹诺酮类参考物质适量,置于

50 mL 烧杯中,加入适量甲醇超声溶解后,用甲醇转入 10 mL 容量瓶中,定容至刻度,摇匀,配制成浓度为 1 mg/mL 的喹诺酮标准储备液。-20℃ 避光保存,有效期 6 个月。

②喹诺酮类物质标准中间液(1 μg/mL):分别吸取喹诺酮类标准储备液(1 mg/mL)100 μL 于 100 mL 容量瓶中,用甲醇稀释至刻度,摇匀,配制成浓度为 1 μg/mL 的喹诺酮类标准中间液。

(4)材料

金标微孔(含胶体金标记的特异性抗体)、试剂条或检测卡。

4.仪器及设备

移液器(100 μL、200 μL 和 1 mL)、涡旋混合器、离心机(转速≥4000 r/min)、电子天平(感量为 0.01 g)、孵育器(可调节时间、温度,控温精度±1℃)、读数仪、氮吹仪、环境条件[温度 15~35℃,湿度≤80%(采用孵育器与读数仪时可不要求环境温度)]。

5.分析步骤

(1)试样制备

液体乳直接用于测定,猪肉、猪肝、猪肾用组织捣碎机等搅碎后备用。

(2)试样的提取

①生乳、巴氏杀菌乳、灭菌乳。

分别吸取同等体积的液体乳样品与稀释液混合后为待测液。

②猪肉、猪肝、猪肾。

准确称取(2.5±0.01) g 均质后的组织样品于 15 mL 离心管中,加入 5 mL 甲酸—乙腈溶液,涡旋混合 1 min,振荡 5 min,4000 r/min 离心 5 min。将上清液 2 mL 转入 10 mL 离心管中,分别加入 0.6 g 分散固相萃取剂Ⅰ漩涡混合 1 min,再加入 0.6 g 分散固相萃取剂Ⅱ后漩涡混合 1 min,静置分层后取 1 mL 于 10 mL 离心管中,于氮吹仪 60℃吹干后用 1 mL 样品稀释液溶解作为待测液。

(3)测定步骤

Ⅰ.检测卡测定步骤

①将检测卡平放入孵育器中。小心撕开检测卡的薄膜至指示线处,避免提起检测卡和海绵。

②用移液器取待测液 300 μL,避免产生泡沫和气泡。竖直缓慢地滴加至检测卡两侧任意一侧的凹槽中,将粘箔重新粘好。

③盖上孵育器的盖子,孵育器上的计时器自动开始计时,红灯闪烁,孵育 3 min。

④取出检测卡,不要挤压样品槽,放于读数仪中,读数前保持样品槽一端朝下直到在读数仪上读取结果,或从孵育器上取出后直接目视法进行结果判定。

Ⅱ.试剂条与金标微孔测定步骤

吸取 300 μL 待测液于金标微孔中,抽吸 5~10 次使混合均匀,将试剂条吸水海绵端垂直向下插入金标微孔中,孵育 5~8 min,从微孔中取出试剂条,进行结果判定。

注:试剂条(或检测卡)具体检测步骤可参考相应的说明书操作。

(4)质控试验

每批样品应同时进行空白试验和加标质控试验。

①空白试验。

称取空白试样,按照(2)和(3)步骤与样品同法操作。

②加标质控试验。

准确称取空白试样(精确至0.01 g)置于具塞离心管中,加入一定体积的诺氟沙星标准中间液,使诺氟沙星终浓度为6 μg/kg,按照(2)和(3)步骤与样品同法操作。

6.结果判定

(1)读数仪测定法

按读数仪说明书要求操作直接读取并进行结果判定。

(2)目视法

通过对比质控线(C线)和检测线(T线)的颜色深浅进行结果判定。目视判定示意图见图5-1。

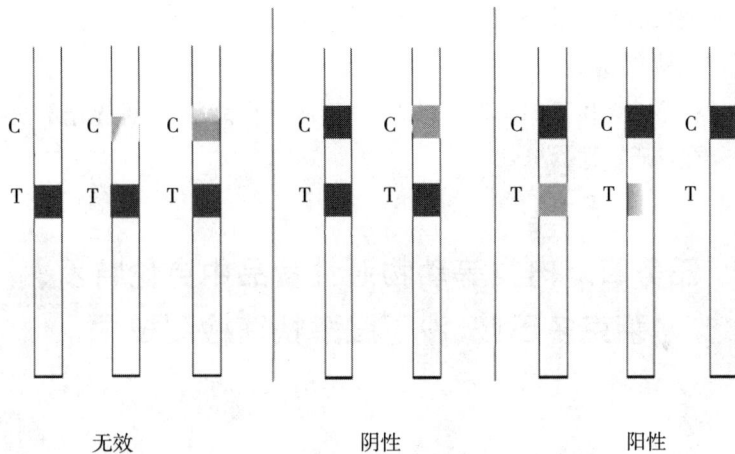

图5-1　目视判定示意图

①无效。

质控线(C线)不显色,表明不正确操作或试剂条/检测卡无效。

②阴性。

检测线(T线)颜色比质控线(C线)颜色深或者检测线(T线)颜色与质控线(C线)颜色相当,表明样品中喹诺酮类低于方法检测限,判定为阴性。

③阳性。

检测线(T线)不显色或检测线(T线)颜色比质控线(C线)颜色浅,表明样品中喹诺酮类的含量高于方法检测限,判定为阳性。

（3）质控试验要求

空白试验测定结果应为阴性,加标质控试验测定结果应为阳性。

7. 结论

当检测结果为阳性时,应对结果进行确证。

8. 性能指标

①检测限:生乳、巴氏杀菌乳、灭菌乳、猪肉、猪肝、猪肾中洛美沙星、培氟沙星、氧氟沙星、诺氟沙星、达氟沙星、二氟沙星、恩诺沙星、环丙沙星、氟甲喹、噁喹酸为 3 μg/kg。

②灵敏度:灵敏度应≥99%。

③特异性:特异性应≥95%。

④假阴性率:假阴性率应≤1%。

⑤假阳性率:假阳性率应≤5%。

注:性能指标计算方法见附录 A。

9. 其他

本方法所述试剂、试剂盒信息及操作步骤是为方法使用者提供方便,在使用本方法时不做限定。方法使用者在使用替代试剂、试剂盒或操作步骤前,须对其进行考察,应满足本方法规定的各项性能指标。

本方法参比标准为 GB/T 21312—2007《动物源性食品中 14 种喹诺酮药物残留检测方法 液相色谱—质谱/质谱法》。

任务四　肉类等动物源性食品中克伦特罗、莱克多巴胺、沙丁胺醇快速检测技术

案例导入

案例:2011 年 3 月 15 日央视新闻频道《每周质量报告》的 3·15 特别节目播出了《"健美猪"真相》,对于河南孟州等地部分养猪场饲喂有"瘦肉精"的生猪流入济源双汇食品有限公司进行了报道。济源双汇分公司瞬间成为众矢之的,双汇集团也一度被推到舆论的风口浪尖。

那么什么是瘦肉精?瘦肉精和克伦特罗、莱克多巴胺、沙丁胺醇有什么关系?究竟有什么危害?如何采用快速检测方法检测呢?

瘦肉精是一类 β-肾上腺受体激动剂,β-肾上腺素受体激动剂(简称 β-兴奋剂)是具有苯乙醇胺结构的一类物质,可分为含取代基的苯胺型(如盐酸克伦特罗)、苯酚型(如沙丁胺醇)、苯二酚型(如特布他林)三大类,主要包括盐酸克伦特罗、莱克多巴胺以及沙丁胺醇、溴布特罗、溴氯布特罗、马布特罗等。β-受体激动剂早期主要用于防治人、动物支气管

哮喘和支气管痉挛,后来研究发现在饲料中添加这类药物具有营养再分配作用,可以起到促进动物生长、改善动物胴体结构、提高瘦肉率的作用,因此,该药物曾被作为一种药物促生长添加剂被广泛用于动物生产。但是人们食用了残留有这些药物的畜肉产品后会出现面色潮红、头痛、头晕、胸闷、心悸、四肢麻木等不良反应症状,严重的可能危及生命。因此,欧盟、美国等都先后立法禁止在畜禽生产上使用该类药物,我国农业部公告第 235 号(2002)规定严禁在畜牧生产上使用各种 β-兴奋剂类药物。下面介绍肉类等动物源性食品中克伦特罗、莱克多巴胺、沙丁胺醇的快速检测胶体金免疫层析法。

1. 范围

本方法规定了动物肌肉组织中克伦特罗、莱克多巴胺及沙丁胺醇的胶体金免疫层析快速检测方法。

本方法适用于猪肉、牛肉等动物肌肉组织中克伦特罗、莱克多巴胺及沙丁胺醇的快速测定。

2. 原理

本方法采用竞争抑制免疫层析原理。样品中克伦特罗、莱克多巴胺、沙丁胺醇与胶体金标记的特异性抗体结合,抑制抗体和检测卡中检测线(T 线)上抗原的结合,从而导致检测线颜色深浅的变化。通过检测线与质控线(C 线)颜色深浅比较,对样品中克伦特罗、莱克多巴胺、沙丁胺醇进行定性判定。

3. 试剂及材料

除另有规定外,本方法所用试剂均为分析纯,水为 GB/T 6682—2016 规定的二级水。

(1)试剂

甲醇(色谱纯)、氢氧化钠、磷酸二氢钾、磷酸氢二钠、盐酸、氯化钠、氯化钾、三氮化钠、乙二胺四乙酸二钠、三羟甲基氨基甲烷(Tris)、乙酸乙酯、磷酸二氢钠。

①氢氧化钠溶液(1 mol/L):称取氢氧化钠 4 g,用水溶解并稀释至 100 mL。

②缓冲液:准确称取磷酸二氢钾 0.3 g,磷酸氢二钠 1.5 g,溶于约 800 mL 水中,充分混匀后用盐酸或氢氧化钠溶液调节 pH 至 7.4,用水稀释至 1000 mL,混匀。4℃保存,有效期三个月。

③展开液:准确称取磷酸二氢钾 2 g,磷酸氢二钠 1.44 g,氯化钠 8 g,氯化钾 0.2 g,三氮化钠 0.5 g,乙二胺四乙酸二钠 1.0 g 溶于约 500 mL 水中,充分混匀后用水稀释至 1000 mL。

④Tris 缓冲液(pH 9.0,1 mol/L):称取 Tris 121.14 g,溶于约 700 mL 水中,充分混匀后加入盐酸调试 pH 至 9.0 后用水定容至 1000 mL。

⑤Tris 缓冲液(pH 9.0,10 mmol/L):精密量取 1 mol/L Tris 缓冲液 1 mL,用水稀释定容至 100 mL。

⑥磷酸二氢钠溶液(0.2 mol/L):称取磷酸二氢钠 24.0 g,用水溶解并稀释至 1000 mL。

⑦磷酸氢二钠溶液(0.2 mol/L):称取磷酸氢二钠 28.4 g,用水溶解并稀释至 1000 mL。

⑧磷酸盐缓冲液(pH 7.4,0.2 mol/L):量取磷酸二氢钠溶液 19 mL,加入 81 mL 磷酸氢二钠溶液,混匀。

⑨磷酸盐缓冲液(pH 7.4,10 mmol/L):精密量取 0.2 mol/L 磷酸盐缓冲液 50 mL,用水稀释至 1000 mL。

（2）参考物质

克伦特罗、莱克多巴胺、沙丁胺醇参考物质的中文名称、英文名称、CAS 登录号、分子式、分子量见表 5-4,纯度≥97%。

表 5-4　克伦特罗、莱克多巴胺、沙丁胺醇参考物质的中文名称、英文名称、CAS 登录号、分子式、分子量

序号	中文名称	英文名称	CAS 登录号	分子式	分子量
1	克伦特罗	Clenbuterol	37148-27-9	$C_{12}H_{18}Cl_2N_2O$	277.19
2	莱克多巴胺	Ractopamine	97825-25-7	$C_{18}H_{23}NO_3$	301.38
3	沙丁胺醇	Salbutamol	18559-94-9	$C_{13}H_{21}NO_3$	239.31

（3）标准溶液配制

①标准储备液:精密称取适量克伦特罗、莱克多巴胺、沙丁胺醇参考物质,分别置于 100 mL 容量瓶中,用甲醇溶解并稀释至刻度,摇匀,分别制成浓度为 100 μg/mL 的克伦特罗、莱克多巴胺、沙丁胺醇标准储备液。-18℃保存,有效期一年。

②克伦特罗标准中间液(1 μg/mL):精密量取克伦特罗标准储备液(100 μg/mL) 1 mL 置于 100 mL 容量瓶中,用甲醇稀释至刻度,摇匀,制成浓度为 1 μg/mL 的克伦特罗标准中间液。临用新制。

③克伦特罗标准工作液(20 ng/mL):精密量取克伦特罗标准中间液(1 μg/mL)1 mL,置于 50 mL 容量瓶中,用甲醇稀释至刻度,摇匀,制成浓度为 20 ng/mL 的克伦特罗标准工作液。临用新制。

④莱克多巴胺标准中间液(1 μg/mL):精密量取莱克多巴胺标准储备液(100 μg/mL) 1 mL 置于 100 mL 容量瓶中,用甲醇稀释至刻度,摇匀,制成浓度为 1 μg/mL 的莱克多巴胺标准中间液。临用新制。

⑤莱克多巴胺标准工作液(20 ng/mL):精密量取莱克多巴胺标准中间液(1 μg/mL) 1 mL,置于 50 mL 容量瓶中,用甲醇稀释至刻度,摇匀,制成浓度为 20 ng/mL 的莱克多巴胺标准工作液。临用新制。

⑥沙丁胺醇胺标准中间液(1 μg/mL):精密量取沙丁胺醇标准储备液(100 μg/mL) 1 mL 置于 100 mL 容量瓶中,用甲醇稀释至刻度,摇匀,制成浓度为 1 μg/mL 的沙丁胺醇标准中间液。临用新制。

⑦沙丁胺醇标准工作液(20 ng/mL):精密量取沙丁胺醇标准中间液(1 μg/mL)1 mL,置于 50 mL 容量瓶中,用甲醇稀释至刻度,摇匀,制成浓度为 20 ng/mL 的沙丁胺醇标准工

作液。临用新制。

(4)材料

①克伦特罗试剂盒/检测卡(条):含胶体金试纸条及配套的试剂。

②莱克多巴胺试剂盒/检测卡(条):含胶体金试纸条及配套的试剂。

③沙丁胺醇试剂盒/检测卡(条):含胶体金试纸条及配套的试剂。

④固相萃取柱:丙烯酸系弱酸性阳离子交换柱。

4.仪器及设备

电子天平(感量为 0.01 g 和 0.0001 g)、组织粉碎机、水浴箱、离心机(转速≥4000 r/min)、移液器(10 μL、100 μL、1 mL、5 mL)、读数仪(产品配套可使用的检测仪器(可选))、固相萃取装置(可选)、其他产品说明书操作中需用的仪器、环境条件(温度 10~40℃,湿度≤80%)。

5.分析步骤

(1)试样制备

取适量具有代表性样品的可食部分,充分粉碎混匀。

(2)试样提取和净化

称取适量试样,按照方法一或方法二提取步骤分别对空白试样、加标质控样品、待测样进行处理。

①方法一(隔水煮法)。

称取粉碎混匀的样品 5 g(精确至 0.01 g)于 50 mL 离心管,置 90℃水浴中加热 20 min 至离心管中可清晰看见有组织液渗透,4000 r/min 离心 10 min,将上清液转至另一离心管,重复离心操作一次。准确量取上清液 900 μL,加入缓冲液 100 μL 混匀,即得待测液。本方法推荐水浴加热,也可按照试剂盒说明书进行操作。

②方法二(固相萃取法)。

称取粉碎混匀的样品 5 g(精确至 0.01 g)于 50 mL 离心管,加入 10 mmol/L Tris 缓冲液 5 mL,剧烈振摇 5 min,放置 20 min,加入乙酸乙酯 10 mL,剧烈振摇 1 min。以 4000 r/min 离心 2 min,上清液待净化。连接好固相萃取装置,并在固相萃取柱上方连接 30 mL 注射器针筒,将上述上清液全部倒入 30 mL 针筒中,用手缓慢推压注射器活塞,控制液体流速约 1 滴/秒,使注射器中液体全部流过固相萃取柱,尽可能将固相萃取柱中溶液去除干净。将固相萃取柱下方的接液管更换为洁净的离心管,向固相萃取柱中加入 0.5 mL 10 mmol/L 磷酸盐缓冲液。用手缓慢推压注射器活塞,控制液体流速约 1 滴/秒,使固相萃取柱中的液体全部流至离心管中,即得待测液。

注:试样制备过程可按照试剂盒说明书进行操作,不做限定。

(3)测定步骤

①检测卡与金标微孔测定步骤。

测试前,将未开封的检测卡恢复至室温。吸取 100 μL 上述待测液于金标微孔中,上下抽吸 5~10 次直至微孔试剂混合均匀。室温温育 5 min,将反应液全部加入到检测卡的加样孔中,1 min 后加入 1 滴展开液。检测卡加入样本后 10 min 进行结果判定。

②无金标微孔时,检测卡测定步骤。

测试前,将未开封的检测卡恢复至室温。吸取 100 μL 上述待测液直接加入到检测卡加样孔中,1 min 后加入 1 滴展开液。检测卡加入样本后 10 min 后进行结果判定。

③试纸条与金标微孔测定步骤。

测试前,将未开封的试纸条恢复至室温。吸取 100 μL 上述待测液于金标微孔中,上下抽吸 5~10 次直至微孔试剂混合均匀。室温温育 1 min,将试纸条样品垫插入到金标微孔中。室温温育 4 min,从微孔中取出试纸条,去掉试纸条下端样品垫,进行结果判定。

注:A. 测定步骤建议按照试剂盒说明书进行操作。

B. 结果判定建议使用读数仪,读数仪的具体使用参照仪器使用说明书。

(4)质控试验

每批样品应同时进行空白试验和加标质控试验。

①空白试验。

称取空白试样,按照(2)和(3)步骤与样品同法操作。

②加标质控试验。

称取空白试样 5 g(精确至 0.01 g)置于 50 mL 离心管中,加入适量克伦特罗标准工作液(20 ng/mL),使克伦特罗浓度为 0.5 μg/kg,按照(2)和(3)步骤与样品同法操作。

称取空白试样 5 g(精确至 0.01 g)置于 50 mL 离心管中,加入适量莱克多巴胺标准工作液(20 ng/mL),使莱克多巴胺浓度为 0.5 μg/kg,按照(2)和(3)步骤与样品同法操作。

准确称取空白试样 5 g(精确至 0.01 g)置于 50 mL 离心管中,加入适量沙丁胺醇标准工作液(20 ng/mL),使沙丁胺醇浓度为 0.5 μg/kg,按照(2)和(3)步骤与样品同法操作。

6. 结果判定

(1)读数仪测定结果

通过仪器对结果进行判读。

①无效。

当质控线(C 线)不显色时,无论检测线(T 线)是否显色,均表示实验结果无效。

②阳性结果。

若检测结果显示"+"(阳性),表示试样中含有待测组分且其含量大于等于方法检测限。

③阴性结果。

若检测结果显示"-"(阴性),表示试样中不含待测组分或其含量低于方法检测限。

(2)目视判定

通过对比质控线(C 线)和检测线(T 线)的颜色深浅进行结果判定。目视判定示意图见图 5-2。

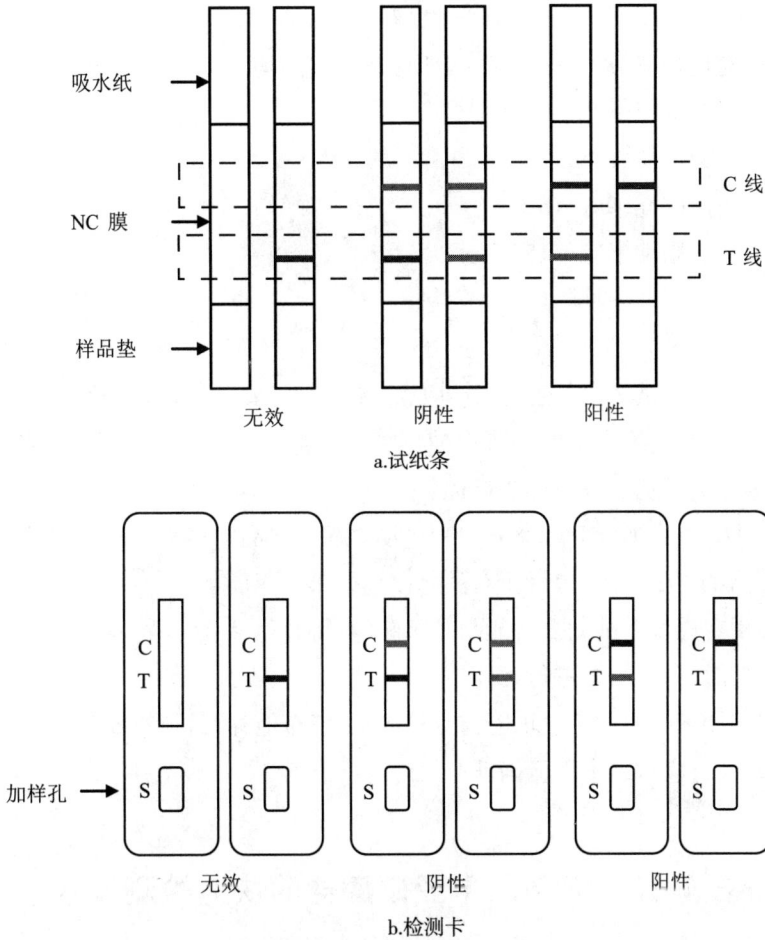

图 5-2　目视判定示意图

①无效。

当质控线(C线)不显色时,无论检测线(T线)是否显色,均表示实验结果无效。

②阳性结果。

质控线(C线)显色,若检测线(T线)不出现或出现但颜色浅于质控线(C线),表示试样中含有待测组分且其含量高于方法检测限,判为阳性。

③阴性结果。

质控线(C线)显色,若检测线(T线)颜色深于或等于质控线(C线),表示试样中不含待测组分或其含量低于方法检测限,判为阴性。

(3)质控试验要求

空白试样测定结果应为阴性,加标质控样品测定结果应为阳性。

7.结论

当检测结果为阳性时,应对结果进行确证。

8.性能指标

①检测限:克伦特罗、莱克多巴胺、沙丁胺醇检出限均为 0.5 μg/kg。

②灵敏度:灵敏度应≥95%。

③特异性:特异性应≥85%。

④假阴性率:假阴性率应≤5%。

⑤假阳性率:假阳性率应≤15%。

注:性能指标计算方法见附录 B。

9.其他

本方法所述试剂、试剂盒信息、操作步骤及结果判定要求是为方法使用者提供方便,在使用本方法时不做限定。方法使用者在使用替代试剂、试剂盒或操作步骤前,须对其进行考察,应满足本方法规定的各项性能指标。

本方法参比方法为 GB/T 22286—2008《动物源性食品中多种 β-受体激动剂残留量的测定 液相色谱串联质谱法》(包括所有的修改单)。

本方法使用克伦特罗试剂盒可能与沙丁胺醇、特布他林、西马特罗等有交叉反应,当结果判定为阳性时,应对结果进行确证。

本方法使用沙丁胺醇试剂盒可能与克伦特罗、特布他林、西马特罗等有交叉反应,当结果判定为阳性时,应对结果进行确证。

任务五　肉制品中亚硝酸盐的快速检测技术

案例导入

案例:2015 年 8 月 29 日,冯某某等 6 人食用涂某所制作的卤肉后,当天便陆续出现腹痛、恶心、口唇发绀等不适症状,被阆中市人民医院诊断为亚硝酸盐中毒。后经阆中疾病预防控制中心检测,在涂某所销售的卤肉制品及冯某某的呕吐物中,检测出亚硝酸钠残留量严重超出《食品安全国家标准 食品添加剂使用标准》。涂某因生产、销售不符合安全标准的食品,被判处有期徒刑十个月,缓刑一年。同时,法院判决涂某在缓刑期内,禁止从事有关食品销售工作。

那么什么是亚硝酸盐? 亚硝酸盐究竟有什么危害? 如何采用快速检测方法检测肉制品中的亚硝酸盐呢?

亚硝酸盐是自然界中普遍存在的一类含氮无机化合物的总称,主要包括亚硝酸钠和亚硝酸钾,其外观与食盐类似,呈白色至淡黄色,粉末或颗粒状,无臭,味微咸,易潮解和溶于水。亚硝酸盐可作为食品添加剂限量应用到肉制品中。在香肠、腊肉等肉制品加工中常通过添加限量的亚硝酸盐起到护色和防腐的效果。亚硝酸盐可与肉品中的肌红蛋白反应生成玫瑰色亚硝基肌红蛋白,增进肉的色泽,起到护色效果;亚硝酸盐还可防止肉毒梭菌的生长,延长肉制品的货架期,从而起到防腐剂的作用。

亚硝酸盐是剧毒物质,GB 2760—2014《食品安全国家标准 食品添加剂使用标准》规定,肉制品中亚硝酸盐的使用限量为≤0.15 g/kg。成人摄入0.3~0.5 g的亚硝酸盐即可引起中毒,3 g即可导致死亡。亚硝酸盐中毒发病急速,一般潜伏期1~3 h,中毒的主要特点是由于组织缺氧引起的紫绀现象,如口唇、舌尖、指尖青紫,重者眼结膜、面部及全身皮肤青紫,并伴有头晕、头疼、乏力、心跳加速、嗜睡、烦躁、呼吸困难、恶心、呕吐、腹痛、腹泻,严重者可出现昏迷、惊厥、大小便失禁,直至呼吸衰竭而死亡。亚硝酸盐还能与食品中、人体内的仲胺类化合物反应生成具有强致癌性的亚硝胺类化合物。下面介绍肉制品中亚硝酸盐的快速检测方法。

1. 范围

本方法规定了食品中亚硝酸盐的快速检测方法。

本方法适用于肉及肉制品(餐饮食品)中亚硝酸盐的快速测定。

2. 原理

样品中的亚硝酸盐经提取后,在弱酸性条件下与对氨基苯磺酸重氮化后,再与盐酸萘乙二胺反应生成紫红色偶氮化合物,其颜色的深浅在一定范围内与亚硝酸盐含量呈正相关,通过色阶卡进行目视比色,对样品中亚硝酸盐进行定性判定。

3. 试剂及材料

(1)试剂

除另有规定外,本方法所用试剂均为分析纯,水为GB/T 6682—2016规定的二级水。

①盐酸(20%):量取20 mL盐酸,用水稀释至100 mL。

②对氨基苯磺酸溶液(4 g/L):称取0.4 g对氨基苯磺酸,溶于100 mL 20%盐酸中,混匀,置棕色瓶中,临用新制。

③盐酸萘乙二胺溶液(2 g/L):称取0.2 g盐酸萘乙二胺,溶解于100 mL水中,混匀,置棕色瓶中,临用新制。

(2)参考物质

亚硝酸钠参考物质中文名称、英文名称、CAS登录号、分子式、分子量见表5-5,纯度≥99%。

表5-5 亚硝酸钠中文名称、英文名称、CAS登录号、分子式、分子量

中文名称	英文名称	CAS登录号	分子式	分子量
亚硝酸钠	Sodiumnitrite	7632-00-0	$NaNO_2$	69.00

(3)标准溶液配制

亚硝酸钠标准工作液(200 μg/mL,以亚硝酸钠计):精密称取适量经110~120℃干燥恒重的亚硝酸钠参考物质,加水溶解,移入250 mL容量瓶中,加水稀释至刻度,混匀。

（4）材料

亚硝酸盐快速检测试剂盒:适用基质为肉及肉制品,需在阴凉、干燥、避光条件下保存。

4. 仪器及设备

移液器（200 μL、1 mL）、涡旋混合器或超声仪、电子天平或手持式天平（感量为 0.01 g 和 0.0001 g）、离心机、微孔滤膜（0.45 μm 水系）。

5. 分析步骤

（1）试样制备

取适量有代表性样品的可食部分,充分粉碎混匀。

（2）试样的提取

准确称取试样 1 g（精确至 0.01 g）,置于离心管中,准确加水 10 mL,超声或涡旋振荡提取 5 min,静置 10 min。准确吸取 1 mL 上清液（如样品浑浊,≥3000 r/min 离心 5 min 取上清液,或经微孔滤膜过滤后取续滤液）于检测管中,向检测管中滴加对氨基苯磺酸溶液 200 μL,混匀静置 1 min,再加入盐酸萘乙二胺溶液 100 μL,混匀静置 5 min,即得待测液。

（3）测定步骤

将待测液与标准色阶卡目视比色,10 min 内判读结果。进行平行试验,两次测定结果应一致,即显色结果无肉眼可辨识差异。

（4）质控试验

每批样品应同时进行空白试验和质控样品试验（或加标质控试验）。用色阶卡和质控试验同时对检测结果进行控制。

①空白试验。

称取空白样品,按照（2）和（3）步骤与样品同法操作。

②质控样品试验（或加标质控试验）。

亚硝酸盐质控样品:采用典型样品基质或相似样品基质按照实际生产工艺生产的,含有一定量亚硝酸盐并可稳定保存的样品。经参比方法确认的质控样品中亚硝酸盐含量（以亚硝酸钠计）应包括但不限于 10 mg/kg。

加标质控样品:准确称取空白试样 1 g（精确至 0.01 g）,置于离心管中,加入适量亚硝酸钠标准工作液（200 μg/mL）使样品中亚硝酸钠含量为 10 mg/kg。

质控样品（或加标质控样品）按（2）和（3）步骤与样品同法操作。

6. 结果判定

观察检测管中样液颜色,与标准色阶卡比较判读样品中亚硝酸盐（以亚硝酸钠计）的含量。颜色浅于检出限（1 mg/kg）则为阴性样品;颜色深于 10 mg/kg 则为阳性样品。色阶卡见图 5-3。

注:A. 颜色接近或深于 1 mg/kg,但浅于或接近 10 mg/kg 时,则考虑本底污染。

B. 10 mg/kg 仅作为本方法的本底控制限。

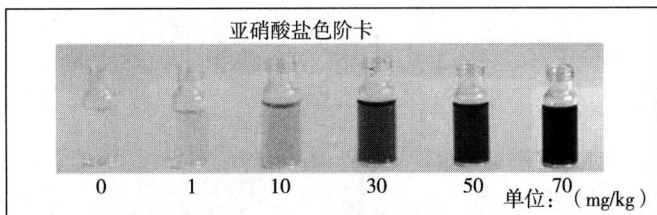

图 5-3 亚硝酸盐色阶卡

质控试验要求:空白试验测定结果应为阴性,质控样品试验测定结果应在其标示量值允差范围内,加标质控试验测定结果应与加标量相符。

7. 结论

由于色阶卡目视判读存在一定误差,为尽量避免出现假阴性结果,读数时遵循就高不就低的原则。当测定结果大于 10 mg/kg 时,应对结果进行确证。

8. 性能指标

①检出限:1 mg/kg。

②灵敏度:灵敏度应≥99%。

③特异性:特异性应≥85%。

④假阴性:假阴性应≤1%。

⑤假阳性:假阳性应≤15%。

注:性能指标计算方法见附录 B。

9. 其他

本方法所述试剂、试剂盒信息及操作步骤是为方法使用者提供方便,在使用本方法时不作限定。方法使用者在使用替代试剂、试剂盒或操作步骤前,须对其进行考察,应满足本方法规定的各项性能指标。

本方法参比方法为 GB 5009.33—2016《食品安全国家标准 食品中亚硝酸盐与硝酸盐的测定》。

待测样品中若存在高含量的亚硫酸氢钠、抗坏血酸或酱油时,会对本法的显色结果产生一定影响,检测时应予以注意。

色阶卡应确保在试剂盒保质期内不出现褪色或变色的情况。

任务六 非洲猪瘟疫病毒快速检测

案例导入

案例:2019 年 2 月 15 日,三全食品生产的水饺被曝检出非洲猪瘟疫病毒,引发了全社会的高度关注。2 月 18 日下午,深交所对三全食品下发关注函,要求三全食品说明。随后三全食品回应称,公司已第一时间将相关疑似批次产品从各销售渠道全部封存,并拟销毁。

那么什么是非洲猪瘟疫病毒? 非洲猪瘟疫病毒有什么危害? 如何采用快速检测方法检测非洲猪瘟疫病毒呢?

非洲猪瘟病毒(ASFV)是非洲猪瘟科非洲猪瘟病毒属的重要成员,病毒有些特性类似虹彩病毒科和痘病毒科。病毒粒子的直径为175~215 nm,呈20面体对称,有囊膜。基因组为双股线状DNA,大小170~190 kb。在猪体内,非洲猪瘟病毒可在几种类型的细胞浆中,尤其是网状内皮细胞和单核巨噬细胞中复制。该病毒可在钝缘蜱中增殖,并使其成为主要的传播媒介。非洲猪瘟是由非洲猪瘟病毒引起的家猪、野猪的一种急性、热性、高度接触性动物传染病,所有品种和年龄的猪均可感染,发病率和死亡率最高可达100%,临床表现为发热(达40~42℃),心跳加快,呼吸困难,部分咳嗽,眼、鼻有浆液性或黏液性脓性分泌物,皮肤发绀,淋巴结、肾、胃肠黏膜明显出血。目前全世界没有有效的疫苗。该病毒具有耐酸不耐碱、耐冷不耐热的特点,低温暗室内存在血液中的病毒可生存六年,室温中可活数周,加热被病毒感染的血液55℃ 30 min或60℃ 10 min,病毒将被破坏,许多脂溶剂和消毒剂可以将其破坏。健康猪与患病猪或污染物直接接触是非洲猪瘟最主要的传播途径,猪被带毒的蜱等媒介昆虫叮咬也可传播。世界动物卫生组织将其列为法定报告动物疫病,我国将其列为一类动物疫病。

非洲猪瘟不是人畜共患病,病毒不感染人,对人体健康和食品安全不产生直接影响。但非洲猪瘟病毒传染性强,危害特别大,一旦感染上,整个猪场甚至所在的地区的生猪都要被扑杀,给养殖户造成的损失是无可估量的。下面介绍下非洲猪瘟疫病毒的快速检测法。

一、等温扩增快速检测法

1. 范围

本标准规定了非洲猪瘟病毒等温扩增快速检测方法的技术要求。

本标准适用于非洲猪瘟疫病的诊断、监测及流行病学调查,适用于猪血液、脾脏、淋巴结、肾脏等组织样品中非洲猪瘟病毒核酸的快速检测。

2. 规范性引用文件

下列文件对于本文件的应用是必不可少的。凡是注日期的引用文件,仅所注日期的版本适用于本文件。凡是不注日期的引用文件,其最新版本(包括所有的修改单)适用于本文件。

GB 19489《实验室 生物安全通用要求》。

3. 原理

非洲猪瘟病毒是一种 DNA 病毒,该检测方法利用 6 条特异性引物和具有链置换能力的 DNA 聚合酶,在等温环境下 1 h 内完成扩增,用于非洲猪瘟病毒的核酸检测。

4. 仪器及器材

高速台式冷冻离心机(离心范围 0~20000 r/min)、冰箱(4±1)℃、(-20±1)℃、(-7±1)℃、恒温 LAMP 扩增仪(型号:Gene-8C)、离心管(15 mL 离心管、1.5 mL 离心管和 0.2 mL PCR 专用离心管)、微量移液器(1000 μL、200 μL、100 μL、50 μL、20 μL、10 μL、2 μL)

5. 试剂及引物

样品处理剂、ASFV-R-Mix、Bst 酶、D-I 矿物油、阳性对照、阴性对照。

注:本技术规范中使用的试剂,除另有说明外,所有实验使用的试剂等级均为不含 DNA 或 DNase 的分析纯或生化试剂;所有试剂均用无菌的容器分装。具体见附录 A。

6. 操作步骤

(1)样品的采集、前处理、存放与运输

①采样注意事项。

采集样品及样品前处理过程中应戴一次性手套,样本间不得交叉污染。

②采样工具。

15 mL 离心管和 1.5 mL 离心管经(121±1)℃高压灭菌 20 min;剪刀、镊子经 160℃干热灭菌 2 h,无菌管(真空采血管)。

③组织病料的采集与前处理采集疑似非洲猪瘟病毒感染猪的肺脏、肝脏、肾脏、脾脏等组织样品,用无菌的剪刀和镊子剪取待检样品约 10 g 于组织匀浆器或研钵中充分匀浆或研磨,加入 0.3~0.5 mL 组织悬液混匀,60℃,30 min 灭活后,将悬液转入无菌 Eppendorf 管中,4℃条件下 5000 r/min 离心 10 min,编号备用。

④全血及血清样本的采集与前处理。

使用含有抗凝血剂(EDTA-紫色盖)的无菌管(真空采血管)从耳静脉或前腔静脉采集血液 3~5 mL,60℃,30 min 灭活后,可直接检测;若检测血清,可静置全血样本待血清析出后,直接吸取至无菌 Eppendorf 管中,60℃,30 min 灭活后,编号备用。

⑤存放与运输采集或处理的样品。

在 2~8℃条件下保存应不超过 24 h;若需长期保存,应放置-70℃冰箱,但应避免反复冻融(冻融不超过 3 次)。采集的样品密封后,采用保温壶或保温桶加冰密封,在 8 h 之内运送到实验室检测。按照《兽医实验室生物安全技术管理规范》进行样品的生物安全标识。

(2)样品 DNA 的提取

取 10 μL 前处理过的样本加入无菌 1.5 mL 离心管,加入 10 μL 样品处理剂,混匀,94℃裂解 2 min,瞬时离心,上清即为扩增模板。

（3）核酸扩增

①吸取 22 μL ASFV-R-Mix 和 1 μL Bst 酶加入同一个 PCR 管,吸取 2 μL 步骤(2)处理的核酸扩增模板加至 PCR 管,混匀,设置阴阳性对照。

②吸取 10 μL D-I 矿物油轻轻加至 PCR 管液面,切勿震荡混匀。

③插入到恒温扩增仪反应槽中。

④设置恒温扩增仪器反应条件为:65℃反应 12 min,荧光采集周期 20 s。

7. 试验成立条件与结果判定

（1）试验成立条件

使用前用阴、阳性对照进行该检测方法评价,若阳性对照 CT 值≤40,阴性对照 CT 值>40,则检测结果有效。

（2）结果判定

若 CT 值≤40,样品应判定为非洲猪瘟病毒核酸阳性;若 CT 值>40,样品应判定为非洲猪瘟病毒核酸阴性。

8. 实验室生物安全要求

按照 GB 19489《实验室　生物安全通用要求》执行。

二、胶体金测试卡法

1. 范围

用于快速检测全血或病料组织(脾脏)中的非洲猪瘟抗原(ASF)。

2. 原理

采用双抗体夹心法检测样品中的非洲猪瘟抗原。当样品中存在非洲猪瘟抗原时,会在免疫层析试纸条的 T 线位置形成红色条带。C 线作为内控使用,C 线出现说明实验有效,否则应重新实验。

3. 试剂及材料

胶体金测试试剂盒:内含非洲猪瘟快检卡、样品处理管(内含样品处理液)、一次性滴管和说明书。

4. 检测步骤

（1）全血样本的检测

①待测样品准备:用一次性吸管吸取新鲜全血样品,滴 3~4 滴至样品处理管中。用吸管反复吹打 8~10 次,使细胞全部裂解。

注:A. 全血样品应为新鲜采集或 2~8℃保存不超过 72 h 的 EDTA 抗凝血。

B. 样品处理管中含有样品处理液,由于运输颠簸等原因,液体可能粘在管帽或管壁上。在开盖前,用力甩下或用离心机快速离心 30 s 使得液体进入处理管底部。

C. 用吸管反复吸起并吹出液体 8~10 次使得细胞全部裂解,病毒释放出来。此步骤直接影响检测结果。

②快检卡复温:快检卡如保存在低温环境下,需在室温条件下复温(20~25℃)半小时。

③反应:打开铝箔袋取出快检卡,吸取步骤①中处理后的样品 3~4 滴,逐滴滴入快检卡的加样孔中,水平静止。

④观察结果:15~20 min 后观察结果,不可超过 30 min。

(2)脾脏组织检测

①采样:采集玉米粒大小的病料组织(比如脾),置于样品处理管中。

②提取:用研磨棒反复研磨使成浆糊状,用离心机离心或静止使其自然沉降。

③快检卡回温:快检卡如保存在低温环境下,需在室温条件下复温(20~25℃)半小时。

④反应:打开铝箔袋取出快检卡,吸取步骤②中的提取液上清 3~4 滴,逐滴滴入快检卡的加样孔中,水平静止。

⑤观察结果:15~20 min 后观察结果,不可超过 30 min。

5.结果判定

结果判定图如图 5-4 所示。

①阳性(+):两条紫红色条带出现。一条位于质控区(C)内,另一条位于测试区(T)内。阳性结果表明:样本中含有非洲猪瘟抗原。

注:A.测试区(T)出现的线条强弱会因为样本中非洲猪瘟抗原的浓度而有所变化。因此,任何紫红色印记的 T 线出现,即可判为阳性。

B.通常情况下,脾脏组织病毒含量高于全血;常规方法制备的血清或血浆低于全血(淋巴细胞未裂解,病毒释放较少)。

②阴性(-):仅质控区(C)出现一条紫色条带,在测试区(T)内无紫色条带出现。阴性结果表明:样本中不含非洲猪瘟抗原,或者含量低于本产品的检测水平。

③无效:质控区(C)未出现紫色条带,表明不正确的操作过程或试剂已变质损坏。在此情况下,应用新的快检卡重新测试。

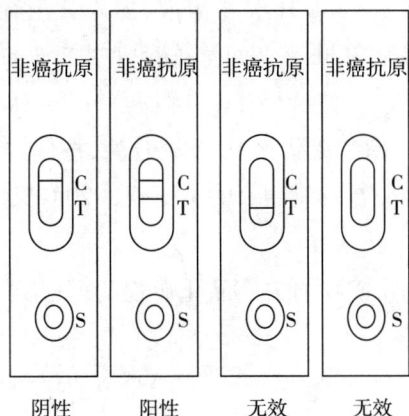

图 5-4　结果判定图

附录 A

（规范性附录）
试剂配制

1. 样品处理剂的制备

量取 80 mL PBS(0.01 mol/L,pH 值 7.4),加入 10 μL NP40(乙基苯基聚乙二醇),无菌纯化水定容至 100 mL,定量分装,500 μL/管,-20℃保存。

2. ASFV-R-Mix 的制备

(1)引物合成

根据非洲猪瘟病毒 p72 基因片段的保守结构域设计 3 对引物,包括 1 对内引物(FIP 与 BIP)、1 对外引物(F3 与 B3)和 1 对环引物(LF 与 LB),均由上海生工生物工程股份有限公司合成,序列为:

FIP:5′-TAACGCCACTATGCAGCCCACGGAAGAGCTGAATCTCTATCCT-3′

BIP:5′-CAACATGTGCGAACTTGTGCCACATACCTGGAACGTCTCC-3′

F3:5′-ATAGGTAATGCGATCGGATACA-3′

B3:5′-CCAACAATAACCGCCACGC-3′

LF:5′-TCGCCACGCAAAGATAAGC-3′

LB:5′-AGCCTCGGTGTTGATGCGGATT-3′

(2)引物混合物的制备

取 3 对引物(FIP、BIP、F3、B3、LF 和 LB)干粉,按引物说明书分别加入适量无菌纯化水,溶解混匀,得到各引物溶液,置-20℃保存。

(3)ASFV-R-Mix 的配制

称取 2.4 g Tris,0.37 g 氯化钾,0.12 g 硫酸镁,100 μL 吐温 20,7.029 g 甜菜碱,溶于 80 mL 纯化水,依次加入终浓度为 1.4 mmol/L dNTPs 溶液、0.2 μmol/L 外引物溶液、1.6 μmol/L 内引物溶液、0.8 μmol/L 环引物溶液,加入无菌纯化水定容至 100 mL,经过 0.22 μm 滤器过滤除菌,分装至 2 mL 蓝盖可立冻存管中,1.1 mL/管,-20℃保存。

3. Bst 酶的制备

用于制备本试剂盒的 Bst 酶为商品化 DNA 聚合酶,按使用说明书用纯化水稀释至 $4×10^6$/L,分装至 0.5 mL 白盖可立冻存管中,100 μL/管,-20℃保存。

4. D-I 矿物油

用于制备本试剂盒的 D-I 矿物油为商品化矿物油,分装至 2 mL 黄盖可立冻存管中,500 μL/管,-20℃保存。

5. 阳性对照

采用核酸蛋白质分析仪测定阳性质控品浓度,计算质粒拷贝数,用纯化水将其稀释为 10^3 拷贝/μL,分装至 0.5 mL 红盖可立冻存管中,100 μL/管,-20℃保存。

6.阴性对照

取纯化水,分装至 0.5 mL 绿盖可立冻存管中,100 μL/管,-20℃保存。

附录 B

快速检测方法性能指标计算如表5-6。

表 5-6　快速检测方法性能指标计算

样品情况 [a]	检测结果 [b]		总数
	阳性	阴性	
阳性	N11	N12	N1.=N11+N12
阴性	N21	N22	N2.=N21+N22
总数	N.1=N11+N21	N.2=N12+N22	N=N1.+N2. 或 N=N.1+N.2
显著性差异(χ^2)	$\chi^2=(\mid N12-N21\mid-1)^2/(N12+N21)$,自由度(df)=1		
灵敏度(p+,%)	p+=N11/N1.		
特异性(p-,%)	p-=N22/N2.		
假阴性率(pf-,%)	pf-=N12/N1.=100-灵敏度		
假阳性率(pf+,%)	pf+=N21/N2.=100-特异性		
相对准确度,% [c]	(N11+N22)/(N1.+N2.)		

注:
[a] 由参比方法检测得到的结果或者样品中实际的公议值结果。
[b] 由待确认方法检测得到的结果。灵敏度的计算使用确认后的结果。
N:任何特定单元的结果数,第一个下标指行,第二个下标指列。例如:N11表示第一行,第一列;N1.表示所有的第一行;N.2表示所有的第二列;N12表示第一行,第二列。
[c] 为方法的检测结果相对准确性的结果,与一致性分析和浓度检测趋势情况综合评价。

目标检测

一、单选题

1.实时荧光 PCR 法测定肉类掺假时,若样本检测通道 Ct 值低于参考值,且有 S 型扩增曲线,则报告该源性成分检测(　　)。

A. 阴性　　　　　　B. 阳性

2.环介导恒温荧光扩增法测定肉类掺假时,若样本(　　)S 型扩增曲线,则报告该源性成分检测阳性。

A. 有　　　　　　B. 没有

3.重组酶介导恒温荧光扩增法测定肉类掺假时,若样本有典型扩增曲线,且出峰时间或 Ct 值(　　)参考值,则报告该源性成分检测阳性。

A. 低于　　　　　　B. 高于

4.肉中挥发性盐基氮含量越(　　),表明氨基酸被破坏的越多。

A. 高 B. 低

5. 胶体金免疫层析法测定肉中喹诺酮类药物残留的原理是( )免疫层析。

A. 竞争性 B. 非竞争性

6. 胶体金免疫层析法测定肉中喹诺酮类药物残留时,检测线(T 线)不显色或检测线(T 线)颜色比质控线(C 线)颜色浅,表明样品中喹诺酮类的含量高于方法检测限,判定为( )。

A. 阴性 B. 阳性

7. 比色法快速检测肉中亚硝酸盐时,样品中的亚硝酸盐经提取后,在弱酸性条件下与对氨基苯磺酸重氮化后,再与( )反应生成紫红色偶氮化合物,其颜色的深浅在一定范围内与亚硝酸盐含量成正相关,通过色阶卡进行目视比色,对样品中亚硝酸盐进行定性判定。

A. 盐酸萘乙二胺 B. 丙酮

8. 非洲猪瘟( )人畜共患病。

A. 是 B. 不是

9. 非洲猪瘟病毒是一种( )病毒。

A. DNA B. RNA

10. 等温扩增快速检测法测定非洲猪瘟疫病毒时,若 CT 值≤40,样品应判定为非洲猪瘟病毒核酸( )。

A. 阴性 B. 阳性

二、多选题

1. 下列哪些药物属于动物常用抗菌药( )。

A. 沙拉沙星 B. 恩诺沙星 C. 奥比沙星 D. 达诺沙星

2. 下面属于瘦肉精类药物的是( )。

A. 克伦特罗 B. 莱克多巴胺 C. 沙丁胺醇 D. 磺胺嘧啶

答案及解析

一、单选题

1. B 2. A 3. A 4. A 5. A 6. B 7. A 8. B 9. A 10. B

二、多选题

1. ABCD 2. ABC

项目六　乳及乳制品的快速检测技术

学习目标

知识要求

1. 掌握乳及乳制品加工品中掺伪、三聚氰胺、大肠菌群、青霉素、黄曲霉毒素 M1 等的快速检测方法。

2. 理解乳品掺伪的快速检测；牛乳中三聚氰胺、大肠菌群、青霉素的快速检测；液态乳中黄曲霉毒素 M1 的快速检测；乳品中蛋白质含量的快速检测。

3. 了解乳及乳制品快速检测方法的应用范围和原理。

技能要求

1. 能理解乳及乳制品快速检测技术的检测原理。

2. 能掌握乳及乳制品的快速检测技术。

3. 能准确记录检测数据与现象，分析、处理与判定检测结果。

近十年来，乳制品的质量问题是牵动国民的一根敏感神经。中国奶业协会发布《2020中国奶业质量报告》，报告显示，2019 年全国奶业发展形势稳步向好，奶业生产和消费双增长，乳品质量持续保持较高水平，规模养殖比例进一步提升，奶业振兴迈出了坚实的一步。中国奶业协会副会长兼秘书长刘亚清介绍，2019 年我国乳制品不仅维持很高的合格率，主要指标也优于欧盟标准。2019 年生鲜乳抽检合格率 99.9%，持续保持较高水准。乳蛋白、乳脂肪的抽检平均值分别为 3.25%、3.82%，达到了发达国家的水平。菌落总数、体细胞抽检平均值优于欧盟标准。三聚氰胺等重点监控违禁添加物抽检合格率连续 11 年保持100%，乳制品总体抽检合格率 99.76%，婴幼儿配方乳粉抽检合格率 99.79%。

由报告可以看出我国奶业质量一直处于较高水平，但受"三聚氰胺"等事件的影响，人们对乳及乳制品质量安全问题关注度居高不下，成为公众最为心的食品安全问题。因此，如何控制掺假现象、农药残留、兽药残留或有毒有机物超标、微生物检测不合格、重金属超标等问题，以保证乳及乳制品的安全，保障消费者的安全，成为中国奶业发展的关键所在。

一、主要安全问题

①人为掺伪、掺假。

②农药残留、兽药残留或有毒有机物的混入。

③因生物污染而造成产品腐败变质以及毒素存在。

④有毒金属物的污染。

二、乳及乳制品快速检测项目

①乳品掺伪快速检测。

②异常乳、陈旧乳的快速检测。

③牛乳中大肠菌群的快速检测。

④牛乳中青霉素的快速检测。

⑤牛乳中三聚氰胺的快速检测。

⑥液态乳中黄曲霉毒素 M1 的快速检测。

任务一　乳品掺伪的快速检测技术

案例导入

案例:广东省遂溪县食药监局联合县公安局,于 2016 年 11 月 26 日凌晨在位于遂溪县遂城镇一幢居民楼的一楼和地下室内,一举端掉一涉嫌制售假冒乳制品的黑窝点。据当事人肖某、符某两人交代,他们组织人员利用原料乳粉、白糖、食品添加剂"无水亚硫酸钠"和水,在此简易出租房内,生产加工成当地某合法乳品厂的"鲜牛乳饮品"产品并向周边早餐档销售,自 2014 年 4 月 1 日至今已经售出 75200 瓶。目前,肖某、符某已被公安机关依法拘留。

讨论:如何快速检测出乳制品中的掺伪成分?

由于国内各大乳品企业对于各地的奶源争夺,奶农出于自身经济利益的考虑,常常会在鲜乳中掺假,这势必会影响乳品加工企业产品的内在质量和经济效益,同时也势必会对消费者的身体健康造成损害。

我国生鲜牛乳质量管理规范规定鲜牛乳中禁止掺水、掺杂、掺入有害物质及其他物质。而目前鲜乳中常见的掺伪手段有:掺入水、碱性物质、葡萄糖类物质、尿素、豆浆、淀粉、糊精、甲醛、氯化物、硫酸盐等。这些物质在鲜牛乳中的非法掺入,一方面影响牛乳品质,营养成分下降,会导致乳制品企业无法生产出合格的产品,从而造成企业的经济损失;另一方面对消费者健康造成严重威胁。因此,为了保障企业的利益和消费者的健康,维护市场和社会秩序,开发和使用快速、简便、灵敏的检测方法作为检测鲜牛乳及乳制品掺伪的有效手段具有重要意义。

一、牛乳中掺水检测技术

(一)密度计法

1. 原理

比重计(也称密度计、乳稠计)检测法,是我国在鲜奶收购中最常用的一种检测方法,它具有快速、简便、成本低廉的特点。牛乳玻璃比重计市场有售(20℃/4℃ ,15℃/15℃)。正常牛奶的相对密度在1.028~1.032之间,乳的密度1.030是其中所含各种成分的平均总和,通常生产上以度数来表示,即读作30度,牛奶掺水后使相对密度降低,每加10%的水可使牛奶相对密度降低0.003,即3度,当牛乳进行脱脂(撇油)时,密度则增高。

2. 主要仪器、设备

乳稠计:通用的乳稠计有两种,一种温度标记为20℃/4℃,另一种标记为15℃/15℃。应以标记为15℃/15℃的为标准。两种乳稠计的刻度都是15~40度,但前者(20℃/4℃)的测定结果比后者低2度(5℃/15℃)。因此,使用20℃/4℃乳稠计,计算时应在实测数据上加2度。如牛乳相对密度为1.030,则相对密度为1.032或32度。

3. 实验方法

取干净的250 mL量筒一个,将经仔细搅匀的待测乳样小心沿壁注入量筒中,加到量筒3/4容积为止,然后把乳汁密度计慢慢地插入量筒内牛乳的中心,使其徐徐下沉。测定牛奶相对密度时,倾入样品勿使产生泡沫,如有泡沫用滤纸将泡沫吸掉。把牛乳比重计放入后,静置2~3 min,眼睛与筒内液面在同一水平面上,读取比重值,同时测定牛奶的温度(℃)。

4. 结果判定

(1)相对密度的计算

我们知道乳的密度随温度而变化,当乳温度上升时,因体积膨胀而密度变小。10~25℃范围内,以20℃为基准,当牛奶温度降低1℃,要从密度计读数中减去0.0002;相反,每升高1℃,要给比重计读数加上0.0002。其计算公式为:

$$校正值=(实测温度-20)×0.0002$$

如在牛奶温度为16℃时,测得牛奶的相对密度为1.030,则校正20℃时的相对密度应为1.030-4×0.0002=1.0292。

(2)牛乳掺水量的计算

通过对牛乳相对密度、乳清相对密度的测定,均可判断出牛乳是否掺水。并可根据下述公式,计算出掺水量(%):

$$掺水量=\frac{(d_1-d_2)×100}{d_1}×100$$

式中:d_1——正常牛乳相对密度;

　　　d_2——被检牛乳相对密度。

5. 说明

①读取数据时,眼睛应与筒内牛乳的液面在同一水平面上,否则读取的数据将偏低或偏高。

②掺水会降低牛乳的相对密度,抽出脂肪会提高牛乳的相对密度。如果同时抽出脂肪又掺水,则不能发现牛乳相对密度的显著变化,这种情况必须结合乳脂肪的测定进行判定。

③该方法的不足是:当牛乳中含水量(外加)低于10%时,判断是否正常奶测量误差较大,有时甚至把正常乳、含脂率高的乳评定为质量不合格。

④现代分析技术:目前市场已推出一种采用电磁感应定量的电子比重计,分析精密度远远高于常规的玻璃比重计。

(二)硝酸根检测方法

1. 原理

各种天然水(井水、河水等)一般均含有硝酸盐,而正常牛乳中不含有硝酸盐。牛乳中是否掺水,可借微量硝酸根(NO_3^-)的鉴定进行判定。在浓硫酸介质中,硝酸根可把二苯胺氧化成蓝色物质。

如果试验显示阳性结果(显蓝色),可判断为牛乳中掺水;如试验为阴性(不显蓝色),由于某些水源不含硝酸盐(蒸馏水),也不能说明牛乳中未掺水。

亚硝酸根(NO_2^-、铁离子(Fe^{3+})和过氧化氢(H_2O_2)等,也可使二苯胺氧化,对反应有干扰。碘离子(I^-)存在时,可被浓硫酸氧化为碘(I_2),掩蔽了硝酸根(NO_3^-)与二苯胺所产生的蓝色,也干扰测定。

2. 主要仪器、试剂

100 mL 锥形瓶、50 mL 白瓷皿、漏斗、滴管、酒精灯等。

20%氯化钙溶液、二苯胺硫酸溶液(将 20 mg 二苯胺溶解于 20 mL 1:3 的硫酸中,溶解后,用纯的浓硫酸稀释至 100 mL,所配出的试剂应是无色透明的)。

3. 实验方法

将约 20 mL 待检乳样加入到 100 mL 的锥形瓶中,加入 20%的氯化钙溶液 0.5 mL,酒精灯上加热煮沸至蛋白质凝固,冷却后过滤,取滤液备用。在白瓷皿(如无白瓷皿,也可用表面皿代替)中加入 2 mL 二苯胺溶液,此时二苯胺溶液应为无色透明,如显蓝色,说明容器不干净,应选择干燥洁净容器再试。用洁净的滴管加 2~3 滴乳样的滤液于二苯胺中,观察液体的界面处是否有蓝色出现。

4. 结果判定

如果在液体的界面处有蓝色出现,说明牛乳中可能掺水。

(三)牛乳中掺水及掺假冰点快速检侧方法

1. 原理

牛乳有比较稳定的冰点,一般为-0.59~-0.53℃,平均值为-0.56~-0.55℃。牛乳掺伪后,其冰点会发生明显的变化,因此,冰点的测定对掺伪的检测是很重要的。

2. 主要仪器

测定所使用的仪器主要是白克曼(Backman)温度计。白克曼温度计是一种能精密测量温度差的温度计,其结构如图 6-1 所示,它的测量范围是 5℃ 或 6℃,每摄氏度分为 100 等份,读数可估计到 0.002℃。

白克曼温度计的特点是顶端有 1 个水银槽,可以用来调节水银球中的水银量,以适应对不同温度范围进行测量。为了便于读取数据,白克曼温度计的刻度有两种排法,一种是最大读数刻在上端,最小读数刻在下端;另一种恰好相反。前者用于温度升高时进行测量,后者用于温度降低的测量。对于我们的实验来讲,二者都可使用,但以后者为好。

冰点测定装置见图 6-2。图中:A 为冰盐浴;B 为搅棒;C 为冰点管;D 为套管;T 为白克曼温度;S 为搅棒;致冷剂:冰、盐按 3:1 的比例混合,再加入少量水。

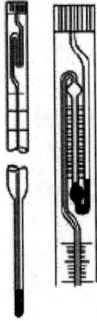

图 6-1 白克曼(Backman)温度计　　图 6-2 冰点测试装置

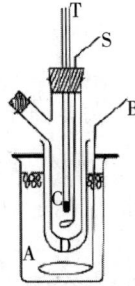

3. 检测方法

(1)白克曼温度计的调整

在用蒸馏水充分洗净的冰点管 C 中,加入约 80 mL 蒸馏水,装好白克曼温度计(T)和搅棒(S),将 C 置于装有致冷剂的冰盐浴 A 中。轻轻地上下提动 S(勿使搅棒碰到温度计),注意观察当蒸馏水开始凝固时温度计的水银柱是否在 2~3 刻度处。如果在此范围,说明温度计水银球中的水银恰好适量,不再需要调整,否则就需要重新调整。

白克曼温度计的调整方法是:将白克曼温度计放在蒸馏水的水浴中,徐徐加热使水银柱上升,直到水银溢出顶端的毛细管口。然后取出温度计,使温度计倒置,轻轻地敲水银贮槽,使贮槽内的水银与毛细管相连接。将连接好水银柱的白克曼温度计置于 4℃的水浴中(比测量温度高 2~4℃的水浴中),恒温 5~10 min。取出温度计,用左手握住温度计的中部,用右手轻拍温度计的上部,使水银柱在连接点断开,并注意连接点处不得保留有水银。再按上述方法测量水银球中的水银是否适量(在蒸馏水的冰点时,温度计的水银柱是否在 2~3℃范围内)。若不是如此,需重新按此方法调整温度计。

(2)0℃标值的确定

在冰点管 C 中加入 80 mL 蒸馏水,套好套管 D,按图 6-2 装好仪器。上下移动搅棒 S,勿使搅棒碰到温度计,同时适当地提动搅棒 B,使冷浴均匀。此时温度将逐渐降低,到有冰晶开始析出时,温度又有所升高。记下最高值,读数必须精确到 0.002℃。取出冰点管 C,用手握住管壁,使管内冰晶消失,再放入套管 D 中,按上述方法重复 1 次,读取数据。再重复操作 1 次。操作 3 次测定值的绝对误差不得大于 0.002℃。求出平均值,此值的白克曼温度计的温标相当于0℃。

（3）测定

用待测乳样洗涤冰点管3次，加入约80 mL待测乳样，按图6-2装好仪器，然后按测0℃标值的办法测定乳样的冰点。

重复测定3次。3次所测值的绝对误差不得大于0.002℃。求出平均值，即为乳样的冰点。

正常的新鲜牛乳的冰点应为-0.59～-0.53℃，低于或高于此值都说明牛乳可能掺伪或者是变质牛乳。

4.计算

如牛乳样品的冰点明显高于-0.53℃，则说明可能掺水。可按下式计算掺水量：

$$掺水量=(-0.55-T)/(-0.55)×100(\%)$$

式中：T——样品乳的冰点测定值，℃。

二、异常乳、陈旧乳的快速检测

正常的牛乳pH为6.5～6.7。中和100 mL牛乳中游离酸所需的0.1 mol/L NaOH溶液的体积，即为乳的酸度，以^0T（吉尔涅尔度）表示。正常、新鲜的牛乳，其酸度一般在16～18^0T（吉尔涅尔度）。所以正常牛乳呈微酸性，也称为自然酸度，这主要由乳中蛋白质、柠檬酸盐、磷酸盐及二氧化碳等酸性物质所构成。牛乳挤出后在存放过程中，由于微生物的活动，分解乳中的乳糖产生乳酸，而使牛乳酸度升高。因发酵而升高的酸度称为发酵酸度，自然酸度和发酵酸度之和称为总酸度，通常我们所说的酸度就是指总酸度。乳的总酸度越高，乳对热的稳定性越低，会降低乳粉的溶解度和保质期，也会严重影响用其生产的相关乳制品的质量。牛乳存储加工时间过长，由于乳酸发酵作用，牛乳的酸度也明显增高，如果奶牛患有急、慢性乳腺炎，也将使牛乳的酸性降低。牛乳的酸度是牛乳质量的重要指标之一，这类问题在乳品加工方面应引起足够重视。牛乳的酸度可采用酒精检测法、氢氧化钠滴定法和比色法进行测定。

（一）酒精检测法

1.原理

允许销售的牛乳，其酸度不得大于20^0T。酸度大于20^0T的牛乳中的酪蛋白，在遇到68%的酒精时，将会形成絮状沉淀，因此，可以用68%的中性酒精检测牛乳的酸度是否超标。

2.主要仪器、试剂

碱式滴定管。

1%酚酞指示剂；40%氢氧化钠溶液。

68%中性酒精：用吸量管精确吸取17 mL 95%酒精于干燥、洁净的50 mL锥形瓶中，加入1～2滴1%酚酞。摇匀后，用氢氧化钠溶液滴定至酚酞指示剂刚显粉红色，记下所用氢氧化钠溶液的体积。然后用吸量管向锥形瓶中精确加入 V mL（$V=6.25$——中和酒精所用的氢氧化钠体积）新煮沸过又冷却了的蒸馏水，摇匀，即得68%的中性酒精。用橡皮塞塞住锥形瓶口备用。此试剂必需临用时现配，不宜保存。

3. 实验方法

在干燥、洁净的试管中，加入 3 mL 待检乳，然后加入等体积的 68% 的中性酒精，摇匀，观察其反应现象。如果出现絮状沉淀，则说明乳的酸度超过 20^0T；如果不出现絮状沉淀，则说明乳的酸度不高于 20^0T。

（二）氢氧化钠滴定法

1. 原理

以酚酞为指示剂，用 0.1 mol/L NaOH 标准溶液滴定 100 mL 乳样中的酸，至终点时所消耗氢氧化钠溶液的体积即为牛乳的酸度。

2. 主要仪器、试剂

碱式滴定管。

1%酚酞指示剂；0.1 mol/L NaOH 标准溶液。

3. 实验方法

用移液管精确吸取 10 mL 待检乳于 200 mL 锥形瓶中，加入约 20 mL 新煮沸过又冷却了的蒸馏水和 2~3 滴酚酞指示剂，摇匀后，用标准氢氧化钠溶液滴定至酚酞刚显粉红色并在 1 min 内不退色为止，记下所消耗的氢氧化钠体积（mL）。

重复测定 1 次，记下所消耗的氢氧化钠溶液体积（mL），两次滴定之差不得大于 0.05 mL，合则需要重复滴定。取 2 次所消耗的氢氧化钠溶液体积的平均值 V（mL），按下式计算样品乳的酸度：

$$样品乳的酸度(^0T) = \frac{c}{0.1} \times V \times 10$$

式中：c——实际测定中所用的氢氧化钠浓度，mol/L；

V——2 次所消耗的氢氧化钠溶液体积的平均值，mL。

如果测定出牛乳酸度小于 16^0T，可以认为牛乳掺有中和剂（如碳酸钠），或者是奶牛患有乳腺炎；如在 $16\sim18^0$T，可认为是正常新鲜牛乳；如大于 20^0T，则为陈旧发酵乳。

（三）异常乳、陈旧乳的快速比色定性检测方法

1. 亚甲蓝比色法

异常乳、陈旧乳含有大量微生物，牛乳中微生物繁殖时将产生一种还原酶，此种酶能使蓝色的亚甲蓝还原为无色的亚甲白，而使染料褪色。牛乳越陈旧，细菌量越多，褪色就越快。因此，在一定条件下测定亚甲蓝的褪色速度，可作为牛乳被细菌污染的指标及是否为异常乳、陈旧乳。

（1）主要仪器、试剂

恒温培养箱或恒温水浴锅、灭菌的试管、吸量管（10 mL）、洗耳球、橡皮塞等。亚甲蓝溶液(溶解 0.01 g 亚甲蓝于 300 mL 蒸馏水中)。

(2)检测方法

用灭过菌的吸量管吸取 10 mL 待检乳和 1 mL 亚甲蓝溶液,一并加入到灭过菌的试管中,用灭过菌的橡皮塞塞紧管口,摇匀。

将试管置于恒温箱或恒温水浴中,于 37℃ 下保温。经 20 min、120 min 和 330 min,各取出试管观察一次,并同时将试管内液体再摇匀。

(3)结果判定

根据亚甲蓝的褪色时间,可将牛乳分为 4 个等级,见表 6-1。

表 6-1　牛乳质量与亚甲蓝褪色时间的关系

级别	牛乳质量	亚甲蓝褪色时间/min	牛乳中的细菌数/(/mL)
1	合格	>330	<50
2	合格	120~330	50~400
3	不合格	20~120	400~2000
4	很差	<20	>2000

2. 分光光度法的动力学定性分析

选用带有时间驱动功能及动力学附件的分光光度计。用含有微生物菌的异常乳样品与亚甲蓝显色后在 500~700 nm 波长范围扫描,在 590 nm 左右选取最佳吸收值,选取仪器中动力学时间驱动功能,输入最佳吸收值、驱动时间(约 350 min),样品室控制温度 37℃,将上述处理样品或标准染菌样及鲜乳样在仪器中测定,可根据时间驱动曲线的变化轨迹,判断样品变化情况。

三、牛乳中掺电解质的检测技术

(一)牛乳中掺食盐(氯化钠)的检测

用盐调相对密度而掺进奶液中的现象时有发生。牛乳中掺入食盐,可通过鉴定氯离子的方法鉴定。

1. 原理

牛乳中加入一定量的铬酸钾溶液和硝酸银溶液,由于正常、新鲜的牛乳中氯离子含量很低(0.09%~0.12%),硝酸银主要与铬酸钾反应,生成红色铬酸银沉淀。如果牛乳中掺有氯化钠,由于氯离子的浓度很大,硝酸银则主要与氯离子反应,生成氯化银沉淀,并且被铬酸钾染成黄色。

2. 试剂

①10%铬酸钾溶液。

②0.01 mol/L $AgNO_3$ 溶液:精确称取 1.7008 g 硝酸银于烧杯中,用少量去离子水溶解后,定量地转移至 1000 mL 容量瓶中,定容至刻度,摇匀。此试剂应保存于棕色瓶中。

③检测方法:在一支洁净试管中加入 5 mL 0.01 mol/L $AgNO_3$ 溶液和 2 滴 10%铬酸钾

溶液,摇匀,此时可出现红色铬酸银沉淀。再加入待检乳 1 mL,充分混匀。观察颜色的变化。

④结果判定:如牛乳呈现黄色,则说明待检乳中氯离子含量超过 0.14%,可能掺有食盐;如仍为红色,则说明没有掺入氯化钠。

(二)牛乳中掺芒硝($Na_2SO_4 \cdot 10H_2O$)的检测

牛奶中掺芒硝也是为了提高掺水奶的相对密度,可通过下述方法检测。

1. 原理

牛乳中掺有芒硝,可通过对硫酸根离子(SO_4^{2-})的鉴定来检测,而硫酸根离子的鉴定又可通过它干扰钡离子(Ba^{2+})与玫瑰红酸钠溶液的反应得到确认。钡离子可与玫瑰红酸钠溶液反应生成红棕色沉淀。

如果有硫酸根离子存在,则钡离子首先与硫酸根离子反应生成硫酸钡($BaSO_4$)白色沉淀。

2. 试剂

1%氯化钡、20%醋酸、1%玫瑰红酸钠(此试剂最多能保存 2 d)。

3. 检测方法

在试管中,加入 5 mL 待检乳样、1~2 滴 20%醋酸、4~5 滴 1%氯化钡溶液及 2 滴 1%玫瑰红酸钠溶液,摇匀,静置,观察。

4. 结果判定

正常新鲜牛乳由于生成玫瑰红酸钡沉淀而呈粉红色。掺有芒硝的牛乳,由于大量的硫酸根离子的存在,使钡离子首先与硫酸根离子生成硫酸钡($BaSO_4$)白色沉淀,并被玫瑰红酸钠溶液染色而呈现黄色。

四、牛乳中掺胶体溶液的快速检测技术

(一)牛乳中掺淀粉、米汤的检测技术

牛乳中掺米汤、淀粉类胶体溶液,主要是为了增加奶液的体积。米汤中含有淀粉,其中直链淀粉可与碘生成稳定的蓝色络合物,根据此原理可对奶中加入的淀粉或米汤进行检测。

1. 主要仪器、试剂

试管、酒精灯、碘—碘化钾溶液。

2. 检测方法

先配制碘溶液,即 2.0 g 碘和 4.0 g 碘化钾在水中溶解,用水定容至 100 mL。检测时,取 5 mL 奶样注入试管中,稍稍煮沸,待冷却后,加入 2~3 滴碘溶液。

3. 结果判定

如有淀粉或米汤掺入,则出现蓝色或蓝青色。该方法显色灵敏度为 0.001 mg。

（二）牛乳中掺豆浆的检测方法

1. 皂角素检测法

豆浆中含有皂角素,可溶于热水或酒精中,与氢氧化钠(或氢氧化钾)反应显黄色,利用此方法可检出牛乳中是否掺有豆浆。乳粉中掺有豆粉时,也可借此方法检出。

(1)主要仪器、试剂

50 mL 锥形瓶、量筒(25 mL,10 mL)、乙醇—乙醚混合溶剂(1:1 混合)、25%氢氧化钠。

(2)检测方法

取 2 个 50 mL 锥形瓶,一个加入 20 mL 待检乳,另一个加入 20 mL 新鲜正常牛乳作参比用。向两个锥形瓶中各加入乙醇—乙醚混合溶剂 3 mL,25%氢氧化钠 5 mL,混合均匀后放置 5~10 min。

(3)结果判定

参比的新鲜牛乳应呈暗白色,待检乳如果呈微黄色,说明掺有豆浆。此法灵敏度不高,在豆浆掺入量超过 10%时才能检测出。

2. 脲酶检测法

脲酶是催化尿素水解的酶,广泛地存在于植物中,在大豆和刀豆的种子中含有较多的脲酶,动物中不含脲酶,测定脲酶可检查牛乳中是否掺有豆浆。此法也可用于乳粉中掺豆粉的检测。

(1)主要仪器、试剂

白瓷点滴板、1%二甲基乙二肟酒精溶液、碱—镍缩二脲试剂(1.0 g 硫酸镍溶于 50 mL 水中后,加入 1.0 g 缩二脲,微热溶解后加入 1 mol/L 氢氧化钠 15 mL,滤去产生的氢氧化镍沉淀,置于棕色瓶中保存。试剂长时间放置后溶液会产生浑浊,经过滤后仍可使用)。

(2)检测方法

在白瓷点滴板上的两个凹槽处各加入 2 滴碱—镍缩二脲试剂澄清液,再向一个凹槽中滴 1 滴调成中性或弱碱性的待检乳样,另一处滴 1 滴水,在室温下放置 10~15 min,然后往每一个凹槽中再各加 1 滴二甲基乙二肟酒精溶液,观察现象。

(3)结果判定

如果有红色二甲基乙二肟络镍的红色沉淀生成,说明牛乳中掺有豆浆,无豆浆对照的空白样仍维持黄色或趋于变成橙色。该法灵敏度较高,豆浆掺入量达到 0.5%即能检出。

（三）牛乳中掺明胶的检测方法

1. 主要仪器、试剂

试管、漏斗、滤纸、硝酸汞溶液。

2. 检测方法

取待检牛乳 2 mL 于试管中,加等量硝酸汞溶液,静置 5 min 后过滤,再于滤液中加等体积饱和苦味酸溶液,观察现象。

3. 结果判定

如反应生成黄色沉淀,则表明牛乳中掺了明胶,天然乳则为黄色透明现象。

五、牛乳中掺中和剂的检测技术

在牛乳中掺入中和剂的目的是降低牛乳酸度以掩盖牛乳的酸败,防止牛乳煮沸时发生凝固结块现象。常见的掺伪中和剂有碳酸钠、氢氧化钠(烧碱)、石灰乳(水)等碱性物质。

(一)玫瑰红酸法

1. 原理

玫瑰红酸遇碱性物质呈现玫瑰红色。

2. 主要试剂

0.05%玫瑰红酸的酒精溶液。

3. 检测方法

取 5 mL 被检乳于试管中,加入 0.05%玫瑰红酸的酒精溶液 5 mL,振摇均匀。出现玫瑰红色,表示牛乳中加有过量的中和剂。

(二)溴甲酚紫法

1. 原理

溴甲酚紫遇碱性物质呈天蓝色。

2. 主要试剂

0.04%溴甲酚紫的酒精溶液。

3. 检测方法

在试管中加入被检乳 5 mL 和 3 滴 0.04%溴甲酚紫的酒精溶液,摇匀后放在沸水浴中加热 2 min,天蓝色的出现表示牛乳中加有过量的中和剂。

(三)牛乳掺石灰的检测

1. 原理

正常、新鲜的牛乳,钙含量较少(不超过 1%),而且接近中性,牛乳中掺石灰乳(水),可利用其干扰玫瑰红酸钠与钡离子的反应进行检测。在中性环境中,玫瑰红酸钠可与钡离子生成红棕色沉淀。

牛乳中掺入石灰乳后,一方面增强了牛乳的碱性,对玫瑰红酸钠与钡离子的反应有干扰;另一方面在碱性条件下,玫瑰红酸钠与钙离子生成紫色的碱性玫瑰红酸钙沉淀,此时如尚有硫酸根离子存在,则将依据钙的不同量,将白色沉淀($CaSO_4$ 和 $BaSO_4$)染上不同程度的紫颜色。

2. 主要仪器、试剂

试管、1%硫酸钠溶液、1%氯化钡溶液、1%玫瑰红酸钠溶液。

3. 检测方法

取 5 mL 被检乳于试管中,加入 1%硫酸钠溶液、1%氯化钡溶液和 1%玫瑰红酸钠溶液各1滴。

4.结果判定

正常乳由于硫酸钡和玫瑰红酸钠的生成而显红黄色,掺有石灰乳(水)的牛乳由于碱性和大量硫酸钙、硫酸钡的生成而呈白土样。该方法的检测灵敏度可达0.01 mg。

六、牛乳掺防腐剂的快速检测技术

在牛乳中掺的防腐剂一般有硼酸(或硼砂)、苯甲酸(或苯甲酸钠)、水杨酸(或水杨酸钠)、甲醛、过氧化氢等。

(一)牛乳中掺硼酸、硼砂的检测

1.主要仪器、试剂

烧杯、姜黄试纸(取25.0 g姜黄溶于500 mL乙醇中形成饱和溶液,滤去不溶残渣,将滤纸用姜黄的饱和醇溶液浸湿后于无氨的房中晾干,剪成纸条备用)、浓盐酸、浓氨水。

2.检测方法

取牛乳10 mL,加入7 mL浓盐酸,搅拌均匀,将姜黄试纸浸入,取出任其自然干燥。如果姜黄试纸显示红色,用氨气熏蒸以后试纸变为绿色,再加酸又变为红色,表示有硼的存在。如果姜黄试纸仍显黄色,用氨气熏蒸以后试纸变红,再加酸后又显黄色,表示无硼存在。

3.结果判定

此反应灵敏度非常高,检测灵敏度可达0.001 mg。

(二)牛乳中掺苯甲酸、水杨酸的检测

苯甲酸、水杨酸及其盐类在酸性条件下可随水蒸气馏出,在检测苯甲酸、水杨酸及其盐时,应先将样品蒸馏,收集馏出液。

1.主要仪器、试剂

250 mL蒸馏烧瓶、直型水冷冷凝管、铁台、万能夹、酒精灯、温度计、蒸发皿、试管、水浴锅等。

1:4的硫酸溶液、饱和氯化钠溶液、10%氢氧化钠、浓硫酸、浓氨水、硝酸钾、1%三氯化铁、10%氢氧化钠、1:1醋酸溶液、10%硫酸铜溶液、硫化铵溶液(20 mL浓氨水中通入硫化氢至不再吸收为止,然后向此溶液中再加入浓氨水20 mL,用蒸馏水稀释至100 mL,此试剂不宜保存,应在临用时配制)。

2.操作步骤

在蒸馏烧瓶中加入25 mL待检乳样、4 mL 1:4的稀硫酸和80 mL饱和氯化钠溶液,加入一小块沸石然后装成蒸馏装置。

用酒精灯加热蒸馏烧瓶,同时收集馏出液至50~60 mL,停止加热,馏出液留作检测苯甲酸和水杨酸。

3. 苯甲酸的检测

苯甲酸经硝化后可形成3,5-二硝基苯甲酸,该化合物经还原后可产生红棕色的3,5-二氨基苯甲酸。

取10 mL馏出液与0.5 mL 10%的氢氧化钠于蒸发皿中,蒸干,冷却后在残渣中加入1 mL浓硫酸和0.1 g硝酸钾,沸水浴上加热20 min,放冷。向蒸发皿中加入蒸馏水2 mL及浓氨10 mL(用试纸检测,应呈显著碱性),煮沸后放冷,将溶液转移到试管中,倾斜试管,小心沿管壁加入新制备的硫化铵溶液约5 mL,应使液体分成两层,勿使混合。如果在液体交界处有红棕色轮带出现,证明有苯甲酸存在。

4. 水杨酸的检测

取1 mL上述蒸馏液,加入4~5滴10%的氢氧化钠溶液、4~5滴1:1的醋酸溶液及1滴10%的硫酸铜溶液,混合均匀后加热煮沸30 s,放冷。

若有砖红色出现,可确证为有水杨酸及其盐存在。

(三)牛乳中掺甲醛的检测

甲醛是一种毒性很强、破坏生物细胞蛋白质原生质的物质,可引起人体过敏、肠道刺激反应、食物中毒等疾患。在食品生产、加工与运输环节,一般不容易被甲醛污染。某些食物本底存在几毫克甚至十几毫克微量的甲醛不足以对人体造成危害。由于甲醛可以改变一些食品的色感和味觉,并有防腐作用,在无知或金钱利益的驱使下,近年来一些不法分子在食品中加入甲醛作防腐剂,当经过甲醛处理的食品与水接触后立即释放出甲醛,严重威胁人体的健康。现场快速检测食品中甲醛,对于食品安全具有十分重要的意义。

下面简要介绍下采用强酸氧化快速定性法来检测牛乳中是否掺有甲醛。

1. 主要仪器、试剂

试管、混合酸试剂(在100 mL浓硫酸中滴入1滴浓硝酸)。

2. 检测方法

在试管中加入5 mL待检乳,倾斜试管,沿管壁小心加入约2 mL含有硝酸的浓硫酸,应使液体分成两层,勿使混合。如果在液面接界处有紫色环出现,证明牛乳中掺有甲醛。

(四)牛乳中掺过氧化氢的检测

1. 主要仪器、试剂

试管、漏斗、10%三氯乙酸、矾酸铵溶液(1.0 g矾酸铵溶于100 mL 1:3的稀硫酸中)。

2. 检测方法

在试管中加入5 mL待检乳,向其中滴加40%的三氯乙酸溶液,边加边摇,至牛乳中蛋白质结块凝固,放置5 min后过滤。向滤液中加入2~3滴矾酸铵溶液,摇匀,如出现稳定的红色,表示有过氧化氢存在。

3. 结果判定

过氧化氢容易分解,所以此项检测的准确性与待检乳的存放时间有关。

任务二　牛乳中大肠菌群的快速检测技术

案例导入

案例:《消费者报道》整理了国家市场监督管理总局(原国家食品药品监督管理总局)收录的自 2014 年 1 月~2019 年 8 月对牛奶的质量抽检情况。结果显示,监管部门近 5 年共抽检了 3727 批次牛奶(包括灭菌乳、调制乳、巴氏灭菌乳等),其中 3675 批次合格,合格率为 98.6%。抽检结果显示,微生物超标是不合格牛奶的主要原因,其中大肠菌群(26 次),占不合格比例的 44.1%。

那么大肠菌群为何会超标,其原因是什么? 如何采用快速检测方法检测大肠菌群呢?

大肠菌群普遍存在于我们生活的环境中,它的耐忍力比一般致病菌强。大肠菌群由很多不同类型的细菌组成,有的对人体无害,少数存在致病性。消费者食用大肠菌群超标的牛奶可能会引起急性中毒、呕吐、腹泻等症状。而牛奶含丰富的蛋白质及乳脂,是微生物生长繁衍的温床。如果外界污染,或者在生产、包装过程中通过人工操作或不洁的包装容器等均可能往牛奶中带入"细菌"。因此,需加强牛奶生产加工各个环节的质量控制,而大肠菌群快速检测技术则显得尤为重要。

1. 范围

大肠菌群纸片法与国标法相比,将国标法中比较繁杂的实验操作简化为一步,检测时间也由一个星期左右缩短至十几个小时,且省去了制备培养基和清洗器皿等操作流程,非常适合于生产企业自检和卫生检测部门使用。在计数方面,与传统的 MPN 法相比,更加准确。

2. 原理

快检纸片法是依据大肠菌群细菌生长发育时分解乳糖产酸,同时产生脱氢酶脱氢,氢与无色氯化三苯四氮唑(TTC)作用形成红色三苯甲月替(TTF)使菌落(菌苔)变红的原理,将一定量的乳糖、指示剂(TTC)、溴甲酚紫、蛋白胨等吸附在特定面积的无菌滤纸上,大肠菌群细菌通过上述两种指示剂显示出发酵乳糖产酸纸片变黄和形成红色斑点(红晕)的固有特性。

3. 检测步骤

(1)样品处理

取样品 25 mL(g)放入含有 225 mL 灭菌磷酸缓冲液稀释液(或生理盐水)的取样罐或均质杯内,制成 1:10 的样品匀液,用 1 mL 灭菌吸管吸取 1:10 样品匀液 1 mL,注入含有 9 mL 稀释液的试管内,振摇后成为 1:100 的样品匀液,依次往下稀释。

（2）接种

一般样品选 1~2 个稀释度进行检测,含菌量少的液体样品可直接吸取原液进行检测。将大肠菌群测试片置于平坦实验台面,揭开上层膜,用无菌吸管吸取 1 mL 样品匀液慢慢均匀地滴加到纸片上,然后再将上层膜缓慢盖下,静置 10 s 左右使培养基凝固,每个稀释度接种两片。同时做一片空白阴性对照。

（3）培养

将测试片叠在一起放回原自封袋中并封口,透明面朝上水平置于恒温培养箱内,堆叠片数不超过 12 片。培养温度为(36±1)℃,培养 15~24 h。

4. 结果判定

在测试纸片培养基上显红色斑点,周围有黄晕并且有气泡者为大肠菌群阳性菌落。

5. 计数原则及报告方式

①选择菌落数在 15~150 个之间的纸片进行计数。

②若两个稀释度的菌落数均在 15~150 之间,取其平均菌落数乘以稀释倍数,即为每毫升(或每克)样品中大肠菌群菌落形成单位数。

③如果所有稀释度的测试片上的菌落数都小于 15,则计数稀释度的测试片上的平均菌落数乘以稀释倍数报告之;如果所有稀释度的测试片上均无菌落生长,则以小于 1 乘以稀释倍数报告之。

④如果所有稀释度的菌落数都大于 150,计数稀释度的测试片上的平均菌落数乘以稀释倍数报告之。计数菌落数大于 150 的测试片时,也可计数一个或两个具有代表性的方格内的菌落数,换算成单个方格内的菌落数后乘以 20(滤纸区面积为 20 cm^2),即为测试片上估算的菌落数。报告单位以 CFU/mL(或 CFU/g)表示。

6. 注意事项

样品匀液的 pH 值应在 6.5~7.5 之间,必要时用 1 mol/L 氢氧化钠(NaOH)或 1 mol/L 盐酸(HCl)调节 pH。

7. 保存条件

本产品需存放在 4~10℃ 冰箱中,保质期为一年,铝箔袋打开后,未用完的纸片要放回铝箔袋中封好,放到冰箱中,一个月内用完。在高湿度的环境中可能出现冷凝水,在拆封前将整包回温至室温。

任务三　牛乳中青霉素快速检测技术

案例导入

案例:青霉素是一种高效广谱抗生素类药物,广泛用于治疗奶牛乳腺炎,由于频繁地超剂量使用,造成其在牛奶等动物源食品的残留,严重影响食用者的身体健康。人对青霉素过敏反应较常见,包括荨麻疹等各类皮疹、白细胞减少、间质性肾炎、哮喘发作等和血清病型反应;过敏性休克偶见,一旦发生,必须就地抢救,予以保持气道畅通、吸氧及使用肾上腺素、糖皮质激素等治疗措施。

那么如何采用快速检测方法检测牛乳中的青霉素?

随着国家对食品安全问题的关注和部分乳制品企业无抗奶目标的提出,抗生素残留问题成为影响乳制品安全的重要因素之一。目前,青霉素作为 β - 内酰胺类药物是治疗牛乳腺炎的首选药物,是牛奶中最常见的残留抗生素。试验表明,用抗生素治疗后的奶牛,其挤出的牛奶 5 天内都有抗生素残留。尤其是使用乳房灌注法治疗乳腺炎时,易造成牛奶中抗生素残留。休药期的长短是根据药物进入动物体内吸收、分布、转化、排泄与消除过程的快慢而制定的。即使同一种药物,用法不同休药期长短也不相同,休药期的长短还与用药剂量有很大关系。饲养者使用标有休药期的抗生素药物及含抗生素药物饲料添加剂后,未按规定遵守休药期,或是使用含抗生素药物饲料添加剂后,未按规定遵守休药期就将产品出售,这是造成抗生素药物残留量超标的主要原因之一,下面来介绍一下牛乳中青霉素的快速检测技术。

1. 范围

适用于牛乳中青霉素的残留常规快速筛选检测,检测限为 1.0 μg/L。

2. 原理

本试验是以抗原抗体反应为基础。用兔抗 OVA 抗体包被微量反应板,青霉素-OVA 偶联物与之特异结合,鼠抗青霉素抗体、青霉素标准品或样品加在一起,游离青霉素与青霉素-OVA 偶联物中的青霉素竞争青霉素抗体,没有与青霉素-OVA 偶联物结合的青霉素抗体被洗去,加入羊抗鼠 lgG 作用并洗板,加过氧化氢尿素和四甲基联苯胺溶液作用一定时间,结合后的酶结合物作用于底物使无色的四甲基联苯胺转化为蓝绿色的产物,加入终止液后变为金黄色,用波长 450 nm(双波长时最适参考波长≥600 nm)酶标仪进行检测,吸光值与样品中青霉素含量成反比。

3. 试剂及材料

除特殊注明外,本法所用试剂均由试剂盒厂商提供,水为符合 GB/T 6682—2016 规定的二级水。

①0.36 mol/L 亚铁氰化钾溶液。

②1.04 mol/L 硫酸锌溶液。

③缓冲溶液,为磷酸盐缓冲液(PBS)。

④洗板液,为磷酸盐—吐温缓冲液(PBST)。

⑤青霉素系列标准溶液,使用前按说明书要求用缓冲溶液稀释至终浓度 0 ng/L、

40 ng/L、200 ng/L、1000 ng/L、5000 ng/L、25000 ng/L、125000 ng/L。

⑥青霉素-OVA偶联物,使用前根据需用量按说明书要求用缓冲溶液作一定倍数稀释。

⑦抗青霉素特异性抗体,使用前将瓶中浓缩的抗青霉素抗体仔细摇匀,根据实验所需用量吸取,按要求用缓冲溶液进行稀释。

⑧酶标记二抗,使用前根据需用量按说明书要求用缓冲溶液作一定倍数稀释。

⑨底物缓冲溶液A,为四甲基联苯胺(TMB)溶液。

⑩底物缓冲溶液B,为过氧化氢尿素柠檬酸溶液。

⑪终止溶液,为2 mol/L硫酸溶液。

⑫酶标板,为微量反应板,已经被抗体包被和封闭,沿剪切线将铝箔袋剪开,取出所需反应板固定于反应板架上,没有使用的微量反应板与试剂盒提供的干燥剂一并用铝箔袋封好,置2~8℃冷藏保存。

4. 仪器及设备

酶标读数仪(配备450 nm滤光片)、离心机、微型振荡器、恒温水浴箱、微量移液器。

5. 制样

(1)样品要求

制样宜用新鲜牛乳;若不能立即制样,应贮于不高于4℃条件,时间不应超过2 d。

(2)样品预处理

取10 mL供试牛乳进行处理。

①10℃3500 r/min离心10 min,弃去上层脂肪层。

②取5 mL去脂牛乳,加入0.36 mol/L亚铁氰化钾溶液150 μL,摇匀后再加入1.04 mol/L硫酸锌溶液150 μL,迅速摇匀。

③15℃3500 r/min离心10 min。若离心后的上清液仍显混浊,应按上步骤再次处理。

④取上清液,用缓冲溶液将其作1:1稀释(1份上清液+1份缓冲溶液)为处理试样,取50 μL用于测定。

6. 测定步骤

①将试剂盒取出放置19~25℃1~2 h。按每个标准溶液和试样做不少于2个重复测定,计算所需酶标板条的数量,插入框架。

②向微孔中各加入用缓冲液稀释的青霉素-OVA偶联物50 μL;分别加入青霉素系列标准溶液50 μL;加入经稀释的抗青霉素特异性抗体50 μL(空白对照孔不加,以等量缓冲溶液代替)。用封口膜封好,19~25℃孵育60 min。

③倒掉反应孔的液体,在吸水纸上倒扣酶标板3次,并用吸水纸将酶标板四周吸干,以确保反应孔中不留残余液体;向每孔中加入洗板液,3 min后倒掉孔中液体,重复洗板过程2次。

④向微孔中加已经稀释的酶标羊抗鼠二抗100 μL,在微型震荡器上混匀,用封口膜封

好,19~25℃孵育 30 min。倒出孔内液体,按③中洗板 3 次。

⑤每孔加 50 μL 底物缓冲液 A 和 50 μL 底物缓冲液 B,在微型振荡器上充分混匀(也可先将底物缓冲液 A 和 B 等量混匀,每孔加 100 μL),19~25℃ 避光孵育 15 min。

⑥每孔加 100 μL 终止液,混匀。

⑦在酶标读数仪上以 450 nm 滤光片,空白对照孔调零,测定其他各孔的吸光度值,30 min 内完成读数。

7. 计算

百分吸光度值(%OD) 按下式计算:

$$\%OD = \frac{B}{B_0} \times 100\%$$

式中:B——标准溶液或处理试样孔的平均吸光度值;

B_0——零浓度的标准溶液孔平均吸光度值。

以 X 轴为标准溶液中青霉素浓度(ng/L)的自然对数,Y 轴为百分吸光度值,在半对数坐标纸上绘制标准曲线图。

由标准曲线上查出处理试样中青霉素的浓度(ng/L),或用专业计算机软件求出处理试样中青霉素的浓度。

处理试样中青霉素浓度乘以稀释系数 2.12,得到被检牛乳样品中青霉素浓度(ng/L)。(注:制样时去脂牛乳 5 mL 中加入 0.36 mol/L 亚铁氰化钾溶液 150 μL 和 1.04 mol/L 硫酸锌溶液 150 μL,离心处理后取上清液用缓冲溶液作 1:1 稀释,经换算得到稀释系数为 2.12)。

8. 检测方法的灵敏度、准确度、精密度

(1)灵敏度

本方法在牛乳中青霉素的检测限为 1.0 μg/L。

(2)准确度

本方法在牛乳中添加青霉素 1.0~1000.0 μg/L 浓度水平上的回收率为 60%~120%。

(3)精密度

本方法批内变异系数 CV≤30%,批间变异系数 CV≤45%。

任务四　牛乳中三聚氰胺的快速检测技术

案例导入

案例:2008 年中国奶制品污染事件,事故起因是很多食用三鹿集团生产的奶粉的婴儿被发现患有肾结石,随后在其奶粉中发现化工原料三聚氰胺。截至 2008 年 9 月 21 日,因使用婴幼儿奶粉而接受门诊治疗咨询且已康复的婴幼儿累计 39965 人,正在住院的有12892人,此前已治愈出院1579人,死亡4人,另截至9月25日,香港有5人、澳门有1人确诊患病。

那么什么是三聚氰胺?三聚氰胺究竟有什么危害?如何采用快速检测方法检测三聚氰胺?

三聚氰胺(Melamine),俗称蜜胺、蛋白精,分子式为$C_3H_6N_6$,是一种三嗪类含氮杂环有机化合物,被用作化工原料。三聚氰胺性状为纯白色单斜棱晶体,无味。目前三聚氰胺被认为毒性轻微,大鼠口服的半数致死量大于3 g/kg体重。据科学家做过的实验发现:将大剂量的三聚氰胺饲喂给大鼠、兔和狗后,没有观察到明显的中毒现象。动物长期摄入三聚氰胺会造成生殖、泌尿系统的损害,膀胱、肾部结石,并可进一步诱发膀胱癌。1994年国际化学品安全规划署和欧洲联盟委员会合编的《国际化学品安全手册》第三卷和国际化学品安全卡片也只说明:长期或反复大量摄入三聚氰胺可能对肾与膀胱产生影响,导致产生结石。

一、胶体金免疫层析法

1. 原理

本方法采用竞争抑制免疫层析原理。样品中的三聚氰胺与胶体金标记的特异性抗体结合,抑制抗体和试纸条或检测卡中检测线(T线)上抗原的结合,从而导致检测线颜色深浅的变化。通过检测线与质控线(C线)颜色深浅比较,对样品中三聚氰胺进行定性判定。

2. 试剂及材料

除另有规定外,本方法所用试剂均为分析纯,水为GB/T 6682—2016规定的二级水。

①甲醇。

②三羟甲基氨基甲烷(Tris)。

③1 mol/L盐酸:移取83 mL浓盐酸,加入900 mL水中,定容至1 L。

④甲醇水溶液:准确量取50 mL甲醇和50 mL水,混匀后备用。

⑤稀释液:准确称取6.05 g Tris和8.5 g 1mol/L盐酸,加水定容至1 L,混匀后备用。

⑥参考物质。

参考物质的中文名称、英文名称、CAS登录号、分子式、分子量见表6-2,纯度≥99%。

表6-2　三聚氰胺参考物质中文名称、英文名称、CAS登录号、分子式、分子量

中文名称	英文名称	CAS登录号	分子式	分子量
三聚氰胺	Melamine	108-78-1	$C_3H_6N_6$	126.12

⑦标准溶液的配制。

三聚氰胺标准储备液(1000 μg/mL):精密称取适量三聚氰胺标准品,在烧杯中溶解并转移至 10 mL 容量瓶中,其中利用甲醇水溶液溶解并稀释至刻度,摇匀,制成浓度为 1000 μg/mL 的三聚氰胺标准储备液;或可直接购三聚氰胺标准储备液。4℃避光保存备用,有效期 3 个月。

⑧三聚氰胺胶体金免疫层析试剂盒。

A. 金标微孔(含胶体金标记的特异性抗体)。

B. 试纸条或检测卡。

3. 仪器及设备

①移液器:200 μL、1000 μL 和 5 mL。

②涡旋混合器。

③电子天平:感量为 0.01 g。

④环境条件:温度 15~35℃,湿度≤80%。

4. 分析步骤

(1)试样制备

取适量有代表性样品充分混匀。

(2)试样提取

准确称取样品 0.5 g 于离心管中,加入 5 mL 稀释液,涡旋混匀提取 5 min,即得待测液。

注:试样提取过程可按照试剂盒说明书,不做限定。

(3)测定步骤

①试纸条与金标微孔测定步骤。

吸取 150~200 μL 样品待测液于金标微孔中,抽吸 5~10 次使混合均匀,不要有气泡,40℃温育 3 min,将检测试纸条样品端垂直向下插入金标微孔中,40℃温育 5 min,从微孔中取出试纸条,进行结果判定。

②检测卡测定步骤。

吸取 150~200 μL 样品待测液于检测卡加样孔中,室温反应 3~5 min,进行结果判定。

(4)质控试验

每批样品应同时进行空白试验和加标质控试验。

①空白试验。

称取空白试样,与样品同法操作。

②加标质控试验。

准确称取空白试样 100 g(精确至 0.01 g)置于 100 mL 玻璃溶液瓶中,加入 250 μL 三聚氰胺标准溶液(1000 μg/mL),使试样中三聚氰胺浓度为 2.5 mg/kg,与样品同法操作。

注:可参考标准品的说明书配置操作。

5.结果判定

通过对比质控线(C线)和检测线(T线)的颜色深浅进行结果判定。目视结果判读如图6-3。

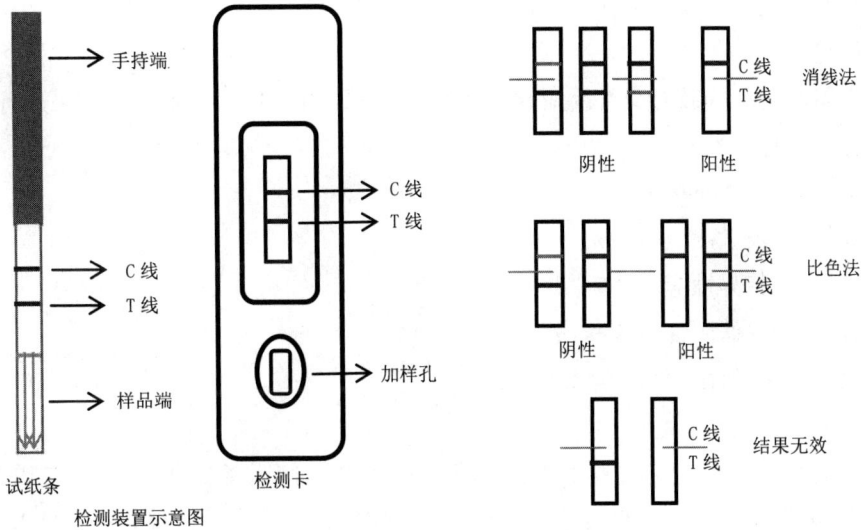

图6-3 试纸条/检测卡目视判定示意图

(1)无效

质控线(C线)不显色,表明不正确操作或试纸条/检测卡无效。

(2)阳性结果

①消线法。

检测线(T线)不显色,质控线(C线)显色,表明样品中三聚氰胺含量高于方法检测限,判定为阳性(如图6-3试纸条/检测卡目视判定示意图)。

②比色法。

检测线(T线)颜色比质控线(C线)颜色浅或几乎不显色,表明样品中三聚氰胺含量高于方法检测限,判定为阳性(如图6-3试纸条/检测卡目视判定示意图)。

(3)阴性结果

①消线法。

检测线(T线)、质控线(C线)均显色,表明样品中三聚氰胺含量低于方法检测限,判定为阴性(如图6-3试纸条/检测卡目视判定示意图)。

②比色法。

检测线(T线)颜色比质控线(C线)颜色深或者检测线(T线)颜色与质控线(C线)颜色相当,表明样品中三聚氰胺含量低于方法检测限,判定为阴性(如图6-3试纸条/检测卡目视判定示意图)。

（4）质控试验

空白试验测定结果应为阴性,加标质控试验测定结果应为阳性。

（5）读数仪测定

按读数仪说明书要求操作直接读取并进行结果判定。

6. 结论

三聚氰胺与灭蝇胺有交叉反应,当检测结果为阳性时,应对三聚氰胺结果进行确证。

7. 性能指标

①检测限: 2.5 mg/kg。

②灵敏度:灵敏度应≥99%

③特异性:特异性应≥85%。

④假阴性率:假阴性率应≤1%。

⑤假阳性率:假阳性率应≤15%。

8. 其他

本方法所述试剂、试剂盒信息及操作步骤是为方法使用者提供方便,在使用本方法时不做限定,可根据试剂盒说明书进行操作。方法使用者应使用经过验证的满足本方法规定的各项性能指标的试剂、试剂盒。

本方法参比标准为 GB/T 22388—2008《原料乳与乳制品中三聚氰胺检测方法》。

本方法使用试剂盒可能与灭蝇胺存在交叉反应,当结果判定为阳性时,应采用实验室仪器方法 GB/T 22388—2008《原料乳与乳制品中三聚氰胺检测方法》对三聚氰胺结果进行确证。

二、液体乳中三聚氰胺的快速检测（拉曼光谱法）

1. 范围

本方法规定了液体乳制品中三聚氰胺快速测定方法。

本方法适用于生鲜乳、灭菌乳、巴氏杀菌乳、调制乳和发酵乳等液态乳制品中三聚氰胺含量的快速测定。

2. 原理

样品经沉淀、溶剂提取,加表面增强拉曼试剂对信号增强,进行拉曼光谱扫描。以（704±10）cm^{-1} 处的拉曼特征峰作为三聚氰胺定量基准峰,以（925±10）cm^{-1} 或类似基质中稳定存在的拉曼峰为参比峰,根据三聚氰胺峰与参比峰的相对强度对三聚氰胺的浓度绘制标准曲线,内置仪器内进行判别。

3. 试剂及材料

①三氯乙酸。

②三氯乙酸溶液（5%）:准确称取三氯乙酸 50 g 于 1 L 容量瓶中,用水溶解并定容至刻度,混匀后备用。

③表面增强试剂:金或银纳米粒子溶胶,或相当者。

④纳米金溶胶:取 100 mL 0.01%氯金酸(AuCl₃·HCl·4H₂O)水溶液加热至沸腾,剧烈搅拌下准确加入 1.0 mL 1%柠檬酸三钠(Na₃C₆H₅O₇)水溶液,金黄色的氯金酸水溶液在 2 min 内变为红色,继续煮沸 15 min,冷却后用蒸馏水补加到 100 mL。增强试剂配制用水为 GB/T 6682—2016 规定的一级水。

⑤纳米银溶胶:取 200 mL 1.0 mmol/L 硝酸银(AgNO₃)水溶液加热沸腾,剧烈搅拌下逐滴准确滴加 5.0 mL 1%柠檬酸三钠(Na₃C₆H₅O₇)水溶液,持续煮沸 1 h,溶液变为灰绿色,冷却后用蒸馏水补加到 200 mL。增强试剂配制用水为 GB/T 6682—2016 规定的一级水。

⑥促凝剂。

金溶胶的促凝剂:称取 5.85 g 氯化钠,溶于 100 mL 水中,摇匀,备用,或配制成其他相当的无机盐溶液。

银溶胶的促凝剂:称取 5.85 g 氯化钠和 2 g 氢氧化钠,溶于 100 mL 水中,摇匀,备用,或配制成其他相当的无机盐溶液。

⑦参考物质。

三聚氰胺参考物质中文名称、英文名称、CAS 号、分子式、分子量见表 6-2,纯度≥99%。

⑧标准溶液配制。

三聚氰胺标准工作液(500 μg/mL):精密称取三聚氰胺标准品适量,在烧杯中溶解并转移至 100 mL 容量瓶中,其中利用水溶解并稀释至刻度,摇匀,制成浓度为 500 μg/mL 的标准储备液。4℃避光保存,有效期 1 个月。

4. 仪器及设备

①便携式拉曼光谱仪。

②稳频激光光源:发射波长为(785±1)nm,线宽<0.1 nm,能量≥250 mW;光谱分辨率≤15 cm⁻¹;光谱响应范围 500~2000 cm⁻¹,或大于该响应范围。

③移液器:200 μL、1 mL 和 5 mL。

④涡旋振荡器。

⑤离心机:转速≥6000 r/min。

⑥电子天平:感量为 0.01 g。

⑦塑料具塞离心管:2 mL。

5. 分析步骤

(1)试样的提取

取 0.5 g 样品加到 2 mL 离心管中,再加入 1 mL 5%三氯乙酸溶液,涡旋 30 s 混匀;放入离心机,以不低于 6000 r/min 转速离心 1 min;上清液备用。

（2）测定步骤

拉曼光谱仪器参考条件：激光能量≥250 mW，数据采集时间≥2 s。在仪器样品池中依次加入 100 μL 促凝剂，100 μL 表面增强试剂，50 μL 样品，快速摇晃均匀，等待 20 s 检测（检测需在样品加入后 1 min 内完成）。

（3）质控试验

每批样品应同时进行空白试验和加标质控试验。

①空白试验。

称取空白试样，与样品同法操作。

②加标质控试验。

准确称取空白试样 10 g 置于 15 mL 具塞离心管中，加入 50 μL 三聚氰胺标准工作液（500 μg/mL），使三聚氰胺浓度为 2.5 mg/kg，与样品同法操作。

6. 结果判定

仪器软件将测试结果与标准谱图库中的三聚氰胺进行匹配计算，根据谱图（704±10）cm^{-1} 处特征拉曼光谱及内置校准曲线，对样品中的三聚氰胺进行结果判定：显示测试结果并判定阴性或阳性。阴性代表该样品不含有三聚氰胺或低于 2.5 mg/kg，阳性则代表该样品含有三聚氰胺且大于等于 2.5 mg/kg。液态乳表面增强拉曼光谱图参见图 6-4。

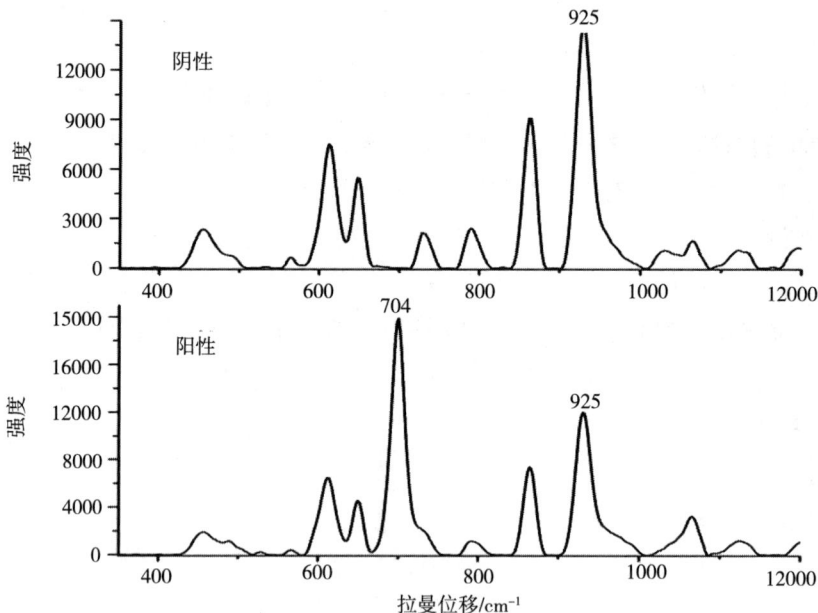

图 6-4　液态乳表面增强拉曼光谱图

质控试验要求：

空白试样测定结果应为阴性，加标质控样品测定结果应为阳性。

7. 性能指标

①检测限:2.5 mg/kg。

②灵敏度:灵敏度应≥99%。

③特异性:特异性应≥85%。

④假阴性率:假阴性率应≤1%。

⑤假阳性率:假阳性率应≤15%。

8. 确证

本方法为初筛方法,当检测结果为阳性时,应对结果进行确证。

9. 其他

本方法所述纳米表面增强试剂、促凝剂信息及操作步骤是为方法使用者提供方便,在使用本方法时不做限定。方法使用者在使用替代试剂或操作步骤前,须对其进行考察,应满足本方法规定的各项性能指标。

本方法参比标准为 GB/T 22388—2008《原料乳与乳制品中三聚氰胺检测方法》。

任务五　牛乳中黄曲霉毒素 M1 的检测

案例导入

案例:2011 年,国家质检总局公布了对 200 种液体乳产品质量的抽查结果。抽查发现 2 家牛奶产品中黄曲霉毒素 M1 项目不合格,土因来源于牛的饲料,该批次全部产品进行了封存和销毁,企业向全国消费者郑重致歉。

那么什么是黄曲霉毒素 M1?黄曲霉毒素 M1 有什么危害?如何采用快速检测方法检测黄曲霉毒素 M1?

黄曲霉毒素 M1(Aflatoxin M1,缩写 AFM1),其基本结构为一个二呋喃环的氧杂萘邻酮。分子式为 $C_{17}H_{12}O_7$,MW:328,熔点:299℃,形状为长方形片状,无色结晶。属于黄曲霉毒素(Aflatoxins)一类结构相似的化合物中的一种,该类毒素是由常见的黄曲霉菌(*Asperillus Flavus*)和寄生曲霉菌(*Asperillus Parasiticus*)产生的代谢产物,其中黄曲霉毒素 B1 是最主要的一种毒素,哺乳类动物摄入被 AFB1 污染的饲料或食品后,在体内的肝微粒体单氧化酶系催化下,通过细胞色素 P-448 调节作用,AFB1 末端呋喃环 C-10 被羟化而生成 AFM1,AFM1 毒性主要表现在致癌性和致突变性,生理学致癌机制的研究表明:AFM1 的远端呋喃环环氧结构与体内 DNA 嘌呤残基共价结合,从而造成 DNA 的某些损伤,引起 DNA 结构和功能的改变,产生癌变,与 AFB1 的致癌性基本相似,但毒性低于 AFB1,然而与氰化钾和砒霜相比,仍属特别剧毒物质,为强致癌剂。

因此针对食品特别是乳制品,制定严格的 AFM1 限量标准就尤为重要,一方面能最大限度地控制人体对 AFM1 的摄入量,减轻对人体的危害;另一方面也能加强乳及乳制品生产企业品质管理,保证向消费者提供营养安全的食品。

1. 范围

本标准规定了牛乳中黄曲霉毒素 M1 的双流向酶联免疫快速定性检测方法。本标准适用于生牛乳、巴氏杀菌乳、UHT 灭菌乳和乳粉中黄曲霉毒素 M1 的测定。本标准的方法检出限为 0.5 μg/kg。

2. 原理

本方法采用竞争抑制免疫层析原理。样品中的黄曲霉毒素 M1 与胶体金标记的特异性抗体结合,抑制抗体和试纸条或检测卡中检测线(T 线)上抗原的结合,从而导致检测线颜色深浅的变化。通过检测线与质控线(C 线)颜色深浅比较,对样品中黄曲霉毒素 M1 进行定性判定。

3. 试剂及材料

①甲醇。

②黄曲霉毒素 M1 参考物质的中文名称、英文名称、CAS 登录号、分子式、分子量见表 6-3,纯度≥90%。

表 6-3　黄曲霉素 M_1 参考物质中文名称、英文名称、CAS 登录号、分子式、分子量

中文名称	英文名称	CAS 登录号	分子式	分子量
黄曲霉素 M_1	Aflatoxin M_1	6795-23-9	$C_{17}H_{12}O_7$	328.27

③黄曲霉毒素 M1 标准储备液(100 μg/mL):精密称取适量黄曲霉毒素 M1 标准品,在烧杯中溶解并转移至 10 mL 容量瓶中,其中利用甲醇溶解并稀释至刻度,摇匀,制成浓度为 100 μg/mL 的黄曲霉毒素 M1 标准储备液;或可直接购买黄曲霉毒素 M1 标准储备液。-20℃避光保存备用,有效期 3 个月。

④黄曲霉毒素 M1 标准中间液(100 ng/mL):精密量取黄曲霉毒素 M1 标准储备液(100 μg/mL) 0.1 mL,置 100 mL 容量瓶中,用甲醇稀释至刻度,摇匀,制成浓度为 100 ng/mL 的黄曲霉毒素 M1 标准中间液。临用新制。

⑤材料。

黄曲霉毒素 M1 胶体金免疫层析试剂盒,适用基质为液体乳、金标微孔(含胶体金标记的特异性抗体)、试纸条或检测卡。

4. 仪器及设备

移液器:100 μL、200 μL 和 500 μL;涡旋混合器;电子天平:感量为 0.01 g。

环境条件:温度 15~35℃,湿度<80%。

5. 分析步骤

(1)试样制备

取适量有代表性样品充分混匀。

（2）试样提取和净化

以液体乳为基质的样品可直接上样检测或根据产品说明书稀释后检测。

（3）测定步骤

①试纸条与金标微孔测定步骤。

吸取 100~200 μL 样品待测液于金标微孔中,抽吸 5~10 次使混合均匀,不要有气泡,室温温育 3~5 min(根据配套说明书进行避光操作),将检测试纸条样品端垂直向下插入金标微孔中,温育 5~10 min,从微孔中取出试纸条,进行结果判定。

②检测卡与金标微孔测定步骤。

吸取 100~200 μL 样品待测液于金标微孔中,抽吸 5~10 次使混合均匀,不要有气泡,室温温育 3~5 min(根据配套说明书进行避光操作),将金标微孔中全部溶液滴加到检测卡上的加样孔中,温育 5~10 min,进行结果判定。

6. 质控试验

每批样品应同时进行空白试验和加标质控试验。

①空白试验。

称取空白试样,与样品同法操作。

②加标质控试验。

准确称取空白试样 100 g(精确至 0.01 g)置于 100 mL 玻璃溶液瓶中,加入 500 μL 黄曲霉毒素 M1 标准中间液(100 ng/mL),使试样黄曲霉毒素 M1 含量浓度为 0.5 μg/kg,然后与样品同法操作。

7. 结果判定

通过对比质控线(C 线)和检测线(T 线)的颜色深浅进行结果判定。目视结果判读如图 6-5。

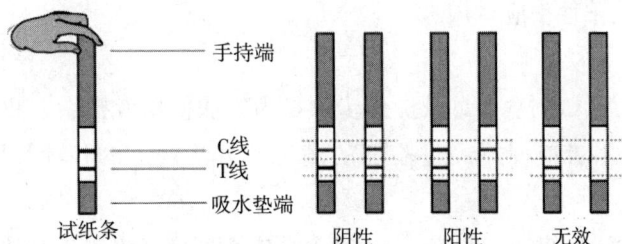

图 6-5　目视判定示意图

（1）无效

质控线(C 线)不显色,表明不正确操作或试纸条检测卡无效。

（2）阳性结果

①消线法。

检测线(T 线)不显色,质控线(C 线)显色,表明样品中黄曲霉毒素 M1 含量高于方法检测限,判定为阳性。

②比色法。

检测线(T线)颜色比质控线(C线)颜色浅或几乎不显色,表明样品中黄曲霉毒素 M1 含量高于方法检测限,判定为阳性。

(3)阴性结果

①消线法。

检测线(T线)、质控线(C线)均显色,表明样品中黄曲霉毒素 M1 含量低于方法检测限,判定为阴性。

②比色法。

检测线(T线)颜色比质控线(C线)颜色深或者检测线(T线)颜色与质控线(C线)颜色相当,表明样品中黄曲霉毒素 M1 含量低于方法检测限,判定为阴性。

(4)质控试验要求

空白试验测定结果应为阴性,加标质控试验测定结果应为阳性。

8.结论

黄曲霉毒素 M1 与其他几种黄曲霉毒素(黄曲霉毒素 B1、黄曲霉毒素 M2、黄曲霉毒素 G1、黄曲霉毒素 G2)有交叉,当检测结果为阳性时,应对黄曲霉毒素 M1 结果进行确证。

9.性能指标

①检测限: 0.5 μg/kg;

②灵敏度:灵敏度应≥99%;

③特异性:特异性应≥90%;

④假阴性率:假阴性率应≤1%;

⑤假阳性率:假阳性率应≤10%。

10.其他

本方法所述试剂、试剂盒信息及操作步骤是为方法使用者提供方便,在使用本方法时不做限定。方法使用者应使用经过验证的满足本方法规定的各项性能指标的试剂、试剂盒。

本方法参比标准为 GB 5009.24—2016《食品安全国家标准 食品中黄曲霉毒素 M 族的测定》。

本方法使用试剂盒可能与黄曲霉毒素 B1、黄曲霉毒素 M2、黄曲霉毒素 G1 和黄曲霉毒素 G2 存在交叉反应,当结果判定为阳性时,应采用实验室仪器方法 GB 5009.24—2016《食品安全国家标准 食品中黄曲霉毒素 M 族的测定》对黄曲霉毒素 M1 结果进行确证。

任务六　乳品中蛋白质含量的快速检测

案例导入

案例:2020 年 9 月 5 日,新疆维吾尔自治区市场监督管理局发布食品安全监督抽检信息通告(2020 年第 25 期)2020 年 第 71 号。其中,新疆天山情乳业科技股份有限公司生产的天山情新疆纯牛奶,蛋白质和非脂乳固体均不符合食品安全国家标准规定,检测结果分别为 2.7 g/100g、7.6 g/100g,标准值为 ≥2.9 g/100g、≥8.1 g/100g。

那么蛋白质有何作用? 如何采用快速检测方法检测蛋白质呢?

蛋白质是构成机体组织、器官的重要组成部分,人体各组织无一不含蛋白质,在人体的瘦组织中(非脂肪组织),如肌肉组织和心、肝、肾等器官均含有大量蛋白质,骨骼、牙齿、乃至指、趾也含有大量蛋白质;细胞中,除水分外,蛋白质约占细胞内物质的 80%,因此构成机体组织、器官的成分是蛋白质最重要的生理功能。身体的生长发育可视为蛋白质的不断积累过程。蛋白质对生长发育期的儿童尤为重要。

乳制品指的是使用牛乳或羊乳及其加工制品为主要原料,加入或不加入适量的维生素、矿物质和其他辅料,使用法律法规及标准规定所要求的条件,经加工制成的各种食品,也叫奶油制品。因其含有丰富的蛋白质,且为优质蛋白质,深受人们的喜爱。目前国家标准对乳制品中蛋白质含量有严格的规定和要求,但在监督执法过程中,缺乏快速便捷的检测手段,因此急需研发能够快速检测食品中蛋白质的方法进行鉴别真伪及含量测定。

一、Folin-酚快速检测法

1. 范围

适用于乳粉、牛乳、豆乳等乳制品中蛋白质含量的快速检测。

2. 原理

Folin-试剂是由两部分组成,甲试剂相当于双缩脲试剂,在碱性条件下,蛋白质中的肽键与铜离子结合生成络合物。试剂乙是磷钨酸和磷钼酸的混合液,在碱性条件下极不稳定,易被蛋白质和试剂甲生成的络合物还原,生成钼蓝和钨蓝混合物而呈蓝色反应。根据此试剂与蛋白质的反应以及一定条件下,蓝色深度与蛋白的量成正比,可用比色法,使用分光光度计,通过对呈现蓝色的混合物进行浓度测定,再依据比例计算出蛋白质含量。

3. 分析步骤

①取奶粉 2 g(液体乳取 4 mL)放置于比色管或取样瓶中。加纯净水或蒸馏水至 100 mL,充分混匀;然后从中取 1 mL 溶解乳液至另一比色管或取样瓶中,加纯净水或蒸馏

水至 40 mL,充分混匀制备成样品待测液。

②取一支蛋白质检测管,加入 0.5 mL 样品待测液,盖上盖子摇匀,反应 2 min,观察颜色变化。

③每批检测必须按上述步骤做一个空白对照。

4. 结果判定

将样品的蛋白质检测管与标准比色卡进行比对,半定量判定样品中蛋白质的含量。方法检测下限为 0.5 g/100g.

5. 注意事项

①检测时各样品的提取时间、反应时间及操作方法应尽可能保持平行一致。检测时若产生沉淀,提示蛋白质含量可能较高,应稀释后再测定。

②若样品有结块或难以溶解的现象,需对样品液加热或直接以热水稀释样品,以使样品充分溶解。

③检测试剂具有腐蚀性,使用时需小心操作以防止检测液渗漏;若万一不小心沾到检测液,可用清水冲洗干净;用过的检测管应妥善处理,不可乱丢或让儿童接触到。

二、考马斯亮蓝速测管法

1. 范围

本方法适用于乳粉、牛乳、豆乳等乳制品中蛋白质含量的快速检测。

2. 原理

考马斯亮蓝试剂在游离状态下呈红色,当它与蛋白质结合后变为青色,其颜色深浅与蛋白质含量成正比。检测范围:液体样品为 0.5~20 g/100g,固体样品为 1~40 g/100g。

3. 分析步骤

取乳粉 2 g(液体乳取 4 mL)于容器中,加纯净水或蒸馏水至 100 mL,充分摇匀;从中取 1 mL 至另一容器中,加纯净水或蒸馏水至 40 mL,充分混匀成样品待测液。

4. 结果判定

取一支蛋白质检测管,加入 0.5 mL 样品待测液,盖上盖子摇匀,反应 2 min,观察颜色变化,根据标准比色卡进行半定量判定;每批检测需做一个纯净水或蒸馏水的空白对照。

5. 注意事项

①检测时各样品的提取时间、反应时间及操作方法应尽可能保持平行一致。检测时若产生沉淀,提示蛋白质含量可能较高,应稀释后再测定。

②若样品有结块或难以溶解的现象,需对样品液加热或直接以热水稀释样品,以使样品充分溶解。

③当样品中蛋白质含量低于产品包装标示含量或国家标准规定含量时,应送有资质的检测机构进一步确认。

6.试剂质量控制

定期与国标法检测进行比对,所得结果差异应在±20%以内。

目标检测

一、填空题

1.牛乳掺水的快速检测方法有＿＿＿＿＿＿、＿＿＿＿＿＿和＿＿＿＿＿＿。

2.正常、新鲜的牛乳,其酸度一般在＿＿＿＿＿＿(吉尔涅尔度)。

3.快检纸片法是以大肠菌群细菌生长发育时分解乳糖产酸,同时产生脱氢酶脱氢,氢与无色氯化三苯四氮唑(TTC)作用形成红色二末甲顾(TTF)使菌落(菌苔)＿＿＿＿＿＿的原理。

4.向牛乳中添加电解质可提高牛乳的＿＿＿＿＿＿,但不引起＿＿＿＿＿＿的严重变化,而掩盖掺水。

5.牛乳中掺食盐的检测,如仍为红色,说明＿＿＿＿＿＿掺入氯化钠。

二、选择题

1.下列不能鉴别牛乳是否掺水的方法是(　　　)。

A.密度法　　　　　B.冰点测定法　　　　C.硝酸盐法　　　　D.高锰酸钾法

2.下列叙述不正确的是(　　　)。

A.通过测定牛奶的酸度可反映牛奶的新鲜度

B.往盛清水的碗内,滴几滴牛乳,如果漂浮在水面上且分散开,说明是新鲜牛乳

C.加酒精不出现絮状沉淀的牛乳为新鲜牛乳

D.煮沸后若有凝块或絮片状物产生,表示牛乳已经变质

3.牛奶中掺芒硝也是为了提高掺水奶的(　　　)。

A.相对密度　　　　B.乳糖含量　　　　C.蛋白质含量　　　　D.脂肪含量

4.乳中掺米汤、淀粉类胶体溶液时,加热后可与碘生成稳定的(　　),根据此原理可对奶中加入的淀粉或米汤进行检测。

A.红色络合物　　　B.蓝色络合物　　　C.紫色络合物　　　D.白色络合物

5.快检纸片法检测大肠菌群,计数时应选择菌落数在(　　)个之间的纸片进行计数。

A.5～50　　　　　B.1～10　　　　　C.200～300　　　　　D.15～150

三、简答题

1.牛乳密度的快速检测及掺水量计算方法。

2.说明黄曲霉毒素试剂盒主要包括哪些组分并采用图示的方式说明双抗体夹心法测抗原的方法?

3.考马斯亮蓝法快速检测蛋白质含量(造假、非法添加物类)的原理及检测进程。

答案及解析

一、填空题

1. 密度法、冰点测定法、硝酸盐法

2. $16 \sim 18^{0} T$

3. 变红

4. 密度、乳酸度

5. 没有

二、选择题

1. D 2. B 3. A 4. B 5. D

三、简答题

1. 取温度为 10~25℃混匀的样品 200 mL,沿筒壁倒入量筒内,将乳稠计沉入样品中,让其自然浮动,静置 2~3 min,读取乳稠计读数。当温度在 20℃时,将乳稠计的读数÷1000+1 即得出牛乳密度,在非 20℃时,根据样品的温度和乳稠计读数查表换算成 20℃时的度数。换算出的度数÷1000+1 即得到牛乳实际密度。

2. 组分:已包被抗原或抗体的固相载体(免疫吸附剂);酶标记的抗原或抗体(结合物);酶的底物;阴性对照品和阳性对照品(定性测定中),参考标准品和控制血清(定量测定中);结合物及标本的稀释液;洗涤液;酶反应终止液。

过程:①将特异性抗体与固相载体联结,形成固相抗体。洗涤除去未结合的抗体及杂质。②加受检标本,保温反应。标本中的抗原与固相抗体结合,形成固相抗原抗体复合物。洗涤除去其他未结合物质。③加酶标抗体,保温反应。固相免疫复合物上的抗原与酶标抗体结合。彻底洗涤未结合的酶标抗体。此时固相载体上带有的酶量与标本中受检抗原的量相关。④加底物显色。固相上的酶催化底物成为有色产物。通过比色,测知标本中抗原的量。

3. 方法原理:考马斯亮蓝试剂在游离状态下呈红色,当它与蛋白质结合后变为青色,其颜色深度与蛋白质含量成正比。检测范围:液体样品为 0.5~20 g/100g,固体样品为 1~40 g/100g。

检测进程:①样品处理:取奶粉 2 g(液体奶取 4 mL)于容器中,加纯净水或蒸馏水至 100 mL,充分摇匀;从中取 1 mL 至另一容器中,加纯净水或蒸馏水至 40 mL,充分混匀成样品待测液。②测定与判断:取一支蛋白质检测管,加入 0.5 mL 样品待测液,盖上盖子摇匀,反应 2 min,观察颜色变化,根据标准比色板进行半定量判定;每批检测须做一个纯净水或蒸馏水空白对照以便判断。

项目七　蛋及蛋制品的快速检测技术

学习目标

知识要求

1. 掌握鸡蛋新鲜度的快速检测方法、蛋及蛋制品中氟苯尼考和氯霉素的快速检测方法。

2. 理解鸡蛋新鲜度的快速检测；蛋及蛋制品中氟苯尼考的快速检测；蛋及蛋制品中氯霉素的快速检测。

3. 了解常见蛋及蛋制品快速检测方法的应用范围和原理。

技能要求

1. 能理解鸡蛋新鲜度快速检测技术的检测原理，理解蛋及蛋制品中氟苯尼考和氯霉素的快速检测的原理。

2. 能按要求进行蛋新鲜度的快速检测。

3. 能准确记录检测数据与现象，分析、处理与判定检测结果。

蛋及蛋制品因其具有与人体组织相似的氨基酸组成，易于吸收、方便易得、质优价廉等特性而成为城乡居民餐桌上必不可少的日常食品，《中国居民膳食指南》推荐每周吃 280～350 g，每年我国蛋及蛋制品生产规模超过 2000 亿元，占世界总产量的 43%，居世界首位。因此，蛋及蛋制品是对保障和稳定居民生活具有极其重要意义的大宗农产品。作为近年来中国居民食品营养健康大数据中最受关注的与营养相关的食品类别，人们不但关注蛋及蛋制品的营养和健康功能，且关注其质量安全。在禽类的饲养环节会给蛋及蛋制品带来多种兽药残留的风险，部分饲养者为了避免禽病，违规加大兽药的用量或延长其使用时间，为减少产业经济损失、降低养殖成本不考虑休药期，对人体产生慢性毒性、蓄积毒性、耐药性等危害。下面罗列一些存在蛋及蛋制品中的主要安全问题和快速检测项目。

一、主要安全问题

①蛋品中掺杂不新鲜的劣质蛋。

②蛋品等动物源性食品中氟苯尼考超标。

③蛋品等动物源性食品中氯霉素超标。

二、快速检测项目

①蛋新鲜度的快速检测。

②蛋品等动物源性食品中氟苯尼考快速检测。

③蛋品等动物源性食品中氯霉素快速检测。

任务一　蛋新鲜度的快速检测

案例导入

案例:鸡蛋是日常生活蛋白质的主要补充来源。在煮鸡蛋之前,最重要的是要知道它们是否新鲜。鸡蛋腐烂会导致食物中毒,切勿尝试食用已变色或变味的鸡蛋,否则将会对我们的身体造成极大的损害。那么,该如何采取快速检测法来检测鸡蛋的新鲜度呢?

鸡蛋富含人体所需的优质蛋白质和丰富的氨基酸、矿物质、维生素和脂肪等营养成分,是一种营养价值很高的动物性食品。由于鸡蛋营养成分丰富,被称为人类理想的营养库。

一、感官检测法

1. 看

(1) 从完整蛋的外观上看

①鲜蛋的外表新鲜,有一层白霜,蛋壳清洁,表面无禽粪和污物,蛋壳完好无损、无裂纹。

②一般储存时间越长、水分蒸发越多蛋越轻,同样大小的蛋,质量较轻的是陈蛋。

③鲜蛋的系带位居蛋黄两侧明显可见,陈蛋系带不明显。

④气室大小反映蛋的新鲜程度,存放时间越长,蛋内水分蒸发越多,则气室越大,反之,蛋越鲜,气室越小。

(2) 从打开的蛋的结构来看

①鲜蛋的浓厚蛋白较多。破开鲜蛋放置平面上,凸起的浓厚蛋白很明显,稀白摊开的面积不大,陈蛋则相反。

②蛋黄放置平面上,新鲜蛋黄表面呈半球,且球形面很明显,陈蛋蛋黄则呈扁平形。

2. 摸

鲜蛋拿在手里发沉,有压手感觉;白蛋(分头照白蛋、二照白蛋)光滑,分量较轻;黑蛋、霉蛋外壳发涩。

3. 听

将三个蛋拿在手里相互轻碰,鲜蛋发出的声音实,似碰击砖头声;陈蛋声音似敲瓦碴子声。

4. 照

用日光或灯光进行照看。鲜蛋透亮,臭蛋发黑,散黄蛋如云彩,红贴皮蛋局部发红,黑贴皮蛋局部发黑,泻黄蛋模糊不清,头照白蛋空头有黑影,二照蛋(孵化 10 d 左右拣出的未受精的蛋)有血丝或血块,热伤蛋蛋黄膨胀,气室较大。

5. 浮

将蛋放入水中,浮起的是陈蛋,沉下去的是鲜蛋;尖头朝上的是陈蛋,尖头朝下的是鲜蛋。

二、密度测定法

1. 实验原理

利用蛋内水分蒸发、气室扩大、内容物质量减轻等的变化,在一定密度的盐水溶液中观察其沉浮情况来鉴别检测蛋的新鲜度。鲜蛋的相对密度为 1.08~1.09,陈旧蛋则变小。

2. 判定方法

①在密度为 1.073 g/mL 食盐液中下沉的蛋为新鲜蛋。

②在密度为 1.080 g/mL 食盐液中仍下沉的蛋为最新鲜的蛋。

③在密度为 1.080 g/mL、1.073 g/mL 的食盐液中悬浮,而在密度为 1.060 g/mL 食盐液中下沉的蛋为次鲜蛋。

④在 1.050 g/mL 食盐液中下沉的蛋为次蛋,上浮的蛋为腐败变质蛋。

3. 试剂

配制 4 种不同密度的食盐液,并用密度计测定。

①11% 食盐液,密度为 1.080 g/mL。

②10% 食盐液,密度为 1.073 g/mL。

③8% 食盐液,密度为 1.060 g/mL。

④7% 食盐液,密度为 1.050 g/mL。

4. 检测方法

先将蛋放入密度为 1.073 g/mL 的食盐液中,再将其移入其他 3 种密度的食盐液中,观察其沉浮情况。

任务二　蛋品等动物源性食品中氟苯尼考快速检测

案例导入

案例:2021 年 1 月 23 日,深圳市市场监督管理局网站发布的食品安全抽样检测情况通报显示,鹅蛋和鸡蛋都被检不合格,情况如下:深圳市南山区澄记餐饮店的鲜鹅蛋,氟苯尼考检测值为 1.68 μg/kg,标准值为不得检出,不符合国家食品安全规定。深圳市陈鹏鹏欢乐餐饮管理限公司的鲜鹅蛋,氟苯尼考检测值为 35.7 μg/kg,标准值为不得检出,不符合国家食品安全规定。深圳市宝安区福永街道新福龙幼儿园食堂的鸡蛋,氟苯尼考检测值为 240 μg/kg,标准值为不得检出,不符合国家食品安全规定。

那么什么是氟苯尼考? 氟苯尼考究竟有什么危害? 如何采用快速检测方法检测氟苯尼考呢?

氟苯尼考又称氟洛芬、氟甲砜霉素,是人工合成的甲砜霉素的单氟衍生物,呈白色或灰白色结晶性粉末,无臭,是在 20 世纪 80 年代后期成功研制的一种新的兽医专用氯霉素类的广谱抗菌药,主要用于敏感细菌所致的猪、鸡、鱼的细菌性疾病。氟苯尼考自研究成功以来,在日、美、欧等多个国家及地区得到广泛应用。中国农业部规定,氟苯尼考作为广谱抗菌药物,可用于猪、牛、羊、禽、鱼等禽畜,主要用于敏感细菌所致的猪、鸡、鱼的细菌性疾病,尤其对呼吸系统感染和肠道感染疗效明显,但家禽在产蛋期间禁止使用氟苯尼考。

鸡蛋、鸭蛋等是日常饮食中不可缺少的食物,蛋品质量也关乎舌尖上的安全。近年来,国家食药监总局发布了关于鸡蛋中违禁兽药氟苯尼考的风险解读,称长期食用氟苯尼考残留超标的蛋品对人体健康有一定风险。国家药品监督管理局提醒,氟苯尼考平均日允许摄入量为 0~3 g/kg 体重/天,以 60 kg 体重成人计算,每日从饮食中摄取 0~180 g 氟苯尼考没有健康危害。正常情况下消费者不必对鸡蛋中检出氟苯尼考过分担心,但长期食用氟苯尼考残留超标的蛋品,对人体健康有一定风险,氟苯尼考有免疫抑制作用,易造成细胞的基因链重组,机体抵抗力下降。还具有胚胎毒性,妊娠期及哺乳期家畜慎用。下面着重介绍蛋类等食品中氟苯尼考快速检测技术。

1. 范围

应用于鸡蛋等动物源性食品中的氟苯尼考残留检测。整个检测过程只需要 40 min,适用于现场监控和大量样本筛查。

本方法对鸡蛋中的氟苯尼考残留检出限为 0.1 μg/kg。

2. 原理

氟苯尼考快速检测卡应用了竞争抑制免疫层析的原理。样本液中的氟苯尼考在流动过程中与胶体金标记的特异性单克隆抗体相结合,抑制了抗体和 NC 膜检测线(T)上氟苯尼考—蛋白偶联物的结合。如果样本液中氟苯尼考含量大于检出限时,检测线(T)比质控线(C)显色浅或不显色,结果为阳性;反之,检测线(T)比质控线(C)显色深或一样深,结果为阴性。

3. 试剂与仪器

氟苯尼考快速检测卡、说明书、缓冲液、提取剂、离心管 (15 mL 和 5 mL)、电子秤、移液器、均质器、振荡器、离心机、氮吹仪。

4. 分析步骤

①称取(3±0.05)g 新鲜鸡蛋的蛋清至 15 mL 离心管中。

②加入一瓶提取剂(5 mL),上下颠倒 10 次左右,在室温下(20~25℃)4000 r/min 离心 5 min。

③取 4 mL 上层液至 5 mL 离心管中,在 50~60℃水浴中用氮气(或用空气吹干仪)吹干。

④加入 0.3 mL 缓冲液涡旋 1 min,待检。

⑤从包装袋中取出检测卡,平放。用移液器吸取下层液体 80 μL 至加样孔(或滴管滴加 3 滴),静置 5~8 min,根据示意图判读结果。

5. 结果判定

阴性:C 线显红色,T 线比 C 线显色深或一样深。

阳性:C 线显红色,T 线比 C 线显色浅或不显色。

无效:C 线完全没有出现,表示测试无效。

6. 注意事项

①本产品只限一次性使用,开封后应立即使用。检测结果超过 30 min 仅供参考。

②检测时应避免阳光直射或电风扇直吹。

③由于生物试验存在人为及不可预知的影响因素,本实验所得检测结果仅供参考。

④肉样及内脏中脂肪可导致假阳性结果,取样时应弃去肉眼可见的脂肪部分。

⑤组织样本未能及时检测时,可在 2~8℃冷藏 24 h,在-20℃冷冻 7 d。检测时需恢复至室温,忌反复冻融。

7. 其他说明

(1)安全性说明

提取剂为易燃试剂,使用时远离火源。若皮肤接触,应用肥皂和清水彻底冲洗,若眼睛接触,应提起眼睑,用清水或生理盐水冲洗,就医,若不慎食入,饮足量温水,催吐,或用 1:5000 高锰酸钾、5%硫代硫酸钠溶液洗胃,就医。

(2)贮存条件

本产品应于 4~30℃密封、干燥、避免阳光直射的条件下保存。

任务三　蛋品等动物源性食品中氯霉素快速检测

案例导入

案例:2020 年 9 月,河南省长垣市市场监督管理局组织开展了食品安全抽检,其中有 1 批鲜鸡蛋被检不合格,情况如下:长垣县汉德商贸有限公司的鲜鸡蛋,氯霉素检测值为 3.2 μg/kg,规定不得检出,不符合国家食品安全规定。河南省长垣市市场监督管理局表示,对抽检中发现的不合格产品,生产经营企业所在地市场监管部门已责令企业查清产品流向,召回、下架不合格产品,控制风险,立案调查,并分析原因进行整改,涉及的不合格产品已按要求开展核查处置工作。

那么什么是氯霉素?氯霉素究竟有什么危害?如何采用快速检测方法检测氯霉素呢?

氯霉素是一种抑菌性广谱抗生素,因其抗菌效果好曾长期在国内外应用于水产养殖业。但氯霉素有严重的副作用,人如果食用含有一定氯霉素残留的食品,会导致再生障碍性贫血和粒状白细胞缺乏等疾病。长期食用氯霉素残留超标的食品,可能抑制骨髓造血功能、引起再生障碍性贫血,此外还可引起肠道菌群失调,导致消化机能紊乱。

1. 范围

本规程规定了蛋品等动物源性食品中氯霉素的胶体金免疫层析快速检测方法。

本规程适用于蛋、花甲、虾、鱼、鸡肉、猪肉等动物源性食品中氯霉素的快速检测。

本方法检出限为 0.1 μg/kg。

2. 原理

氯霉素快速检测卡应用了竞争抑制免疫层析的原理,样本中的氯霉素与胶体金标记的特异性抗体结合,抑制了抗体和硝酸纤维素膜检测线(T 线)上氯霉素偶联物的结合,从而导致检测线颜色深浅的变化。通过检测线与质控线(C 线)颜色深浅比较,对样品中氯霉素进行定性判定。

3. 试剂及耗材

商业化氯霉素快检试剂盒、试剂 A(乙酸乙酯)、试剂 B(PBS 缓冲液)、滴管、离心管(10 mL)。

4. 仪器及设备

移液枪(1 mL,5 mL)、均质器、电子天平、离心机、空气吹干装置、涡旋仪。

5. 分析步骤

(1)试样制备

采集不少于 50 g 具有代表性的样品,取其肌肉组织,充分均质混匀。

(2)试样前处理

取 2 g 均质组织到 10 mL 离心管中,向其中加入 4 mL 试剂 A,涡旋振荡 3 min 后常温 4000 r/min 离心 3 min;取 3 mL 上清液加入到 10 mL 离心管中,在 60℃下空气吹干,吹干后加入 0.3 mL 试剂 B,涡旋 1 min,即为待测液。

(3)测定

取出检测卡,开封后平放于桌面,用滴管小心吸取待测液(尽量避开不溶的油状物),

滴加 3 滴于检测卡加样中,3~5 min 后,观察显色区,判定结果。

6. 结果判定

检测卡目视判定示意图如图 7-1 所示。

①无效:质控线(C 线)不显色,表明不正确操作或检测卡无效。

②阳性:检测线(T 线)不显色或检测线(T 线)颜色比质控线(C 线)颜色浅,表明样品中氯霉素含量高于方法检出限,判定为阳性。

③阴性:检测线(T 线)颜色比质控线(C 线)颜色深或者检测线(T 线)颜色与质控线(C 线)颜色相当,表明样品中氯霉素含量低于方法检出限,判定为阴性。

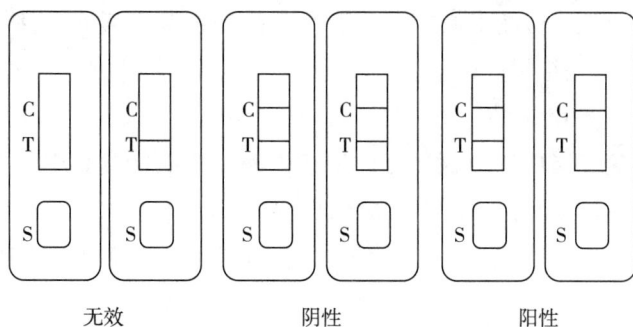

图 7-1　检测卡目视判定示意图

7. 限量要求

根据《中华人民共和国农业部公告第 235 号》要求,氯霉素在动物源性食品中不得检出。

8. 注意事项

有机试剂具有刺激性气味,注意检测场地选择。

本检测结果仅供参考,阳性样确证方法为 GB/T 22338—2008《动物源性食品中氯霉素类药物残留量测定》或其最新版本。

目标检测

一、单选题

1. 鸡蛋的气室大小反映蛋的新鲜程度,气室越大,说明鸡蛋越(　　)。

A. 不新鲜　　　　B. 新鲜

2. (　　)的浓厚蛋白较多,破开后放置平面上,凸起的浓厚蛋白很明显,稀白摊开的面积不大。

A. 不新鲜蛋　　　B. 新鲜蛋

3. 鲜蛋的相对密度为(　　),陈旧蛋则变小。

A. 1.050~1.060　　B. 1.060~1.070　　　　C. 1.070~1.073　　　D. 1.080~1.090

4. 鸡蛋在密度为 1.073 g/mL 食盐液中下沉,在密度为 1.080 g/mL 食盐液中上浮的蛋为(   )。

　　A. 最新鲜蛋　　　　B. 新鲜蛋　　　　　　C. 次鲜蛋　　　　　　D. 次蛋

5. 在密度为 1.080 g/mL、1.073 g/mL 的食盐液中悬浮,而在密度为 1.060 g/mL 食盐液中下沉的蛋为(   )。

　　A. 最新鲜蛋　　　　B. 新鲜蛋　　　　　　C. 次鲜蛋　　　　　　D. 次蛋

6. 在密度为 1.060 g/mL 食盐液中上浮,在 1.050 g/mL 食盐液中下沉的蛋为(   )。

　　A. 最新鲜蛋　　　　B. 新鲜蛋　　　　　　C. 次鲜蛋　　　　　　D. 次蛋

7. 采用氟苯尼考快速检测卡测定动物源性食品中氟苯尼考时,C 线显红色,T 线比 C 线显色深或一样深,表明结果呈(   )。

　　A. 阴性　　　　　　B. 阳性　　　　　　　C. 无效　　　　　　　D. 无法判断

8. 采用胶体金免疫层析快速检测方法快速检测动物源性食品中氯霉素时,检测线(T 线)不显色或检测线(T 线)颜色比质控线(C 线)颜色浅,判定为(   )。

　　A. 阴性　　　　　　B. 阳性　　　　　　　C. 无效　　　　　　　D. 无法判断

二、多选题

氟苯尼考又称(   ),是人工合成的甲砜霉素的单氟衍生物。

　　A. 氟洛芬　　　　　B. 氟甲砜霉素　　　　C.4-氯苯氧乙酸钠

答案及解析

一、单选题

1. A　2. B　3. D　4. B　5. C　6. D　7. A　8. B

二、多选题

AB

项目八　水产品的快速检测技术

学习目标

知识要求

1. 了解我国水产品安全的现状及其快速检测技术的标准。
2. 熟悉水产品快速检测项目及其实验原理。
3. 掌握水产品快速检测方法的操作与注意事项等。

技能要求

1. 能正确使用水产品快速检测的标准和方法。
2. 能熟练操作使用水产品快速检测项目的样品处理、测试、报告出具等。

中国是一个渔业大国，也是世界最大的水产品贸易国，水产品产量从 1989 年起已连续多年稳居世界首位。随着水产品生产量、消费量及出口量的不断增长，水产养殖业已逐渐成为农业农村经济发展的重要支柱和新的增长点，水产品质量安全与人民群众的健康和国民经济的发展越来越息息相关。然而，伴随人类开发活动的加剧和海洋渔业经济的快速发展，水产养殖海域环境不断恶化，赤潮灾害频发，海洋污染物和赤潮毒素通过食物链传递富集至海洋生物体内，海水养殖产品的质量安全风险隐患增大。同时，由于一些养殖者过于追求高密度、高产量而忽视品种优化和水体环境保护，导致水产养殖病害频发，渔民渔药使用量增多，药物滥用的问题日益突出，水产品食用安全受到严重威胁。此外，欧盟、日本、美国等主要贸易国家和地区屡屡利用严格的药残限量标准和检测检测制度设置贸易壁垒，使我国水产品出口面临严峻考验。在这种形势下，水产品质量安全问题已成为我国各级农业农村、科技、工业和信息化、商务、卫生健康委、市场监管等部门关注的热点。因此，学习水产品中常见危害物的快速检测技术具有重要意义，下面将逐一介绍常见的水产品快速检测技术。

一、主要安全问题

①水发产品中非法添加物甲醛的使用，延长产品保质期。

②水产品中非法添加物孔雀石绿、硝基呋喃的使用，起到杀菌、保持水产品鲜活的作用，严重危害人体健康。

二、水产品的快速检测技术

①水发产品中甲醛的快速检测。

②水产品中孔雀石绿、结晶紫的快速检测。

③水产品中硝基呋喃类代谢物快速检测方法。

任务一　水发产品中甲醛的快速检测

案例导入

案例:菏泽市食品药品监督管理局 2015 年 4 月对市场上的鱿鱼随机抽样检测。在抽检的 63 例鱿鱼样品中,有两例干鱿鱼快速检测呈阳性,实验室检测确认甲醛阳性,为不合格食品。

讨论:甲醛浸泡的水产品有什么危害? 如何辨别"甲醛水产品"?

甲醛为无色气体,有刺激性气味。易溶于水和乙醚,水溶液浓度最高可达 55%。2017年 10 月 27 日,世界卫生组织国际癌症研究机构公布的致癌物清单中,将甲醛放在一类致癌物列表中。甲醛的急性中毒表现为对皮肤、黏膜的刺激作用。吸入高浓度甲醛可导致呼吸道激惹症状,打喷嚏、咳嗽并伴鼻和喉咙的烧灼感;此外,还可诱发支气管哮喘、肺炎、肺水肿。经消化道一次性大量摄入甲醛可引起消化道及全身中毒性症状,口腔、咽喉和消化道的腐蚀性烧伤,腹痛,抽搐,死亡等。皮肤接触甲醛可引起过敏性皮炎、色斑、皮肤坏死等病变。经口摄入 10~20 mL 甲醛溶液可致死。

一、HMT 法(比色卡法)

1. 范围

本方法规定了水发产品及其浸泡液中甲醛的快速检测方法。本方法适用于银鱼、鱿鱼、牛肚、竹笋等水发产品及其浸泡液中甲醛的快速测定。

2. 原理

试样中的甲醛经提取后,在碱性条件下与 4-氨基-3-联氨-5-巯基-1,2,4-三氮杂茂(AHMT)发生缩合,再被高碘酸钾氧化成 6-巯基-S-三氮杂茂[4,3-b]-S-四氮杂苯的紫红色络合物,其颜色的深浅在一定范围内与甲醛含量呈正相关,通过色阶卡进行目视比色,对试样中甲醛进行定性判定。

3. 试剂及材料

除另有规定外,本方法所用试剂均为分析纯,水为 GB/T 6682—2016 规定的二级水。

(1)试剂和配制

氢氧化钾、盐酸、亚铁氰化钾、乙酸锌、冰乙酸、乙二胺四乙酸二钠、高碘酸钾、4-氨基-3-联氨-5-巯基-1,2,4-三氮杂茂(AHMT)、甲醛标准品溶液(100 μg/mL)。

氧化钾溶液(5 mol/L):称取 280.5 g 氢氧化钾,用水溶解并定容至 1000 mL,混匀。

氢氧化钾溶液(0.2 mol/L):称取 11.22 g 氢氧化钾,用水溶解并定容至 1000 mL,混匀。

盐酸溶液(0.5 mol/L):量取 41 mL 盐酸,用水稀释并定容至 1000 mL,混匀。

亚铁氰化钾溶液(106 g/L):称取 10.6 g 亚铁氰化钾,用水溶解并定容至 100 mL,混匀。

乙酸锌溶液(220 g/L):称取 22 g 乙酸锌,加入 3 mL 冰乙酸溶解,用水稀释并定容至 100 mL,混匀。

乙二胺四乙酸二钠溶液(100 g/L):称取 10 g 乙二胺四乙酸二钠,用 5 mol/L 氢氧化钾溶液溶解,并定容至 100 mL,混匀。

AHMT 溶液(5 g/L):称取 0.5 g 4-氨基-3-联氨-5-巯基-1,2,4-三氮杂茂(AHMT),用 0.5 mol/L 盐酸溶液溶解,并定容至 100 mL,混匀后置于棕色瓶中,有效期 6 个月。

高碘酸钾溶液(15 g/L):称取 1.5 g 高碘酸钾,用 0.2 mol/L 氢氧化钾溶液溶解,并定容至 100 mL,混匀。

(2)参考物质

甲醛参考物质的中文名称、英文名称、CAS 登录号、分子式、分子量见表 8-1。

表 8-1　甲醛参考物质的中文名称、英文名称、CAS 登录号、分子式、分子量

中文名称	英文名称	CAS 登录号	分子式	分子量
甲醛	Formaldehyde	50-00-0	HCHO	30.03

(3)标准溶液配制

甲醛标准工作液(10 μg/mL):精密量取甲醛标准品溶液(100 μg/mL)1 mL,置于 10 mL 容量瓶中,用水稀释至刻度,摇匀,制成浓度为 10 μg/mL 的甲醛标准工作液,临用新制。

(4)材料

甲醛快速检测试剂盒(AHMT 法—比色卡法):适用基质为水发产品及其浸泡液,需在阴凉、干燥、避光条件下保存。

滤纸:中速定性滤纸。

4. 主要仪器

移液器:200 μL、1 mL、5 mL,涡旋混合器,电子天平或手持式天平:感量为 0.01 g,离心机:转速≥4000 r/min。环境条件:温度 15~35℃,湿度≤80%。

5. 实验方法

(1)试样制备

取适量有代表性试样的可食部分或浸泡液,固体试样剪碎混匀,液体试样需充分混匀。

(2)试样的提取

准确称取试样 1 g(精确至 0.01 g)或吸取试样 1.0 mL,置于 15 mL 离心管中,加水定容至 10 mL,涡旋提取 1 min,静置 5 min,取上清液作为提取液(如上清液浑浊,加入 1 mL

亚铁氰化钾溶液和 1 mL 乙酸锌溶液,涡旋混匀,4000 r/min 离心 5 min 或滤纸过滤,取上清液或滤液作为提取液)。

(3)测定步骤

准确移取提取液 2 mL 于 5 mL 离心管中,加入 0.4 mL 乙二胺四乙酸二钠溶液和 0.4 mL AHMT 溶液,涡旋混匀后静置 10 min,再加入 0.1 mL 高碘酸钾溶液,涡旋混匀后静置 5 min,立即与标准色阶卡目视比色,10 min 内判读结果。进行平行试验,两次测定结果应一致,即显色结果无肉眼可辨识差异。

(4)质控试验

每批试样应同时进行空白试验和加标质控试验。用色阶卡和质控试验同时对检测结果进行控制。

①空白试验。

称取空白试样 1 g(精确至 0.01 g)或吸取空白试样 1.0 mL,按照实验方法与试样同法操作。

②加标质控试验。

准确称取空白试样 1 g(精确至 0.01 g)或吸取空白试样 1.0 mL,置于 15 mL 离心管中,加入 0.5 mL 甲醛标准工作液(10 μg/mL),使试样中甲醛含量为 5 mg/kg,按照实验方法与试样同法操作。

6. 结果判定要求

观察检测管中样液颜色,与标准色阶卡比较判读试样中甲醛的含量。颜色浅于检出限(5 mg/kg)则为阴性试样;颜色接近或深于 5 mg/kg 则为阳性试样。色阶卡见图 8-1。

图 8-1 甲醛标准色阶卡

质控试验要求:空白试验测定结果应为阴性,质控试验测定结果应与比色卡第二点(5 mg/kg 或 5 mg/L)颜色一致。

7. 结论

由于色阶卡目视判读存在一定误差,为尽量避免出现假阴性结果,读数时遵循就高不就低的原则。当测定结果为阳性时,应对结果进行确证。

8. 性能指标

①检测限:5 mg/kg 或 5 mg/L。

②灵敏度:灵敏度应≥95%。

③特异性:特异性应≥85%。

④假阴性率:假阴性率应≤5%。

⑤假阳性率:假阳性率应≤15%。

二、AHMT 法(分光光度法)

1. 范围

本方法规定了水发产品及其浸泡液中甲醛的快速检测方法。本方法适用于银鱼、鱿鱼、牛肚、竹笋等水发产品及其浸泡液中甲醛的快速测定。

2. 原理

试样中的甲醛经提取后,在碱性条件下与4-氨基-3-联氨-5-巯基-1,2,4-三氮杂茂(AHMT)发生缩合,再被高碘酸钾氧化成6-巯基-S-三氮杂茂[4,3-b]-S-四氮杂苯的紫红色络合物,其颜色的深浅在一定范围内与甲醛含量呈正相关,用分光光度计在550 nm 处测定吸光度值,与标准系列比较定量,得到试样中甲醛的含量。

3. 试剂及材料

(1)试剂

同 HMT 法(比色卡法)。

(2)参考物质

同 HMT 法(比色卡法)。

(3)标准溶液的配制

同 HMT 法(比色卡法)。

(4)材料

甲醛快速检测试剂盒(AHMT 法—分光光度法):适用基质为水发产品及其浸泡液,需在阴凉、干燥、避光条件下保存。

滤纸:中速定性滤纸。

4. 主要仪器

移液器:200 μL、1 mL、5 mL,涡旋混合器,电子天平或手持式天平:感量为 0.01 g,离心机:转速≥4000 r/min,分光光度计或相应商品化测定仪,环境条件:温度 15～35℃,湿度≤80%。

5. 实验方法

(1)试样制备

同 HMT 法(比色卡法)。

(2)试样的提取

同 HMT 法(比色卡法)。

（3）测定步骤

准确移取提取液 2 mL 置于 5 mL 离心管中，另准确吸取 10 μg/mL 的甲醛标准工作液 0 mL、0.1 mL、0.2 mL、0.4 mL、0.6 mL、0.8 mL、1.0 mL（相当于 0 μg、1 μg、2 μg、4 μg、6 μg、8 μg、10 μg 甲醛）分别置于 5 mL 带刻度的具塞刻度试管中，加水定容至 2 mL，涡旋混匀。于标准管和试样管中分别加入 0.4 mL 乙二胺四乙酸二钠溶液和 0.4 mL AHMT 溶液，涡旋混匀静置 10 min，再加入 0.1 mL 高碘酸钾溶液，静置 5 min 后用 1 cm 比色杯，以零管调节零点，于波长 550 nm 处测定吸光度，绘制标准曲线比较。同时做试剂空白。

（4）质控试验

每批试样应同时进行空白试验和加标质控试验。

①空白试验。

称取空白试样 1 g（精确至 0.01 g）或吸取空白试样 1.0 mL，按照实验方法与试样同法操作。

②加标质控试验。

准确称取空白试样 1 g（精确至 0.01 g）或吸取空白试样 1.0 mL，置于 15 mL 离心管中，加入 0.5 mL 甲醛标准工作液（10 μg/mL），使试样中甲醛含量为 5 mg/kg，按照实验方法与试样同法操作。

6. 分析结果的表述

（1）结果计算

试样中甲醛的含量按式（8-1）计算：

$$X = \frac{(\rho - \rho_0) \times 1000}{m \times \dfrac{V_1}{V} \times 1000} \tag{8-1}$$

式中：X——试样中甲醛的含量，单位为毫克每千克或毫克每升（mg/kg 或 mg/L）；

ρ——由标准曲线得到的试样提取液中甲醛的含量，单位为微克（μg）；

ρ_0——由标准曲线得到的空白提取液中甲醛的含量，单位为微克（μg）；

V——试样定容体积，单位为毫升（mL）；

V_1——测定用试样体积，单位为毫升（mL）；

m——试样的取样量，单位为克或毫升（g 或 mL）；

1000——单位换算系数。

计算结果保留两位有效数字。

（2）结果判定

当测定结果≥5 mg/kg 或 5 mg/L 时，判定为阳性，阳性结果的试样需要重复检测 2 次以上。

（3）质量控制要求

空白试验测定结果应为阴性，加标质控试验测定结果回收率≥60%。

7.结论

当测定结果为阳性时,应对结果进行确证。

8.性能指标

①检测限:5 mg/kg 或 5 mg/L。

②灵敏度:灵敏度应≥95%。

③特异性:特异性应≥85%。

④假阴性率:假阴性率应≤5%。

⑤假阳性率:假阳性率应≤15%。

三、乙酰丙酮法(分光光度法)

1.范围

本方法规定了水发产品及其浸泡液中甲醛的快速检测方法。本方法适用于银鱼、鱿鱼、牛肚、竹笋等水发产品及其浸泡液中甲醛的快速测定。

2.原理

试样中的甲醛经提取后,在沸水浴条件下与乙酰丙酮发生反应,生成黄色物质,其颜色的深浅在一定范围内与甲醛含量呈正相关,用分光光度计在 413 nm 处测定吸光度值,与标准系列比较定量,得到试样中甲醛的含量。

3.试剂及材料

除另有规定外,本方法所用试剂均为分析纯,水为 GB/T 6682—2016 规定的二级水。

(1)试剂

无水乙酸钠(CH_3COONa)、乙酰丙酮($C_5H_8O_2$)、乙酰丙酮溶液:称取 25.0 g 无水乙酸钠溶于适量水中,移入 100 mL 容量瓶中,加 0.40 mL 乙酰丙酮和 3.0 mL 冰乙酸,加水定容至刻度,混匀,移至棕色试剂瓶中,2~8℃保存,有效期 1 个月。

(2)参考物质

同 AHMT 法(分光光度法)。

(3)标准溶液配制

同 AHMT 法(分光光度法)。

(4)材料

甲醛快速检测试剂盒(乙酰丙酮法—分光光度法):适用基质为水发产品及其浸泡液,需在阴凉、干燥、避光条件下保存。

滤纸:中速定性滤纸。

4.仪器及设备

移液器:200 μL、1 mL、5 mL,涡旋混合器,电子天平或手持式天平:感量为 0.01 g,离心机:转速≥4000 r/min,水浴锅,分光光度计或相应商品化测定仪,环境条件:温度 15~35℃,湿度≤80%。

5. 实验方法

（1）试样制备

同 AHMT 法（分光光度法）。

（2）试样的提取

同 AHMT 法（分光光度法）。

（3）测定步骤

准确移取提取液 2 mL 置于 5 mL 离心管中，另准确吸取 10 μg/mL 的甲醛标准工作液 0 mL、0.1 mL、0.2 mL、0.4 mL、0.6 mL、0.8 mL、1.0 mL（相当于 0 μg、1 μg、2 μg、4 μg、6 μg、8 μg、10 μg 甲醛）分别置于 5 mL 带刻度的具塞试管中，加水定容至 2 mL，涡旋混匀。于标准管和试样管中分别加入 0.2 mL 乙酰丙酮溶液涡旋混匀后沸水浴 5 min，取出冷却至室温后用 1 cm 比色杯，以零管调节零点，于波长 413 nm 处测定吸光度，绘制标准曲线比较。同时做试剂空白。

（4）质控试验

每批试样应同时进行空白试验和加标质控试验。

①空白试验。

称取空白试样 1 g（精确至 0.01 g）或吸取空白试样 1.0 mL，按照实验方法与试样同法操作。

②加标质控试验。

准确称取空白试样 1 g（精确至 0.01 g）或吸取空白试样 1.0 mL，置于 15 mL 离心管中，加入 0.5 mL 甲醛标准工作液（10 μg/mL），使试样中甲醛含量为 5 mg/kg，按照实验方法与试样同法操作。

6. 分析结果的表述

（1）结果计算

同 AHMT 法（分光光度法）。

（2）结果判定

同 AHMT 法（分光光度法）。

（3）质量控制要求

同 AHMT 法（分光光度法）。

7. 结论

当测定结果为阳性时，应对结果进行确证。

8. 性能指标

①检测限：5 mg/kg 或 5 mg/L。

②灵敏度：灵敏度应≥95%。

③特异性：特异性应≥85%。

④假阴性率：假阴性率应≤5%。

⑤假阳性率:假阳性率应≤15%。

9. 其他

本方法所述试剂、试剂盒信息及操作步骤是为方法使用者提供方便,在使用本方法时不作限定。方法使用者在使用替代试剂、试剂盒或操作步骤前,须对其进行考察,应满足本方法规定的各项性能指标。

本方法参比标准为 SC/T 3025—2006《水产品中甲醛的测定》或其他现行有效的甲醛检测标准。

任务二　水产品中孔雀石绿、结晶紫的快速检测

案例导入

案例:东莞市市场监督管理局 2020 年 12 月对农产品抽查发现,东莞家乐福商业有限公司购进的草鱼和东莞市嘉荣超市有限公司石排利丰店购进的黄骨鱼,孔雀石绿不符合食品安全国家标准规定。

讨论:孔雀石绿有什么危害? 如何检测孔雀石绿?

孔雀石绿是有毒的三苯甲烷类化学物,既是染料,也是杀菌和杀寄生虫的化学制剂,可致癌。本品针对鱼体水霉病和鱼卵的水霉病有特效,现市面上还暂无针对水霉病能够短时间解决水霉病的特效药物,这也是这个产品在水产业禁止多年还禁而不止,水产业养殖户铤而走险继续违规使用孔雀石绿的根本原因。其他方面,它也可以用于治疗鳃霉病、小瓜虫病、车轮虫病、指环虫病、斜管虫病、三代虫病和其他一些细菌性疾病。我国农业部已将孔雀石绿列为水产上的禁药,非食用鱼的观赏鱼还可以使用。

研究发现,孔雀石绿进入水生动物体内后,会快速代谢成脂溶性的无色孔雀石绿。孔雀石绿具有潜在的致癌、致畸、致突变的作用,其在养殖业中的使用未得到美国食品药品监督管理局(FDA) 的认可;根据欧盟法案 2002 /675 /EC 的规定,动物源性食品中孔雀石绿和无色孔雀石绿残留总量限制为 2 μg/kg;日本的肯定列表也明确规定在进口水产品中不得检出孔雀石绿残留;我国在农业行业标准 NY 5071—2002《无公害食品　渔用药物使用准则》中也将孔雀石绿列为禁用药物。由于没有低廉有效的替代品,孔雀石绿在水产养殖中的使用屡禁不止。

1. 范围

本方法规定了水产品及其养殖用水中孔雀石绿和隐色孔雀石绿总量的胶体金免疫层析快速检测方法。本方法适用于鱼肉及养殖用水中孔雀石绿和隐色孔雀石绿总量的快速测定。

2. 原理

样品中孔雀石绿、隐色孔雀石绿经有机试剂提取,吸附剂净化,正己烷除脂后,加入氧

化剂将隐色孔雀石绿氧化成为孔雀石绿,经浓缩复溶后,孔雀石绿与胶体金标记的特异性抗体结合,抑制抗体和检测卡中检测线(T线)上抗原的结合,从而导致检测线颜色深浅的变化。通过检测线与质控线(C线)颜色深浅比较,对样品中孔雀石绿和隐色孔雀石绿总量进行定性判定。

3. 试剂及材料

除另有规定外,本方法所用试剂均为分析纯,水为GB/T 6682—2016规定的二级水。

(1)试剂

正己烷,乙腈,冰乙酸,盐酸,吐温-20,氯化钠,对甲苯磺酸,无水乙酸钠,盐酸羟胺,无水硫酸钠,中性氧化铝(层析用,100~200目),二氯二氰基苯醌,氯化钾,磷酸二氢钾,十二水合磷酸氢二钠。

饱和氯化钠溶液:称取氯化钠200 g,加水500 mL,超声使其充分溶解。

盐酸羟胺溶液(0.25 g/mL):称取2.5 g盐酸羟胺,用水溶解并稀释至10 mL,混匀。

乙酸盐缓冲液:称取4.95 g无水乙酸钠及0.95 g对甲苯磺酸溶解于950 mL水中,用冰乙酸调节溶液pH为4.5,用水稀释至1 L,混匀。

二氯二氰基苯醌溶液(0.001 mol/L):称取0.0227 g二氯二氰基苯醌置于100 mL棕色容量瓶中,用乙腈溶解并稀释至刻度,混匀。4℃避光保存。

复溶液:称取8.00 g氯化钠、0.20 g氯化钾、0.27 g磷酸二氢钾及2.87 g十二水合磷酸氢二钠溶解于900 mL水中,加入0.5 mL吐温-20,混匀,用盐酸调节pH为7.4,用水稀释至1 L,混匀。

(2)参考物质

孔雀石绿、隐色孔雀石绿参考物质的中文名称、英文名称、CAS登录号、分子式、分子量见表8-2,纯度均≥90%。

表8-2 孔雀石绿、隐色孔雀石绿参考物质的中文名称、英文名称、CAS登录号、分子式、分子量

序号	中文名称	英文名称	CAS登录号	分子式	分子量
1	孔雀石绿	Malachite Green	569-64-2	$C_{23}H_{25}ClN_2$	364.91
2	隐色孔雀石绿	Leucomalachite Green	129-73-7	$C_{23}H_{26}N_2$	330.47

(3)标准溶液配制

①孔雀石绿、隐色孔雀石绿标准储备液(1 mg/mL):精密称取适量孔雀石绿、隐色孔雀石绿参考物质,分别置于10 mL容量瓶中,用乙腈溶解并稀释至刻度,摇匀,分别制成浓度为1 mg/mL的孔雀石绿和隐色孔雀石绿标准储备液。-20℃避光保存,有效期1个月。

②孔雀石绿标准中间液A(1 μg/mL):精密量取孔雀石绿标准储备液(1 mg/mL)0.1 mL,置于100 mL容量瓶中,用乙腈稀释至刻度,摇匀,制成浓度为1 μg/mL的孔雀石绿标准中间液A。临用新制。

③孔雀石绿标准中间液B(100 ng/mL):精密量取孔雀石绿标准中间液A(1 μg/mL)

1 mL,置于 10 mL 容量瓶中,用乙腈稀释至刻度,摇匀,制成浓度为 100 ng/mL 的孔雀石绿标准中间液 B。临用新制。

④隐色孔雀石绿标准中间液 A(1 μg/mL):精密量取隐色孔雀石绿标准储备液(1 mg/mL) 0.1 mL,置于 100 mL 容量瓶中,用乙腈稀释至刻度,摇匀,制成浓度为 1 μg/mL 的隐色孔雀石绿标准中间液 A。临用新制。

⑤隐色孔雀石绿标准中间液 B(100 ng/mL):精密量取隐色孔雀石绿标准中间液 A (1 μg/mL)1 mL,置于 10 mL 容量瓶中,用乙腈稀释至刻度,摇匀,制成浓度为 100 ng/mL 的隐色孔雀石绿标准中间液 B。临用新制。

(4)材料

免疫胶体金试剂盒:适用基质为水产品或养殖用水,金标微孔,试纸条或检测卡。

4.仪器及设备

移液器:200 μL、1 mL 和 10 mL,涡旋混合器,电子天平或手持式天平:感量为 0.01 g,离心机:转速≥4000 r/min,氮吹浓缩仪。环境条件:温度 15~35℃,湿度≤80%。

5.实验方法

(1)试样制备

取适量有代表性样品的可食部分或养殖用水,固体样品充分粉碎混匀,液体样品需充分混匀。

(2)试样的提取与净化

①水产品。

准确称取试样 2 g(精确至 0.01 g)置于 15 mL 具塞离心管中,用红色油性笔标记,依次加入 1 mL 饱和氯化钠溶液,0.2 mL 盐酸羟胺溶液,2 mL 乙酸盐缓冲液及 6 mL 乙腈,涡旋提取 2 min。加入 1 g 无水硫酸钠,1 g 中性氧化铝,涡旋混合 1 min,以 4600 r/min 离心 5 min。准确移取 5 mL 上清液于 15 mL 离心管中,加入 1 mL 正己烷,充分混匀,以 4600 r/min 离心 1 min。准确移取 4 mL 下层液于 15 mL 离心管中,加入 100 μL 二氯二氰基苯醌溶液,涡旋混匀,反应 1 min,于 55℃水浴中氮气吹干。精密加入 200 μL 复溶液,涡旋混合 1 min,作为待测液,立即测定。

②养殖用水。

量取试样 2 mL 置于离心管中,以 4600 r/min 离心 5 min,移取 200 μL 上清液作为待测液。

(3)测定步骤

①试纸条与金标微孔测定步骤。

吸取全部样品待测液于金标微孔中,抽吸 5~10 次使混合均匀,室温温育 3~5 min,将试纸条吸水海绵端垂直向下插入金标微孔中,温育 5~8 min,从微孔中取出试纸条,进行结果判定。

②检测卡与金标微孔测定步骤。

吸取全部样品待测液于金标微孔中,抽吸 5~10 次使混合均匀,室温温育 3~5 min,将金标微孔中全部溶液滴加到检测卡上的加样孔中,温育 5~8 min,进行结果判定。

（4）质控试验

每批样品应同时进行空白试验和加标质控试验。

①空白试验。

称取空白试样,按照实验方法与样品同法操作。

②加标质控试验。

A:水产品

准确称取空白试样 2 g 或适量(精确至 0.01 g)置于 15 mL 具塞离心管中,加入 100 μL 或适量孔雀石绿标准中间液 B(100 ng/mL),使孔雀石绿浓度为 2 μg/kg,按照实验方法与样品同法操作。

准确称取空白试样 2 g 或适量(精确至 0.01 g)置于 15 mL 具塞离心管中,加入 100 μL 或适量隐色孔雀石绿标准中间液 B(100 ng/mL),使隐色孔雀石绿浓度为 2 μg/kg,按照实验方法与样品同法操作。

B:养殖用水

准确量取空白试样 2 mL(精确至 0.01 g)置于 15 mL 具塞离心管中,加入 100 μL 孔雀石绿标准中间液 B(100 ng/mL),使孔雀石绿浓度为 2 μg/L,按照实验方法与样品同法操作。

6.结果判定

通过对比质控线(C 线)和检测线(T 线)的颜色深浅进行结果判定。目视判定示意图见图 8-2。

（1）无效

质控线(C 线)不显色,表明不正确操作或试纸条/检测卡无效。

（2）阳性结果

检测线(T 线)不显色或检测线(T 线)颜色比质控线(C 线)颜色浅,表明样品中孔雀石绿和隐色孔雀石绿总量高于方法检测限,判定为阳性。

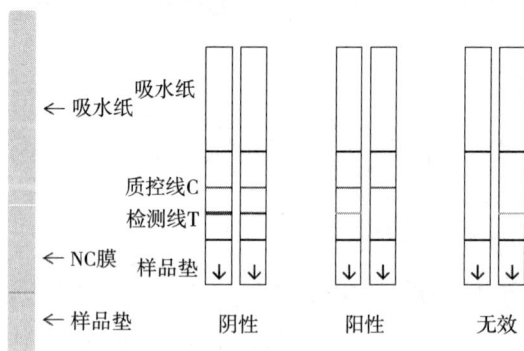

a.试纸条

图 8-2

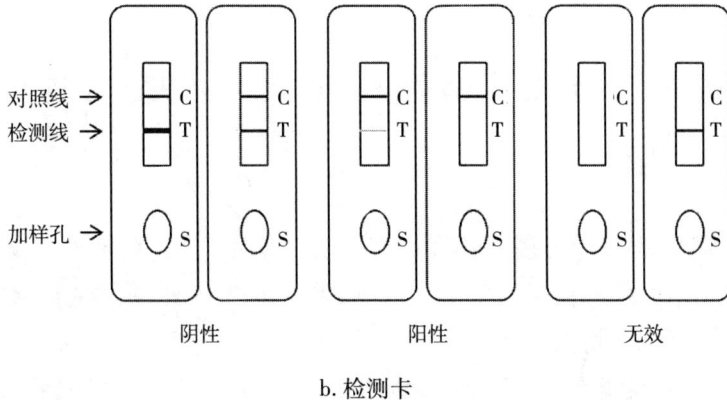

b. 检测卡

图 8-2　目视判定示意图

（3）阴性结果

检测线（T 线）颜色比质控线（C 线）颜色深或者检测线（T 线）颜色与质控线（C 线）颜色相当，表明样品中孔雀石绿和隐色孔雀石绿总量低于方法检测限，判定为阴性。

（4）质控试验要求

空白试验测定结果应为阴性，加标质控试验测定结果应均为阳性。

7. 结论

孔雀石绿和隐色孔雀石绿总量以孔雀石绿计，当检测结果为阳性时，应对结果进行确证。

8. 性能指标

①检测限：水产品 2 μg/kg，养殖用水 2 μg/L。

②灵敏度：灵敏度应≥99%。

③特异性：特异性应≥85%。

④假阴性率：假阴性率应≤1%。

⑤假阳性率：假阳性率应≤15%。

9. 其他

本方法所述试剂、试剂盒信息及操作步骤是为方法使用者提供方便，在使用本方法时不做限定。方法使用者在使用替代试剂、试剂盒或操作步骤前，须对其进行考察，应满足本方法规定的各项性能指标。

本方法参比标准为 GB/T 19857—2005《水产品中孔雀石绿和结晶紫残留量的测定》或 GB/T 20361—2006《水产品中孔雀石绿和结晶紫残留量的测定　高效液相色谱荧光检测法》（包括所有的修改单）。

本方法使用试剂盒可能与结晶紫和隐色结晶紫存在交叉反应，当结果判定为阳性时应对结果进行确证。

任务三　水产品中硝基呋喃类代谢物快速检测方法

案例导入

案例：国家市场监督管理总局2018年8月对江西省水产品抽查发现，多个水产店销售的龙虾、河虾、鲫鱼等水产品检出呋喃妥因、呋喃西林、呋喃它酮、呋喃唑酮代谢物等国家禁用的药物。

讨论：硝基呋喃类有什么危害？如何检测水产品中硝基呋喃类药物？

呋喃唑酮、呋喃它酮、呋喃妥因、呋喃西林属于硝基呋喃类广谱抗生素，广泛应用于畜禽及水产养殖业。硝基呋喃类原型药在生物体内代谢迅速，和蛋白质结合相当稳定，故常利用对其代谢物的检测来反映硝基呋喃类药物的残留状况。《动物性食品中兽药最高残留限量》（原农业部公告第235号）、《兽药地方标准废止目录》（原农业部公告第560号）中规定，硝基呋喃类药物及其代谢物为禁止使用的药物，在动物性食品中均不得检出。硝基呋喃类药物及其代谢物，可引起溶血性贫血、多发性神经炎、眼部损害和急性肝坏死等从而对人类健康造成危害，对人体有致癌、致畸胎副作用。

1. 范围

本方法规定了水产品中硝基呋喃类代谢物快速检测方法。

本方法适用鱼肉、虾肉、蟹肉等水产品中呋喃唑酮代谢物（AOZ）、呋喃它酮代谢物（AMOZ）、呋喃西林代谢物（SEM）、呋喃妥因代谢物（AHD）的快速测定。

2. 原理

样品中硝基呋喃类代谢物经衍生处理后，其衍生物与胶体金标记的特异性抗体结合，抑制抗体和检测卡/试纸条中检测线（T线）上硝基呋喃类代谢物-BSA偶联物的免疫反应，从而导致检测线颜色深浅的变化。通过检测线与质控线（C线）颜色深浅比较，对样品中硝基呋喃类代谢物进行定性判定。

3. 试剂及材料

除另有规定外，本方法所用试剂均为分析纯，水为GB/T 6682—2016规定的二级水。

（1）试剂

盐酸、三水合磷酸氢二钾、氢氧化钠、甲醇、乙醇、乙腈、邻硝基苯甲醛、三羟甲基氨基甲烷、乙酸乙酯、正己烷。

邻硝基苯甲醛溶液（10 mmol/L）：准确称取0.150 g邻硝基苯甲醛，用甲醇溶解并定容至100 mL。

磷酸氢二钾溶液（0.1 mol/L）：准确称取22.822 g三水合磷酸氢二钾，用水溶解并定容至1000 mL。

氢氧化钠溶液(1 mol/L):准确称取 39.996 g 氢氧化钠,用水溶解并稀释至 1000 mL。

盐酸溶液(1 mol/L):取 10 mL 盐酸加入到 110 mL 水中。

三羟甲基氨基甲烷溶液(10 mmol/L):准确称取 1.211 g 三羟甲基氨基甲烷,溶于 80 mL 水中,加入盐酸(约 42 mL)调 pH 至 8.0 后用水定容至 1 L。

(2)参考物质

硝基呋喃类代谢物参考物质的中文名称、英文名称、CAS 登录号、分子式、分子量见表 8-3,纯度≥99%。

表 8-3 硝基呋喃类代谢物参考物质的中文名称、英文名称、CAS 登录号、分子式、分子量

中文名称	英文名称	CAS 登录号	分子式	分子量
3-氨基-2-恶唑烷酮	3-anmino-2-oxazolidinone, AOZ	80-65-9	$C_3H_6N_2O_2$	102.09
5-甲基吗啉-3-氨基-2-唑烷基酮	5-morpholine-methyl-3-amino-2-oxazolidinone, AMOZ	43056-63-9	$C_8H_{15}N_3O_3$	201.22
1-氨基-2-乙内酰脲盐酸盐	1-Aminohydantoinhydrochloride, AHD	2827-56-7	$C_3H_5N_3O_2 \cdot HCl$	151.55
氨基脲盐酸盐	semicarbazidhydrochloride, SEM	563-41-7	$NH_2CONHNH_2 \cdot HCl$	111.53

(3)标准溶液的配制

标准储备液:分别准确称取适量参考物质(精确至 0.0001 g),用乙腈溶解,配制成 100 mg/L 的标准储备液。-20℃冷冻避光保存,有效期 12 个月。

混合中间标准溶液:准确移取标准储备液各 1 mL 于 100 mL 容量瓶中,用乙腈定容至刻度,配制成浓度为 1 mg/L 的混合中间标准溶液。4℃冷藏避光保存,有效期 3 个月。

混合标准工作溶液:准确移取 0.1 mL 混合中间标准溶液于 10 mL 容量瓶中,用乙腈定容至刻度,配制成浓度为 0.01 mg/L 的混合标准工作溶液。4℃冷藏避光保存,有效期 1 个月。

(4)材料

AOZ 试剂盒(含胶体金试纸条或检测卡及配套的试剂);AMOZ 试剂盒(含胶体金试纸条或检测卡及配套的试剂);SEM 试剂盒(含胶体金试纸条或检测卡及配套的试剂);AHD 试剂盒(含胶体金试纸条或检测卡及配套的试剂);固相萃取柱(强阴离子交换型):规格 1 mL,填装量为 60 mg。

4.仪器及设备

电子天平:感量分别为 0.1 g 和 0.0001 g,移液枪:10 μL、100 μL、1000 μL、5000 μL,涡旋混合器,均质器,水浴箱,电子天平或手持式天平:感量为 0.01 g,离心机,氮吹仪或空气吹干仪,胶体金读数仪(可选),固相萃取装置(可选)。环境条件:温度 15~35℃,湿度≤80%。

5.实验方法

(1)试样制备

按照方法要求,称取一定量具有代表性样品可食部分(注:甲壳类,试样制备时须去除

头部),用于后续实验。

(2)试样提取和净化

称取适量的匀浆样品(以试剂盒操作说明书要求来定,精确至 0.01 g)于 50 mL 离心管。

①方法一(液液萃取法)。

称取(2±0.05) g 均质组织样品于 50 mL 离心管中,依次加入 4 mL 去离子水、5 mL 1 mol/L 盐酸和 0.2 mL 10 mmol/L 邻硝基苯甲醛溶液,充分振荡 3 min;将上述离心管在 60℃水浴下孵育 60 min;依次加入 5 mL 0.1 mol/L 磷酸氢二钾溶液、0.4 mL 1 mol/L 氢氧化钠溶液,乙酸乙酯 6 mL,充分混合 3 min,在室温(20~25℃)下 4000 r/min 离心 5 min;移取离心后的上层液体 3 mL 于 5 mL 离心管中,60℃下氮气/空气吹干;向吹干的离心管中加入 2 mL 正己烷,振荡 1 min,然后加入 0.5 mL 10 mmol/L 三羟甲基氨基甲烷溶液,充分混匀 30 s,室温下 4000 r/min,离心 3 min(或静置至明显分层);下层溶液即为待测液。

②方法二(固相萃取法)。

称取(6±0.05) g 均质组织样品于 50 mL 离心管中,依次加入 4 mL 去离子水、5 mL 1 mol/L 盐酸和 0.2 mL 10 mmol/L 邻硝基苯甲醛溶液,充分振荡 3 min;将上述离心管在 60℃水浴下孵育 60 min;依次加入 5 mL 0.1 mol/L 磷酸氢二钾溶液、0.4 mL 1 mol/L 氢氧化钠溶液,乙酸乙酯 6 mL,充分混合 3 min,在室温(20~25℃)下 4000 r/min 离心 5 min;移取离心后的上层液体 3 mL 于 15 mL 离心管中,加入 10 mL 10%乙酸乙酯—乙醇溶液,上下颠倒混合 4~5 次,4000 r/min 离心 1 min(底部会有部分沉淀)。连接好固相萃取装置,并在固相萃取柱上方连接 30 mL 注射器针筒,将上述上清液全部倒入 30 mL 针筒中,用手缓慢推压注射器活塞,控制液体流速约 1 滴/秒,使注射器中的液体全部流过固相萃取柱,再重复推压注射器活塞两次,以尽可能将固相萃取柱中的溶液去除干净。将固相萃取柱下方的接液管更换为洁净的离心管,再向固相萃取柱中加 1 mL 10 mmol/L 三羟甲基氨基甲烷溶液。用手缓慢推压注射器活塞,控制液体流速约 1 滴/秒,使固相萃取柱中的液体全部流至离心管中,离心管中的液体即为待测液。

(3)测定步骤

①试纸条与金标微孔测定步骤。

吸取适量样品待测液于金标微孔中,抽吸 5~10 次混合均匀,室温(20~25℃)温育 5 min,将试纸条吸水海绵端垂直向下插入金标微孔中,温育 3~6 min,从微孔中取出试纸条,进行结果判定。

②检测卡测定步骤。

吸取适量样品待测液于检测卡的样品槽中,室温(20~25 ℃)温育 5~10 min,直接进行结果判定。

(4)质控试验

每批样品应同时进行空白试验和加标质控试验。

①空白试验。

称取空白试样,按照以上步骤与样品同法操作。

②加标质控试验。

准确称取空白样品适量(精确至 0.01 g)置于 50 mL 具塞离心管中,加入适量硝基呋喃类代谢物标准工作液,使其浓度为 0.5 μg/kg,按照以上步骤与样品同法操作。

6. 结果判定

结果的判断也可使用胶体金读数仪判读,读数仪的具体操作与判读原则请参照读数仪的使用说明书。采用目视法对结果进行判读,目视判定示意图如图 8-3 和图 8-4 所示。

(1)比色法

①无效。

质控线(C 线)不显色,表明不正确操作或试纸条/检测卡无效。

②阳性结果。

检测线(T 线)不显色或检测线(T 线)颜色比质控线(C 线)颜色浅,表明样品中硝基呋喃类代谢物高于方法检测限,判为阳性。

③阴性结果。

检测线(T 线)颜色比质控线(C 线)颜色深或者检测线(T 线)颜色与质控线(C 线)颜色相当,表明样品中硝基呋喃类代谢物低于方法检测限或无残留,判为阴性。

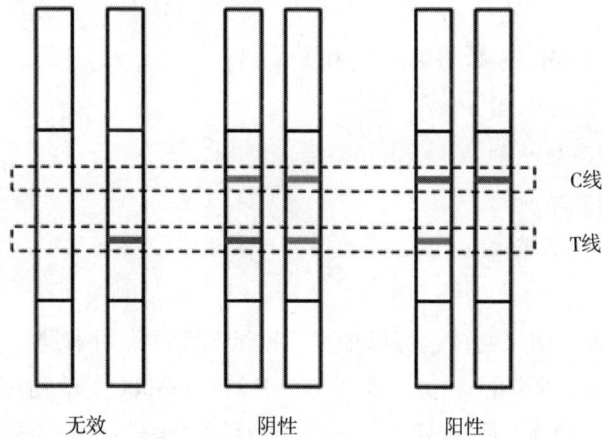

图 8-3　目视判定示意图(比色法)

(2)消线法

①无效。

质控线(C 线)不显色,表明不正确操作或试纸条/检测卡无效。

②阳性结果。

检测线(T 线)不显色,表明样品中硝基呋喃类代谢物高于方法检测限,判为阳性。

③阴性结果。

检测线(T线)与质控线(C线)均显色,表明样品中硝基呋喃类代谢物低于方法检测限或无残留,判为阴性。

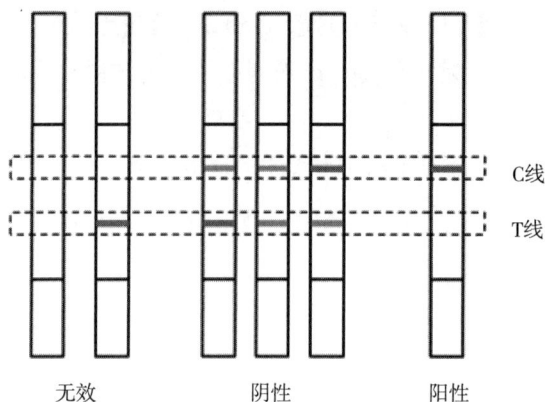

图8-4　目视判定示意图(消线法)

(3)质控试验要求

空白试验测定结果应为阴性,加标质控试验测定结果应为阳性。

7.结论

当检测结果为阳性时,应对结果进行确证。

8.性能指标

①检测限:AOZ、AMOZ、SEM、AHD 均为 0.5 μg/kg。

②灵敏度:灵敏度应≥95%

③特异性:特异性应≥95%。

④假阴性率:假阴性率应≤5%。

⑤假阳性率:假阳性率应≤5%。

9.其他

本方法的测定步骤和结果判读也可以根据厂家试剂盒的说明书进行,但应符合或优于本方法规定的性能指标。本标准参比方法为 GB/T 21311—2007《动物源性食品中硝基呋喃类药物代谢物残留量检测方法 高效液相色谱/串联质谱法》。

目标检测

一、填空题

1.目前针对水发水产品中甲醛的快速检测有_____、_____、_____等方法。

2.孔雀石绿具有潜在的_____、_____、_____作用。

3. 水产品中硝基呋喃类代谢物快速检测方法适用鱼肉、虾肉、蟹肉等水产品中＿＿＿＿＿＿

＿＿＿＿＿、＿＿＿＿＿＿、＿＿＿＿＿＿、＿＿＿＿＿＿的快速测定。

二、选择题

1. 由于( )可改变虾仁、鱼丸等水产品的色感并防腐作用极好,常常被非法添加在水产品中。

A. 甲醛   B. 甲醇   C. 孔雀石绿   D. 磺胺类药物

2. 农业部《无公害食品 水发水产品》中规定甲醛含量不得大于( )。

A. 5 mg/kg   B. 10 mg/kg   C. 15 mg/kg   D. 20 mg/kg

3. 实验过程中,需用红色标记笔进行标记,不能用黑色标记笔,因为黑色标记笔含有结晶紫,会对该实验造成污染的是( )。

A. 酸价   B. 孔雀石绿   C. 黄曲霉毒素 B_1 D. 三聚氰胺

4. 关于硝基呋喃类,下列叙述哪项是错误的 ( )。

A. 抗菌谱广   B. 耐药率低   C. 口服吸收好

D. 血浆药物浓度低   E. 主要药物有呋喃妥因、呋喃唑酮

三、问答题

1. 甲醛非法作用于水产品,使其保质期更长,口感更好的原因有哪些?

2. 硝基呋喃类有什么危害?

答案及解析

一、填空题

1. AHMT 法(比色卡法)、AHMT 法(分光光度法)、乙酰丙酮法(分光光度法)

2. 致癌、致畸、致突变

3. 呋唑酮代谢物(AOZ)、呋喃它酮代谢物(AMOZ)、呋喃西林代谢物(SEM)、呋喃妥因代谢物(AHD)

二、选择题

1. A   2. B   3. B   4. AC

三、简答题:

1. 由于甲醛具有凝固蛋白、使蛋白质变性的特点,浸泡过甲醛的水产品表面会显得比较光鲜;组织因蛋白质变性而呈均匀交错的类似橡胶结构,其口感也会得到很大的改善。

2. 呋喃类药物及其代谢物,可引起溶血性贫血、多发性神经炎、眼部损害和急性肝坏死等,从而对人类健康造成危害,对人体有致癌、致畸胎副作用。

项目九　调味品的快速检测技术

学习目标

知识要求

1. 掌握调味品中酱油氨基酸态氮、食醋游离矿酸、火锅底料中吗啡和可待因、辣椒粉中苏丹红、辣椒酱中罗丹明 B 的快速检测。

2. 熟悉调味品危害因素(功效成分)快速检测的操作步骤。

3. 了解调味品中危害因素(功效成分)快速检测方法的应用范围和原理。

技能要求

1. 能熟练进行调味品中常见危害因素的快速检测分析工作。

2. 能对调味品中常见危害因素的快速检测分析结果进行正确判断。

调味品的每一个品种,都含有区别于其他原料的特殊成分,这是调味品的共同特点,也是调味品原料具有调味作用的主要原因。调味品中的特殊成分,能除去烹调主料的腥臊异味,突出菜点的口味,改变菜点的外观形态,增加菜点的色泽,并以此促进人们食欲和消化。例如:味精、酱油、酱类等调味品都含氨基酸,能增加食物的鲜味;香菜、花椒、酱油、酱类等都有香气;葱、姜、蒜等含有特殊的辣素,能促进食欲和帮助消化;酒、醋、姜等可以去腥解腻,调味品还含有人体必需的营养物质。如酱油、盐含人体所需要的氯化钠等矿物质;食醋、味精等含有不同种类的多种蛋白质、氨基酸及糖类。此外,某些调味品还具有增强人体生理机能的功效。

但是,调味品中的食品安全问题也不能忽视,随着我国经济的飞速发展,食品的种类日益增多,人们在解决温饱问题的同时,更加关注食品的营养和安全卫生。食品中添加各种调味品来增加食品的色泽、口味和气味,但由于调味品在食品中所占比例较少,生产厂家对其安全性往往不太关注,由此造成的安全事件屡屡发生。例如"化学火锅底料""一滴香""牛肉膏"等事件让消费者对调味品的安全产生了质疑。

各种调味品都有对应的检测项目,例如酱油的安全检测指标主要包括氨基酸态氮、铅、总砷、黄曲霉毒素 B_1、苯甲酸、山梨酸等项目;食醋包括游离矿酸、总酸、总砷、铅、苯甲酸、山梨酸、糖精钠等项目;火锅底料的安全检测指标主要包括铅、总砷、酸价、过氧化值、菌落总数、致病菌、吗啡、可待因等项目。下面就常见几种调味品的危害因素(功效成分)的快速检测技术分项目阐述如下。

任务一　食醋中游离矿酸的快速检测

案例导入

案例:2000 年 9 月 20 日,江苏省新沂市疾病预防控制中心对从新沂市 3 家超市采来的 22 份调味品进行卫生学检测。结果有 6 份样品不合格,其中从某一超市采来的某集团公司生产的某著名品牌食用醋检出游离矿酸。为了慎重起见,该机构又对同一家超市的同一批号的同一商品再次采样并进行检测,检测时做了新的试纸条并做对照实验,结果该商品仍检出游离矿酸。

讨论:1. 食用醋中游离矿酸和醋酸有何区别? 2. 相关检测部门在检测过程中应注意哪些问题?

食醋是一种传统的酿造调味品,我国在公元前 1058 年《周礼》中便有酿造醋的记载。公元前 479 年,晋阳城(太原)已有一定规模数量的酿醋作坊。公元五世纪我国著名农业科学家贾思勰对醋的酿造做了相当清楚的叙述,我国传统酿醋技术在世界上独具一格。食醋作为我国传统的酿造调味品,深受人们的喜爱,当前我国已有较为完备的食醋酿造技术。

食醋是单独或混合使用各种含有淀粉、糖的物料、食用酒精,经微生物发酵酿制而成的液体酸性调味品。食醋中若含有游离矿酸(硫酸、盐酸、硝酸、磷酸等),食用后会造成消化不良、腹泻,长期食用会危害身体健康。

近年来人们对于食醋的需求量有所提升,然而食醋掺假问题却时有发生。例如,近些年一些不法商贩利用工业乙酸充当食用乙酸,使得食醋中的非食用性游离矿酸含量超标,对居民健康与生命安全带来极大的危害。食醋的掺假形式也是多种多样,针对不同类型的掺假形式,我国也研究出了相应的检测方法,基于食醋的特性进行检测,由此来避免酿造食醋掺假。GB 5009.233—2016 标准规定了食醋中游离矿酸(硫酸、硝酸、盐酸等)的检测方法。

1. 原理

游离矿酸(硫酸、硝酸、盐酸等)存在时,氢离子浓度增大,可改变指示剂颜色,游离矿酸与试纸发生显色反应,根据试纸的颜色变化判断食醋中是否含有游离矿酸。

2. 试剂

百里草酚蓝、甲基紫、氢氧化钠、乙醇。

①氢氧化钠溶液(4 g/L):取氢氧化钠 2 g 溶解于水中,加水至 500 mL。

②百里草酚蓝试纸:取 0.10 g 百里草酚蓝,溶于 50 mL 乙醇中,再加 6 mL 氢氧化钠溶液(4 g/L),加水至 100 mL。将此液浸透滤纸后晾干,贮存备用。

③甲基紫试纸:称取 0.10 g 甲基紫,溶于 100 mL 水中,将滤纸浸于此液中,取出晾干、

贮存备用。

3. 检测方法

（1）试样溶液的测定

用毛细管或玻璃棒沾少许试样，分别点在百里草酚蓝和甲基紫试纸上，观察其变化情况。

（2）结果判定

若百里草酚蓝试纸变为紫色斑点或紫色环（中心淡紫色），表示有游离矿酸存在。不同浓度的乙酸、冰乙酸在百里草酚蓝试纸上呈现橘黄色环、中心淡黄色或无色。若甲基紫试纸变为蓝绿色，表示有游离矿酸存在。

4. 分析结果

百里草酚蓝试纸和甲基紫试纸结果均判定为阳性时，该样品判定含有游离矿酸。若检测出阳性结果，应进行多次实验重复验证，必要时可将样品送实验室做进一步检测。

5. 注意事项

①工作环境：温度 15～35℃，相对湿度≤75%。

②该试纸极易受潮气、光和热的影响，取出的试纸应立即使用，否则不得取出。

③不要用手触摸试纸反应区，每条试纸限用一次。

任务二　酱油中氨基酸态氮的快速检测

案例导入

案例：2020年12月21日，新京报记者从国家市场监督管理总局官网获悉，总局在最近一期食品安全监督抽检中，抽取粮食加工品、食用农产品等18大类食品467批次样品，检出15批次样品不合格。其中，1批次韩国进口膳府酿造酱油检出氨基酸态氮不符合产品标签标示要求。值得注意的是，膳府同款产品11月也曾被总局通报。通告显示，原产于韩国，河北省邯郸市阳光超市有限公司天鸿店销售的、标称SEMPIO FOODS COMPANY 出口的、膳府（上海）商贸有限公司进口的膳府酿造酱油501（930 mL/瓶，2019/9/30），氨基酸态氮（以氮计）检出值为0.96 g/100mL，不符合产品包装标签明示值≥1.06 g/100mL。

讨论：1.酱油中以氨基酸态氮为指标如何分级？2.检测中用到的分光光度计在使用中应注意哪些问题？

酱油是一种日常所需的重要调味品，最早发明于我国，至今已有2000多年的历史。根据新出台的 GB 2717—2018《食品安全国家标准　酱油》，酱油仅指酿造酱油，该标准对氨基酸态氮作了要求。而一些不法商家研制出了一种"化学酱油"出售，只要将砂糖、精盐、味精、酵母抽取物、水解植物蛋白质、肌苷酸及鸟苷酸这七种调味料及化合物混一起,就可制作出化学酱油,然而配方中的水解植物蛋白质有可能释放致癌物,对人体十分有害。酱油掺假问题已经严重危害到了酱油行业的健康发展。为保证酱油质量可靠,减少饮食危害,鉴伪技术逐渐成为酱油质量与安全控制的重要技术手段。就酱油掺假检测技术进行研究和分析,以推进鉴伪工作的不断进步。

1. 酱油中氨基酸态氮

酱油是以大豆和(或)脱脂大豆、小麦和(或)小麦粉和(或)麦麸为主要原料,经微生物发酵制成的具有特殊色、香、味的液体调味品。酱油中的氨基酸态氮是氨基酸含量的特征指标,含量越高酱油的鲜味越强,质量越好,其限量标准及依据如表9-1所示。

表9-1 酱油中氨基酸态氮限量标准及依据

项 目	指 标								
氨基酸态氮 (以氮计)g/100mL≥	高盐稀态发酵酱油				低盐固态发酵酱油				配制酱油
	特级	一级	二级	三级	特级	一级	二级	三级	
	0.80	0.70	0.55	0.40	0.80	0.70	0.60	0.40	0.40
限量依据	GB 18186—2000								GB 2717—2018

2. 原理

在 pH 为 4.8 的乙酸钠—乙酸缓冲液中,氨基酸态氮与乙酰丙酮和甲醛反应生成黄色的 3,5-二乙酸- 2,6-二甲基-1,4 二氢化吡啶氨基酸衍生物。在波长 400 nm 处测定吸光度,与标准系列比较定量。

3. 试剂

乙酸、无水乙酸钠或乙酸钠、硫酸铵、甲醇、乙酰丙酮。

①乙酸溶液(1 mol/L):量取 5.8 mL 冰乙酸,加水稀释至 100 mL。

②乙酸钠溶液(1 mol/L):称取 41 g 无水乙酸钠或 68 g 乙酸钠,加水溶解后并稀释至 500 mL。

③乙酸钠—乙酸缓冲液:量取 60 mL 乙酸钠溶液(1 mol/L)与 40 mL 乙酸溶液(1 mol/L)混合,该溶液 pH 为 4.8。

④显色剂:15 mL 37%甲醇与 7.8 mL 乙酰丙酮混合,加水稀释至 100 mL,剧烈振摇混匀(室温下放置稳定 3 d)。

⑤氨氮标准储备溶液(1.0 mg/mL):精密称取 105℃ 干燥 2 h 的硫酸铵 0.4720 g 于小烧杯中,加水溶解后移至 100 mL 容量瓶中,并稀释至刻度,混匀,此溶液每毫升相当于 1.0 mg 氨氮(10℃下冰箱内贮存稳定 1 年以上)。

⑥氨氮标准使用溶液(0.1 g/L):用移液管精确量取 10 mL 氨氮标准储备液(1.0 mg/mL)于 100 mL 容量瓶内,加水稀释至刻度,混匀,此溶液每毫升相当于 100 μg 氨氮(10℃下冰

箱内贮存 1 个月）。

4. 仪器及材料

分光光度计、电热恒温水浴锅、10 mL 具塞玻璃比色管。

5. 检测方法

（1）试样前处理

吸取 1.0 mL 试样于 50 mL 容量瓶中，加水稀释至刻度，混匀。

（2）标准曲线的制作

精密吸取氨氮标准使用溶液 0 mL、0.05 mL、0.1 mL、0.2 mL、0.4 mL、0.6 mL、0.8 mL、1.0 mL（相当于 NH_3-N 0 μg、5.0 μg、10.0 μg、20.0 μg、40.0 μg、60.0 μg、80.0 μg、100.0 μg）分别于 10 mL 比色管中。向各比色管分别加入 4 mL 乙酸钠—乙酸缓冲溶液（pH4.8）及 4 mL 显色剂，用水稀释至刻度，混匀。置于 100℃ 水浴中加热 15 min，取出，水浴冷却至室温后，移入 1 cm 比色皿内，以零管为参比，于波长 400 nm 处测量吸光度，绘制标准曲线或计算线性回归方程。

（3）试样的测定

精密吸取 2 mL 试样稀释溶液于 10 mL 比色管中。加入 4 mL 乙酸钠—乙酸缓冲溶液（pH 4.8）及 4 mL 显色剂，用水稀释至刻度，混匀。置于 100℃ 水浴中加热 15 min，取出，水浴冷却至室温后，移入 1 cm 比色皿内，以零管为参比，于波长 400 nm 处测量吸光度。试样吸光度与标准曲线比较定量或代入线性回归方程，计算试样含量。

6. 注意事项

①工作环境：温度 15~35℃，湿度 ≤75%。

②本方法的检出限为 0.0070 mg/100g，定量限为 0.0210 mg/100g。

③在重复性条件下获得的两次独立测定结果的绝对差值不得超过算术平均值的 10%。

任务三　火锅底料中吗啡、可待因的快速检测

案例导入

案例：2018 年 12 月，《消费者报道》整理了国家及省级食品药品监督管理局近 5 年来关于火锅底料的质量抽检报告。结果显示国家及省级食药监共抽检出 23 批次不合格的火锅底料，不合格的主要原因是检出罂粟壳成分，如那可丁、罂粟碱、吗啡、可待因、蒂巴因等。从省份来看，四川成为不合格火锅底料的重灾区，占不合格比例的 43.5%。餐饮经营者在火锅中使用罂粟壳，主要用于招揽回头客。为了掩人耳目，这些不法商家一般不会将完整的罂粟壳加入到火锅，而是将罂粟壳或籽磨成粉末或制成水浸物混入到火锅底料等食物中，食客亦难以发觉。

> 讨论:1.火锅底料中吗啡、可待因的快速检测的方法有哪些? 2.在检测过程中应注意哪些问题?

为改善火锅口味,一些餐馆在自行配制调味料时添加吗啡、可待因、工业石蜡等物质,且存在超范围、超量使用食品添加剂的现象。吗啡、可待因是一类鸦片类药物,用于剧烈疼痛,也用于麻醉前给药,使用后会产生欣快感,常用成瘾。在火锅底料中添加吗啡、可待因等毒品属于非法行为。

1. 范围

本方法适用于经调味料、火锅底料、麻辣烫底料或其他食用汤料等勾兑、调配或添加形成的液体食品;经调味酱、调味油脂、火锅底料、麻辣烫底料、蘸料或其他调味料等勾兑、调配或添加形成的半固体食品;经香辛香料、复合调味料等勾兑、调配或添加形成的固体食品中吗啡、可待因的快速测定。

2. 原理

本方法采用竞争抑制免疫层析原理。样品中的吗啡、可待因经水提取后与胶体金标记的特异性抗体结合,抑制抗体和检测线(T线)上抗原的结合,导致检测线颜色深浅的变化。通过检测线与质控线(C线)颜色深浅比较,对样品中吗啡、可待因进行定性判定。

3. 检测卡

由试纸条及配套卡壳组装而成(见图9-1)。其中,试纸条由样品垫、金标垫、硝酸纤维素膜(NC膜)和吸水纸构成。将特异性的抗原或抗体以条带状固定在硝酸纤维素膜(NC膜)上,胶体金标记试剂(多克隆抗体或单克隆抗体)吸附在金标垫或金标微孔中,当加入待检样本后,样本溶解金标垫上或金标微孔中的胶体金标记试剂并与之相互反应,通过毛细作用向前移动,移动至固定抗原或抗体的区域时,待检物与金标试剂的结合物又与之发生特异性结合而被截留,聚焦在测试线(T线)上,可通过目测观察到显色结果。

4. 试剂

甲醇、乙醇、吗啡、可待因。

①吗啡、可待因标准储备液(1 mg/mL):分别精密称取适量吗啡、可待因参考物质,用甲醇溶解,并稀释成浓度为1 mg/mL的吗啡、可待因标准储备液。-20℃避光保存,有效期1年。

②吗啡、可待因标准中间液(10 μg/mL):精密移取吗啡、可待因标准储备液(1 mg/mL)1 mL分别置于100 mL容量瓶中,用甲醇定容至刻度,摇匀,制成浓度为10 μg/mL的吗啡、可待因标准中间液。-20℃避光保存,有效期3个月。

③吗啡、可待因标准工作液(1 μg/mL):精密移取吗啡、可待因标准中间液(10 μg/mL)1 mL分别置于10 mL容量瓶中,用水稀释至刻度,摇匀,制成浓度为1 μg/mL的吗啡、可待因标准工作液。4℃避光保存,有效期1个月。

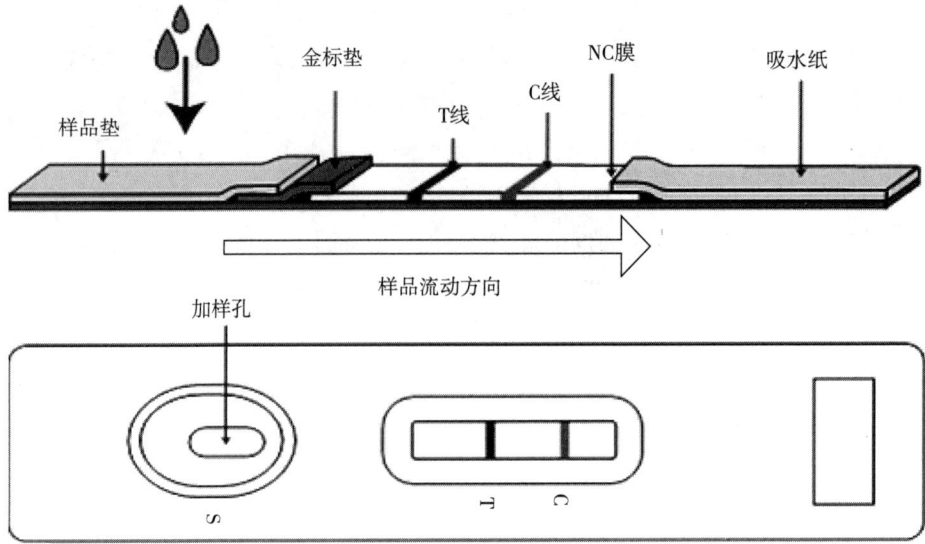

图 9-1　检测卡示意图

5.检测方法

（1）试样溶液的测定

液体样品:当试样较清澈时,可直接吸取一定量试样(尽量避免吸取油脂层)直接进行测定;如试样较黏稠,测定时层析展不开,可用 0.45 μm 微孔滤膜过滤后,再进行测定。

半固体食品:准确称取试样(1±0.1) g 于 15 mL 具塞离心管中,加 2~3 mL 水,大力振摇至均匀(必要时置约 70℃水浴加热),静置 5~10 min,吸取水层(尽量避免吸取油脂层或沉淀)测定。层析展不开时,用 0.45 μm 微孔滤膜过滤后测定。

固体食品:准确称取试样(1±0.1) g 于 15 mL 具塞离心管中,加 8~10 mL 水,大力振摇 1~2 min 至均匀,静置 5~10 min,吸取水层测定。层析展不开时,用 0.45 μm 微孔滤膜过滤后测定。

（2）试验步骤

将未开封的检测卡在室内放置不少于 30 min,将检测卡膜面朝上平放,用滴管吸取 3~4 滴(约 80 μL)待测液滴加到检测卡的加样孔中,在规定时间条件下,观测检测卡质控线（C 线）和检测线（T 线）。

6.结果判定

使用比色法,结果判定如图 9-2 所示。

（1）无效

质控线（C 线）不显色,无论检测线（T 线）是否显色,表示操作不正确或检测卡已失效。

（2）阴性结果

质控线（C 线）显色,检测线（T 线）颜色比质控线（C 线）颜色深或检测线（T 线）颜色与质控线（C 线）颜色相当,均表示样品中不含吗啡、可待因或含量低于方法检测限,判为阴性。

（3）阳性结果

质控线（C线）显色，检测线（T线）颜色比质控线（C线）颜色明显浅或检测线（T线）不显色，均表示样品中吗啡、可待因含量高于方法检测限，判为阳性。

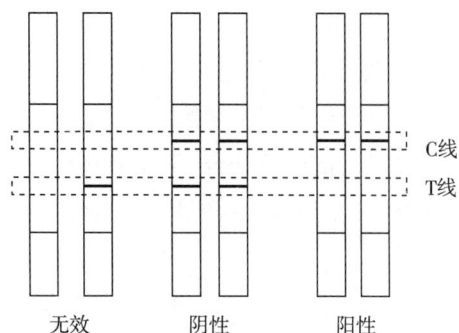

图9-2　目视判定示意图（比色法）

7. 注意事项

①工作环境：温度 15～30℃，操作时避免阳光直射。

②检测卡在 37℃ 下放置 60 d，或者 50℃ 下放置 25 d。

③不要用手触摸试纸反应区，每条试纸限用一次。

任务四　辣椒粉中苏丹红的快速检测

案例导入

案例：2011 年年初，李某安在家中使用非食用化工染料"腊红"、"碱性橙"等，对玉米皮、成色差的辣椒进行染色、晒干，再混合碾碎，生产出一批辣椒粉。李某安将这批辣椒粉装在袋子里，运到晋江。3 月 28 日，他将辣椒粉运往内坑镇白坑村东大街贩卖时，被晋江市工商行政管理局查获。工商部门缴获 30 袋辣椒粉，共计 1200千克。经鉴定，这批辣椒粉含有苏丹红 IV 等有毒、有害物质。据悉，国际癌症研究机构将苏丹红 IV 列为三类致癌物。案发后，公安机关还从李某安的住处扣押一只装有少量红色粉末（经鉴定，被检测出苏丹红 IV）的塑料桶、345 克疑似添加染料色素的辣椒粉（经鉴定，被检测出含有苏丹红 IV 等物质）一袋、255 克绿色疑似染料色素（经鉴定，被检测出罗丹明 B）一袋。

讨论：1. 苏丹红是什么物质？2. 在检测过程中是否会存在假阳性的问题？

正常辣椒粉应是红色或红黄色油润而均匀的粉末，是由红辣椒，黄辣椒，辣椒籽及部分辣椒杆碾细而成的混合物，具有辣椒固有的辣香味。然而一些不法商家为了使辣椒粉看起来更加鲜红诱人,添加苏丹红属于非法行为。

苏丹红是一种化学染色剂,并非食品添加剂。它的化学成分中含有一种叫萘的化合物,该物质具有偶氮结构,这种化学结构的性质决定了它具有致癌性,对人体的肝肾器官具有明显的毒性作用。由于其染色鲜艳,一些不法商贩在加工辣椒粉的过程中添加苏丹红,给消费者的身体健康带来危害。

1. 原理

本方法采用竞争抑制免疫层析原理。样品中的苏丹红 I 与胶体金标记的特异性抗体结合,抑制了抗体和检测线(T线)上抗原的结合,从而导致检测线颜色深浅的变化,通过检测线(T线)与质控线(C线)颜色深浅比较,对样品中苏丹红 I 进行定性判定。

2. 试剂

乙腈、无水硫酸镁、正己烷、二氯甲烷、氢氧化钠、无水乙醇、苏丹红。

①氢氧化钠溶液(2 mol/L):称取氢氧化钠 8 g,用水溶解并稀释至 100 mL。

②复溶液:将无水乙醇与水按照体积比 25:75 混匀。

③苏丹红对照品 I,CAS 登录号 842-07-9,分子式 $C_{16}H_{12}N_2O$。

④苏丹红 I 标准储备液(1 mg/mL):精密称取苏丹红 I 参考物质适量,置于 10 mL 容量瓶中,加入适量乙腈超声溶解后,用乙腈稀释至刻度,摇匀,制成浓度为 1 mg/mL 的苏丹红 I 标准储备液。-20℃避光保存,有效期 6 个月。

⑤苏丹红 I 标准中间液(1 μg/mL):精密量取苏丹红 I 标准储备液(1 mg/mL)100 μL,置于 100 mL 容量瓶中,用乙腈稀释至刻度,摇匀,制成浓度为 1 μg/mL 的苏丹红 I 标准中间液。

3. 仪器及材料

①固相萃取柱:CNW Poly-sery MIP-SDR 固相萃取柱(200 mg/3mL)。

②移液器:200 μL、1 mL 和 5 mL。

③涡旋混合器。

④离心机,转速≥4000 r/min。

⑤电子天平:感量为 0.01 g。

⑥氮吹仪。

⑦水浴锅。

4. 检测方法

(1)样品的测定

称取辣椒粉 3 g(精确至 0.01 g)于 50 mL 离心管中,加入 8 mL 乙腈提取,涡旋振荡 1 min 后,6000 r/min 离心 5 min。转移上清液于 10 mL 离心管中,吹干后加入 2 mL 氢氧化钠溶液,涡旋混匀 30 s 后置于 80℃水浴皂化 5 min。再加入 2 mL 正己烷,涡旋萃取 30 s 后,6000 r/min 离心 5 min,转移上清液于新的 10 mL 离心管中,加入无水硫酸镁 0.5 g,涡旋振荡 30 s 后,4000 r/min 离心 5 min,转移上清液于 10 mL 离心管中吹干。精密加入 400 μL

复溶液,涡旋混合 1 min,作为待测液,立即测定。

吸取 200 μL 待测液于金标微孔中,抽吸 5~10 次使混合均匀,室温温育 3~5 min,将金标微孔中全部溶液滴加到检测卡的加样孔中,温育 5~8 min,进行结果判定。

(2)结果判定

通过对比质控线(C 线)和检测线(T 线)的颜色深浅进行结果判定。目视判定示意图见图 9-3。

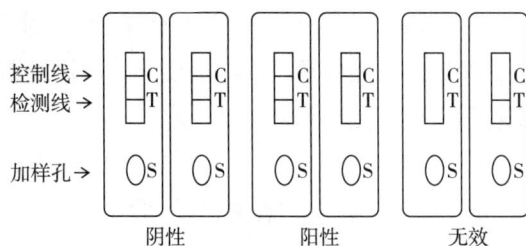

图 9-3 目视判定示意图

5.注意事项

环境条件:温度 15~35℃,湿度≤80%。

任务五 辣椒酱中罗丹明 B 的快速检测

案例导入

案例:2014 年 10 月到 11 月,南京市食品药品监督管理局开展了"罗丹明 B"非法添加专项检查行动。罗丹明是一种工业染色染料,会直接危害人体健康,具有潜在的致癌性和心脏毒性。专家建议,颜色鲜红呈油浸、亮澄澄状态以及很容易掉色的辣椒制品不要购买。从检查情况来看,染色的辣椒制品主要存在于批发市场和一些小的食品店,基本上都是散装的,市民购买时要特别小心。业内人士说,正常的辣椒面干燥、松散,粉末为油性,颜色自然,呈红色或红黄色,不霉变,不含杂质,无结块,无染手的红色特点。而经过染色的,颜色会非常鲜艳,红得不自然,但辛辣味却不强烈。正常辣椒面的红色是一种植物性的色素,存放久了,颜色会慢慢黯淡下来。但染过色的,即使曝晒仍会很鲜红。

讨论:1.为何要非法添加罗丹明 B,有哪些危害?2.食品添加剂的主要依据和来源?

在市场上一些不法商贩将非法添加剂加于调味品辣椒酱中,从中牟取利益。我国各地食品监督管理部门曾多次对非法添加剂进行专项检查。其中,辣椒酱中罗丹明 B 是重点监控项目。

罗丹明 B,别名玫瑰红 B,是一种具有鲜桃红色的人工合成染料,主要用于造纸、制漆、纺织、皮革和瓷器的工业染色。由于其具有潜在的致癌和致突变性,现已不允许用作食品添加剂及食品染色。一些不法商贩为降低成本,获取高额利润,将其用于食品和调味品染色,严重损害人民身体健康。

1. 原理

本方法采用竞争抑制免疫层析原理。样品中罗丹明 B 经有机试剂提取,固相萃取小柱净化,浓缩复溶后,罗丹明 B 与胶体金标记的特异性抗体结合,抑制了抗体和检测卡中检测线(T 线)上抗原的结合,从而导致检测线颜色深浅的变化。通过检测线与质控线(C 线)颜色深浅比较,对样品中罗丹明 B 进行定性判定。

2. 试剂

正己烷、丙酮、甲醇、磷酸氢二钠、磷酸二氢钠、罗丹明 B。

①提取试剂:将正己烷与丙酮按照体积比 80:20 混匀。

②复溶液:称取 35.61 g 磷酸氢二钠置于 1000 mL 容量瓶中,用水溶解并稀释至刻度,制成 0.2 mol/L 溶液 A;称取 31.21 g 磷酸二氢钠置于 1000 mL 容量瓶中,用水溶解并稀释至刻度,制成 0.2 mol/L 溶液 B。将溶液 A 与溶液 B 按照体积比 67:33 混匀,制成 pH 7.1 磷酸盐缓冲液。

③罗丹明 B 标准储备液(1 mg/mL):精密称取适量罗丹明 B 参考物质,置于 10 mL 容量瓶中,用甲醇溶解并稀释至刻度,摇匀,制成浓度为 1 mg/mL 的罗丹明 B 标准储备液。冷藏,有效期 6 个月。

④罗丹明 B 标准中间液 A(1 μg/mL):精密量取罗丹明 B 标准储备液(1 mg/mL)0.1 mL,置于 100 mL 容量瓶中,用甲醇稀释至刻度,摇匀,制成 1 μg/mL 的罗丹明 B 标准中间液 A。临用新制。

⑤罗丹明 B 标准中间液 B(100 ng/mL):精密量取罗丹明 B 中间液 A(1 μg/mL)1 mL,置于 10 mL 容量瓶中,用甲醇稀释至刻度,摇匀,制成 100 ng/mL 的罗丹明 B 标准中间液 B。临用新制。

3. 仪器及材料

①固相萃取柱:中性氧化铝柱,1000 mg/6 mL。

②移液器:200 μL、1 mL 和 5 mL。

③涡旋混合器。

④离心机:转速≥4000 r/min。

⑤电子天平:感量为 0.01 g

⑥振荡器。

4. 检测方法

(1)样品的测定

取具有代表性样品约 500 g,充分粉碎混匀,均分成两份,分别装入洁净容器作为试样和留样,密封,标记,于常温保存。

准确称取试样 2 g(精确至 0.01 g)置于 50 mL 具塞离心管中,依次加入 20 mL 提取剂,振荡提取 3 min,以 5000 r/min 离心 5 min。上清液待净化。吸取 5 mL 提取剂于固相萃取小柱中,流出液弃去。将上清液全部转移至固相萃取小柱中,流出液弃去。再加入 20 mL 提取剂淋洗固相萃取小柱,流出液弃去。用 5 mL 甲醇洗脱小柱,收集洗脱液吹干。精密加入 500 μL 复溶液,涡旋混合 1 min,作为待测液。

吸取全部样品待测液于金标微孔中,抽吸 5~10 次使混合均匀,室温温育 5 min;温育结束后,将金标微孔中溶液滴加到检测卡上的加样孔中,室温温育 5~8 min,进行结果判定。

(2)结果判定

通过对比质控线和检测线的颜色深浅进行结果判定。由于长时间放置会引起检测线颜色的变化,需在规定时间内进行结果判定。目视结果判读依据如图 9-4 所示。

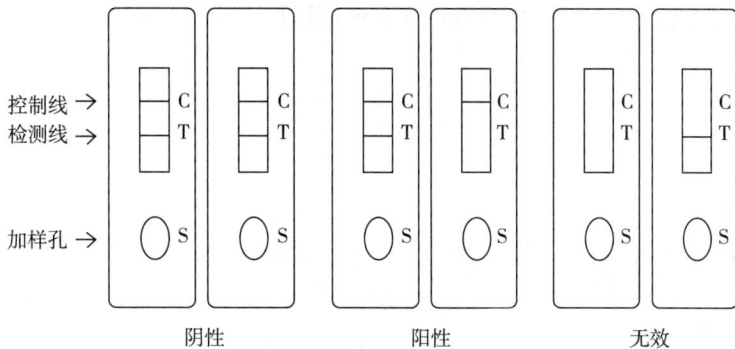

图 9-4　目视判定示意图

5. 注意事项

环境条件:温度:15~25℃,湿度≤60%。

目标检测

一、单选题

1. 食醋中游离矿酸的快速检测下限为( )%。

A. 0.20　　　　　　B. 0.30　　　　　　C. 0.40　　　　　　D. 0.50

2. 国家标准 GB 18186—2000 规定,高盐稀态发酵酱油(含固稀发酵酱油)的氨基酸态氮每 100 mL 酱油中的特级酱油的含量为( )。

A. 0.8　　　　　　B. 0.7　　　　　　C. 0.55　　　　　　D. 0.4

3. 吗啡、可待因的胶体金检测卡结果判读时,( )可以判定为阳性。

A. 质控线(C 线)不显色

B. 质控线(C 线)显色,检测线(T 线)比质控线(C 线)颜色深

C. 检测线(T 线)颜色比质控线(C 线)颜色相当

D. 质控线(C 线)显色,检测线(T 线)不显色或非常浅色。

二、填空题

1. 目前,食醋中游离矿酸的检测主要依照国家标准中的_____和_____测试方法。

2. 罗丹明 B 检测限为_____μg/kg。

3. 配置酱油(SB 10336—2000)每 100 mL 氨基酸含量应≥_____g。

4. 火锅底料中吗啡、可待因的快速检测方法为_____。

5. 辣椒粉中苏丹红的快速检测假阳性率应≤_____%。

三、简答题

1. 酱油中氨基酸态氮的快速检测的原理。

2. 测定火锅底料中吗啡、可待因的胶体金免疫层析法的原理。

答案及解析

一、单选题

1. D　2. A　3. D

二、填空题

1. 百里草酚蓝试纸法、甲基紫试纸法　2. 5　3. 0. 4　4. 胶体金免疫快速检测方法

5. 15

三、简答题

1. 答:在 pH 为 4.8 的乙酸钠—乙酸缓冲液中,氨基酸态氮与乙酰丙酮和甲醛反应生成黄色的 3,5-二乙酸- 2,6-二甲基-1,4 二氢化吡啶氨基酸衍生物。在波长 400 nm 处测定吸光度,与标准系列比较定量。

2. 答:本方法采用竞争抑制免疫层析原理。样品中的吗啡、可待因经水提取后与胶体金标记的特异性抗体结合,抑制抗体和检测线(T 线)上抗原的结合,导致检测线颜色深浅的变化。通过检测线与质控线(C 线)颜色深浅比较,对样品中吗啡、可待因进行定性判定。

项目十　保健食品的快速检测技术

学习目标

知识要求

1.掌握胶体金免疫层析法和激光拉曼光谱法在保健食品快速检测中应用的知识点,例如:检测原理、样品制备、检测分析步骤等。

2.熟悉保健食品快速检测方法的适用范围以及检测指标的限量规定。

3.了解我国保健食品的安全现状。

技能要求

1.能正确完成具有增强免疫力、缓解体力疲劳功能保健食品中西地那非类、具有降血压功能保健食品中硝苯地平、具有调节体内脂肪功能保健食品中西布曲明、具有降血糖功能保健食品中罗格列酮的快速检测的检测操作。

2.能正确记录检测数据,准确判定检测结果。

随着社会的进步和经济的发展,人们的膳食结构和食品消费观念发生了很大变化,食品的营养和保健作用越来越受到人们的重视,利用保健食品改善和调节人体功能也成为人们自我保健的趋势。在经济利益的驱动下,某些厂家为凸显保健食品的功能,虚假、夸大宣传保健食品功效或直接添加各种化学药品或化学物质,使其增加相应的效果,进而攫取更多的经济效益,给保健食品的监管增加了难度。传统的实验室检测已经不能满足保健食品市场发展的需求,保健食品快速检测技术的发展越来越受关注。为确保快速检测结果的准确性,加强快检操作人员专业培训,使其熟练掌握快检相关的法律法规、操作规范、质量控制等知识和技能也越来越重要。

保健食品快检技术的发展经历了三个阶段。第一阶段:从上世纪90年代发展起来,以基本的理化鉴别为雏形的快检技术,技术大多因样品而异,没有成型,相比于仪器测定方法简单快速,所需条件简单但操作略为复杂,非专业人员不易掌握;第二阶段:本世纪初期逐步成型的以薄层、理化和免疫学原理开发的保健食品快检技术或方法,技术成熟、操作更简便、时间更快速;第三阶段:十二五期间发展起来的以现代仪器手段为代表的多样化快检技术,这些技术是从食品快检转移到保健食品快检中,应用较为广泛,更加智能化,且准确率高,如DART直接进样质谱系统应用在保健食品非法添加检测中,基于酶生物传感器为电极的掌上型有机磷农药残留检测仪、便携式拉曼光谱快速检测仪等。

一、主要安全问题

①某些厂家为了追求高经济效益,降低成本,擅自更改产品配方,违法添加药物甚至化学成分。例如:增强免疫力、缓解体力疲劳类保健食品中违法添加的西地那非等。

②产品标签或说明书夸大宣传产品功能。某些保健食品企业为牟取暴利,在产品标签或说明书大肆夸大产品的功效,宣传自己的产品具有治疗作用,误导消费者。这些夸大宣传主要有以下形式:超过该产品所审批的功能范围夸大宣传;非法宣传其保健食品具有疗效或暗示有治愈、治疗疾病的作用。

③消费者对保健食品认识不够。消费者对保健食品的了解不够全面,甚至不知道保健食品是以调节机体功能为主,并不是治疗性的药物。不能识别保健食品标志,辨别保健食品与非处方药。

二、保健食品的快速检测技术

①声称具有增强免疫力、缓解体力疲劳功能保健食品中西地那非类的快速检测。

②声称具有降血压功能保健食品中硝苯地平的快速检测。

③声称具有调节体内脂肪功能保健食品中西布曲明的快速检测。

④声称具有降血糖功能保健食品中罗格列酮的快速检测。

任务一　保健食品中西地那非类的快速检测

案例导入

案例:2017 年 3 月 20 日,湖北省黄冈市团风县公安局食品药品犯罪侦查大队接到团风县食药监局移送的一起涉嫌销售有毒有害食品案件。据团风县食药监局办案人员介绍,2016 年 12 月 26 日,该局接到某药店负责人举报,称其从一名姓何的男子手中购进的一批"伟哥"质量存疑,请求核查。经抽样送检,该样品中含有化学物质"西地那非",属于有毒有害食品。

讨论:1. 西地那非是什么,为什么不能添加在食品中? 2. 我们怎样快速检测出保健食品中的西地那非?

增强免疫力类保健食品是指帮助机体维持正常免疫能力的产品。免疫系统行使对外防御和对内维稳的功能,通过识别"自己"和"异己",保护和耐受属于自己的器官、组织、细胞、分子等"同类"物质,抵御和排斥不属于自己的细菌、毒素和不正常的癌变细胞等"异类"物质。"免疫力"指机体免疫系统的防御、监视、排斥和耐受能力。"免疫力低下"指健康人群由于营养不良、过度疲劳、过量运动、生活不规律、精神压力等因素所致的免疫力降低。

缓解体力疲劳类保健食品是指缓解因体力负荷和运动引起的体力下降感觉的产品。"体力疲劳"与身体承受的体力负荷大小直接相关,也与身体运动素质、饮食、情绪等因素有关。产品适合体力劳动和运动引起的疲劳感。

为增强产品疗效,一些不法商家常在增强免疫力、缓解体力疲劳这两类保健食品中添加具有促进疗效的化学药物,其中西地那非的检测频率最高。

西地那非(Sildenafil)是一种白色结晶粉末,分子式为 $C_{22}H_{30}N_6O_4S$,密度为 1.39 g/cm³,又译昔多芬,是一种研发治疗心血管疾病药物时意外发明出的治疗男性勃起功能障碍药物,其商业名称"伟哥"。此类药物均属于处方药物,在没有医师指导的情况下,长期大量服用这种添加了化学药物成分的保健食品,有可能对身体造成极大损害。西地那非已禁止添加在保健食品中。

增强免疫力、缓解体力疲劳类保健食品中西地那非类的快速检测方法,主要有胶体金免疫层析法和激光拉曼光谱法。

一、胶体金免疫层析法

1. 范围

本方法规定了声称具有增强免疫力、缓解体力疲劳功能保健食品中西地那非和他达拉非的胶体金免疫层析快速筛查方法。

本方法适用于声称具有增强免疫力、缓解体力疲劳功能保健食品中西地那非和他达拉非成分的快速筛查。

检出限:固体样品 1.0 μg/g,液体样品 1.0 μg/mL。

2. 原理

本方法采用竞争抑制免疫层析原理。样品中的西地那非和他达拉非等物质经提取后与胶体金标记的特异性抗体结合,抑制抗体和试纸条或检测卡中检测线(T 线)上抗原的结合,从而导致检测线颜色深浅的变化。通过检测线与质控线(C 线)颜色深浅比较,对样品中西地那非和他达拉非成分进行定性判定。

3. 试剂及材料

①除另有规定外,本方法所用试剂均为分析纯,水为 GB/T 6682—2016 规定的二级水。

②甲醇:色谱纯。

③三羟甲基氨基甲烷,Tris 碱。

④浓盐酸。

⑤吐温-20。

⑥盐酸溶液 A:量取浓盐酸 16.7 mL,用水溶解并稀释至 100 mL。

⑦缓冲液 B:称取 12.1 g Tris 碱,加适量水溶解,混匀,用盐酸溶液 A 调节 pH 至 8.0,加入 5.0 g 吐温-20 搅拌均匀,定容至 1000 mL。

⑧参考物质。

参考物质的中文名称、英文名称、CAS 登录号、分子式、分子量见表 10-1,纯度均≥99%。

表 10-1　参考物质的中文名称、英文名称、CAS 登录号、分子式、分子量

序号	中文名称	英文名称	CAS 登录号	分子式	分子量
1	西地那非	Sildenafil	139755-83-2	$C_{22}H_{30}N_6O_4S$	474.58
2	他达拉非	Tadalafil	171596-29-5	$C_{22}H_{19}N_3O_4$	389.40

⑨西地那非标准储备液(1.0 mg/mL):精密称取适量西地那非参考物质,用甲醇溶解并稀释至刻度,摇匀,配制成浓度为 1.0 mg/mL 的标准储备液。-20℃避光保存,有效期 1 年。

⑩西地那非标准工作液(10 μg/mL):精密移取适量西地那非标准储备液(1.0 mg/mL)分别置于 10 mL 容量瓶中,用甲醇稀释至刻度,摇匀,配制成浓度为 10 μg/mL 的标准工作液。-20℃避光保存,有效期 3 个月。

⑪他达拉非标准储备液(0.5 mg/mL):精密称取适量他达拉非参考物质,用甲醇溶解并稀释至刻度,摇匀,配制成浓度为 0.5 mg/mL 的标准储备液。-20℃避光保存,有效期 1 年。

⑫他达拉非标准工作液(10 μg/mL):精密移取适量他达拉非标准储备液(0.5 mg/mL)分别置于 10 mL 容量瓶中,用甲醇稀释至刻度,摇匀,制成浓度为 10 μg/mL 的标准工作液。-20℃避光保存,有效期 3 个月。

⑬材料

西地那非胶体金免疫层析试剂盒及配套的试剂(可选),适用基质为保健食品。

他达拉非胶体金免疫层析试剂盒及配套的试剂(可选),适用基质为保健食品。

4. 仪器设备与实验条件

(1)仪器设备

天平:感量为 0.1 mg 和 0.01 g,涡旋混合器,移液器:200 μL、1000 μL、5 mL,离心机:转速可达 4000 r/min 以上,读数仪:产品配套可使用的检测仪器(可选)。

(2)实验条件

环境条件:温度 10~40℃,相对湿度≤80%。

5. 分析步骤

(1)试样制备

液体样品充分混匀,半固体、浆体、悬浮液体、固体样品充分均质或粉碎混匀。

(2)试样提取和净化

①液体基质。

量取(0.5±0.02) mL 试样于 15 mL 离心管中,加入 4 mL 缓冲液 B,涡旋混合 30 s,作

为待测液。

②半固体、浆体、悬浮液体、固体。

A. 检测西地那非

准确称取试样(0.5±0.01) g 于 15 mL 离心管中,加 1 mL 甲醇,涡旋 30 s,4000 r/min 离心 2 min 或静置 2 min。取 250 μL 上清液于 2 mL 离心管中,加入 750 μL 缓冲液 B,涡旋混合 30 s,作为待测液。

B. 检测他达拉非

准确称取试样(0.5±0.01) g 于 15 mL 离心管中,加 1 mL 甲醇,涡旋 30 s,4000 r/min 离心 2 min 或静置 2 min。取 200 μL 上清液于 15 mL 离心管中,加入 3 mL 缓冲液 B,涡旋混合 30 s,作为待测液。

注:试样提取和净化过程可按照试剂盒说明书操作,不做限定。

(3)测定步骤

①试纸条与金标微孔测定步骤。

吸取 200 μL 样品待测液于金标微孔中,抽吸 5~10 次使混合均匀,室温温育 5 min;温育结束后,将试纸条吸水海绵端垂直向下插入金标微孔中,室温温育 5 min,从微孔中取出试纸条,去掉试纸条下端的吸水海绵,进行结果判定。

注:测定步骤建议按照试剂盒说明书。

②检测卡与金标微孔测定步骤。

吸取 200 μL 上述待测液于金标微孔中,上下抽吸 5~10 次使混合均匀。室温温育 5 min,将反应液全部加入到检测卡的加样孔中,将金标微孔中全部溶液滴加到检测卡上的加样孔中,温育 5 min,进行结果判定。

注:测定步骤建议按照试剂盒说明书。

(4)质控试验

每批样品应同时进行空白试验和加标质控试验。

①空白试验。

准确称取固体空白试样(0.5±0.01) g 或量取液体空白试样(0.5±0.02) mL 于 15 mL 离心管中,与试样同法操作。

②加标质控试验。

准确称取固体空白试样(0.5±0.01) g 或量取液体空白试样(0.5±0.02) mL 于 15 mL 离心管中,加入适量标准工作液,使西地那非参考物质浓度为 1.0 μg/g 或 1.0 μg/mL,与试样同法操作。

准确称取固体空白试样(0.5±0.01) g 或液体空白试样(0.5±0.02) mL 于 15 mL 离心管中,加入适量标准工作液,使他达拉非参考物质浓度为 1.0 μg/g 或 1.0 μg/mL,与试样同法操作。

6. 结果判定

通过对比质控线(C 线)和检测线(T 线)的颜色深浅进行结果判定。目视判定示意图见图 10-1。结果判定也可根据产品说明书进行。

(1)无效

质控线(C 线)不显色,表明不正确操作或试纸条无效。

(2)阴性结果

质控线(C 线)显色,检测线(T 线)颜色比质控线(C 线)颜色深或检测线(T 线)颜色与质控线(C 线)颜色相当,均表示样品中不含待测组分或含量低于方法检测限,判为阴性。

(3)阳性结果

质控线(C 线)显色,检测线(T 线)颜色比质控线(C 线)颜色明显浅或检测线(T 线)不显色,均表示样品中待测组分含量高于方法检测限,判为阳性。

(4)质控试验要求

空白试验测定结果应为阴性,加标质控试验测定结果应为阳性。

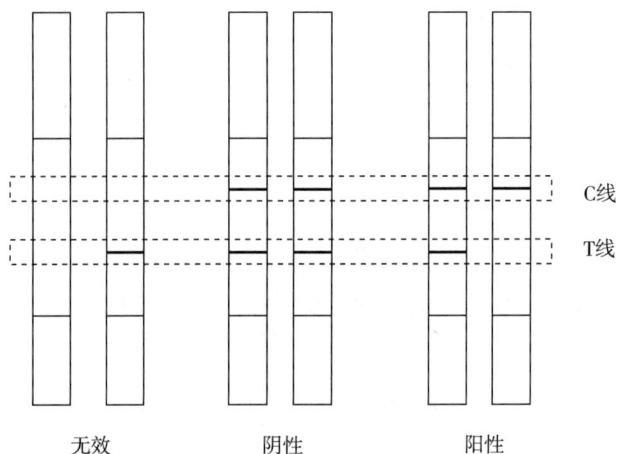

图 10-1　目视判定示意图

7. 结论

西地那非或他达拉非在食品中属于非法添加物,故在保健食品中不得检出。

当检测结果为阳性时,应对结果进行确证,确证不得采用快检方法。

8. 其他

本方法分析步骤和结果判定可以根据厂家试剂盒的说明书进行,但应符合或优于本方法规定的性能指标。

本方法所述试剂、试剂盒信息及操作步骤是为方法使用者提供方便,在使用本方法时不做限定。但方法使用者应使用经过验证的满足本方法规定的各项性能指标的试剂、试剂盒。

本方法参比标准为:BJS 201710《保健食品中 75 种非法添加化学药物的检测》、

2009030《补肾壮阳类中成药中 PDE-5 型抑制剂的快速检测方法》、KJ 201901《保健食品中西地那非和他达拉非的快速检测 胶体金免疫层析法》。

本方法使用西地那非试剂盒可能与那莫西地那非、豪莫西地那非、羟基豪莫西地那非、伪伐地那非、伐地那非、硫代艾地那非存在交叉反应;他达拉非试剂盒可能与氨基他达拉非、去甲基他达拉非存在交叉反应;当结果判定为阳性应对结果进行确证。

二、激光拉曼光谱法

1. 范围

本方法规定了利用激光拉曼光谱法快速检测声称具有增强免疫力、缓解体力疲劳功能保健食品中微痕量西地那非的定性检测方法。

本方法适用于声称具有增强免疫力、缓解体力疲劳功能保健食品中西地那非的快速检测。

本方法检出限为 0.1 mg/kg。

2. 原理

试样经二步萃取提取后直接测定。样品中的西地那非分子与表面增强试剂混合后,分子吸附在表面增强纳米颗粒上,其拉曼散射信号得到增强,使用便携式激光拉曼光谱仪通过自动判别其特征峰即可定性检测出西地那非。

3. 试剂及材料

表面增强试剂 A:金纳米溶胶,表面增强试剂 B:1%氯化钠水溶液,乙酸乙酯:分析纯,硫酸溶液:0.3 mol/L,离心管:1.5 mL、15 mL。

4. 仪器及设备

便携式激光拉曼光谱仪,离心机:转速不低于 3900 r/min,天平:感量为 0.1 g,粉碎机,研钵。

5. 分析步骤

(1)试样制备

液体样品充分混匀,半固体、浆体、悬浮液体、固体样品充分均质或粉碎混匀。

(2)试样提取和净化

称取制备好的样品 0.1 g(液体 1 mL)于 10 mL 离心管中,向离心管中加入 3 mL 乙酸乙酯,涡旋萃取 3 min 后,离心分层,上层有机相为提取液。吸取 0.5 mL 提取液于 1.5 mL 离心管中,加入 0.5 mL 硫酸溶液,涡旋 3 min,离心分层,下层溶液为待测液。

(3)仪器参数

激光功率:200 mW;扫描时间:5 sec;扫描次数:2;平滑参数:4。

(4)测定步骤

依次向检测瓶中加入 500 μL 纳米金增强试剂 A,100 μL 待测液,100 μL 1%的氯化钠溶液,混匀上机检测。

6. 结果判定

根据谱图 1234 cm^{-1}(±5 cm^{-1})、1525 cm^{-1}(±5 cm^{-1})和 1581 cm^{-1}(±5 cm^{-1})处特征拉曼光谱,对保健食品中的西地那非进行评估:如同时存在上述特征峰,则可判定样品中含有西地那非;否则,不能证明样品中含有西地那非,需要进一步实验验证。食品中西地那非表面增强拉曼光谱图参见图 10-2。

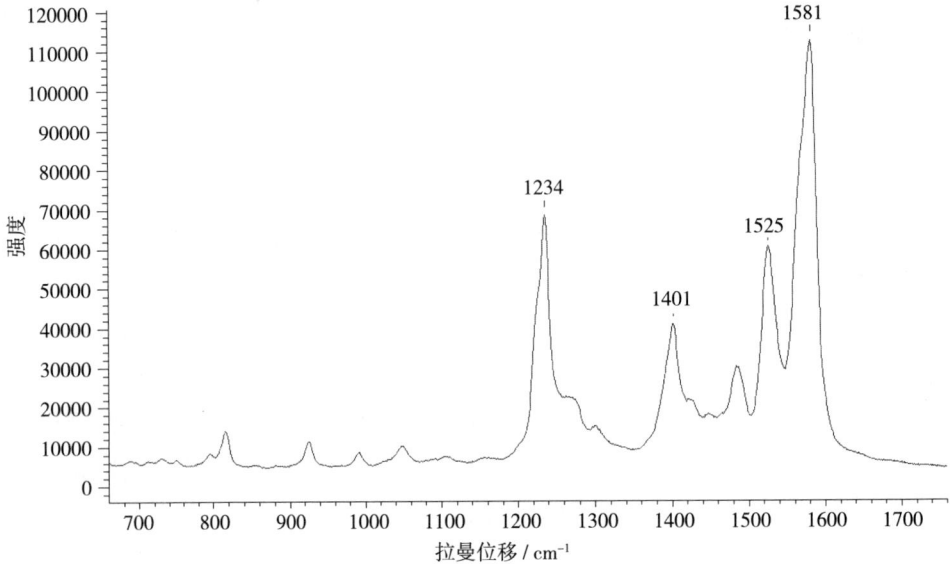

图 10-2 西地那非表面增强拉曼光谱图

7. 结论

西地那非在食品中属于非法添加物,故在保健品中不得检出。

当检测结果为阳性时,应对结果进行确证,确证不得采用快检方法。

8. 其他

①本方法仅用于保健食品中西地那非的快速检测。

②本方法参比标准与规范为:湖北省食品安全快检操作规程。

③拉曼光谱仪一阶光谱峰中心位置重复性为±5 cm^{-1}。

任务二 保健食品中硝苯地平的快速检测

案例导入

案例:2013 年 5 月 25 日,长治市食品药品监督管理局根据群众举报,执法人员在山西防爆电机(集团)有限公司职工医院查获标示"陕西秦晋中医糖尿病研究所监制出品"并由该研究所所谓专家坐诊销售的桃红粉片、百合粉片、菊花玉竹粉片、三通片、肖苛钙片、泽安茯苓山药茶等保健食品222瓶,宣称所有产品均为纯中药保健食品。经山西省食品药品检测所检测,在4种产品中非法添加了硝苯地平等化学药物成分。长治市食品药品监督管理局对该案进行了严厉行政处罚,并已移交公安机关进一步追究刑事责任。

讨论:1. 硝苯地平是什么? 添加到保健食品中可能引起什么危害? 2. 有哪些方法可以快速地检测出样品中的硝苯地平?

血压指血液在血管中形成的压力,可以推动血液流动,为各组织器官提供足够的血量。高血压是持续血压过高的疾病,长期血压异常升高会损害血管健康,是心脑血管疾病的风险因素。由于近年来我国居民不健康生活方式的流行趋势严重,营养过剩、缺乏运动、精神压力增大等因素导致高血压的患病风险进一步增加。有效控制血压不仅可延缓动脉粥样硬化的形成和发展,还能延缓因血压经常升高所引发的心、脑、肾等重要脏器的病理变化进程,减少高血压并发症的发生和降低其死亡率。降血压类保健食品主要干预偏高的血压,帮助其趋向于健康水平变化。体重、饮食、运动、压力等生活方式因素是血压升高和多种疾病的主要风险因素,有效控制血压,应对它们同时进行干预。

硝苯地平又名1,4-二氢-2,6-二甲基-4-(2-硝基苯基)-3,5-吡啶二羧酸二甲酯,是一种二氢吡啶类钙拮抗剂,用于预防和治疗冠心病心绞痛,特别是变异型心绞痛和冠状动脉痉挛所致心绞痛。出于利益驱使,一些个法分子及商家为了增强产品功效,会在辅助降血压类保健食品中非法添加硝苯地平。保健品的标签上不可能标明该药品的剂量、适应症、禁忌症等,患者在不知情的情况下,若同时服用其他降压类西药,将会造成肝、肾、心脏的损伤及不良反应,严重者可导致死亡。硝苯地平属于化学药品,禁止添加到保健食品中。

1. 范围

本方法规定了利用激光拉曼光谱法快速检测声称具有降血压功能保健食品中微痕量硝苯地平的定性检测方法。

本方法适用于声称具有降血压功能保健食品中硝苯地平的快速检测。

本方法检出限为0.5 mg/kg。

2. 原理

试样经二步萃取提取后直接测定。样品中的硝苯地平分子与表面增强试剂混合后,分子吸附在表面增强纳米颗粒上,其拉曼散射信号得到增强,使用便携式激光拉曼光谱仪通过自动判别其特征峰即可定性检测出硝苯地平。

3. 试剂及材料

表面增强试剂A:金纳米溶胶,表面增强试剂B:1%氯化钠水溶液,乙酸乙酯:分析纯,硫酸溶液:0.3 mol/L,离心管:1.5 mL、15 mL。

4. 仪器及设备

便携式激光拉曼光谱仪,离心机:转速不低于 3900 r/min,天平:感量为 0.1 g,粉碎机,研钵。

5. 分析步骤

(1)试样制备

液体样品充分混匀,半固体、浆体、悬浮液体、固体样品充分均质或粉碎混匀。

(2)试样提取和净化

称取制备好的样品 0.1 g(液体 1 mL) 于 10 mL 离心管中,向离心管中加入 3 mL 乙酸乙酯,涡旋萃取 3 min 后,离心分层,上层有机相为提取液。吸取 0.5 mL 提取液于 2 mL 离心管中,加入 0.5 mL 硫酸溶液,涡旋 3 min,离心分层,下层溶液为待测液。

(3)仪器参数

激光功率:200 mW;扫描时间:5 sec;扫描次数:2;平滑参数:4。

(4)测定步骤

依次向检测瓶中加入 500 μL 纳米金增强试剂 A,100 μL 待测液, 100 μL 表面增强试剂 B,混匀上机检测。

6. 结果判定

根据谱图 626 cm^{-1}(± 5 cm^{-1})、675 cm^{-1}(± 5 cm^{-1})处特征拉曼光谱,对保健食品中的硝苯地平进行评估:如同时存在上述特征峰,则可判定样品中含有硝苯地平;否则,不能证明样品中含有硝苯地平,需要进一步实验验证。食品中硝苯地平表面增强拉曼光谱图参见图 10-3。

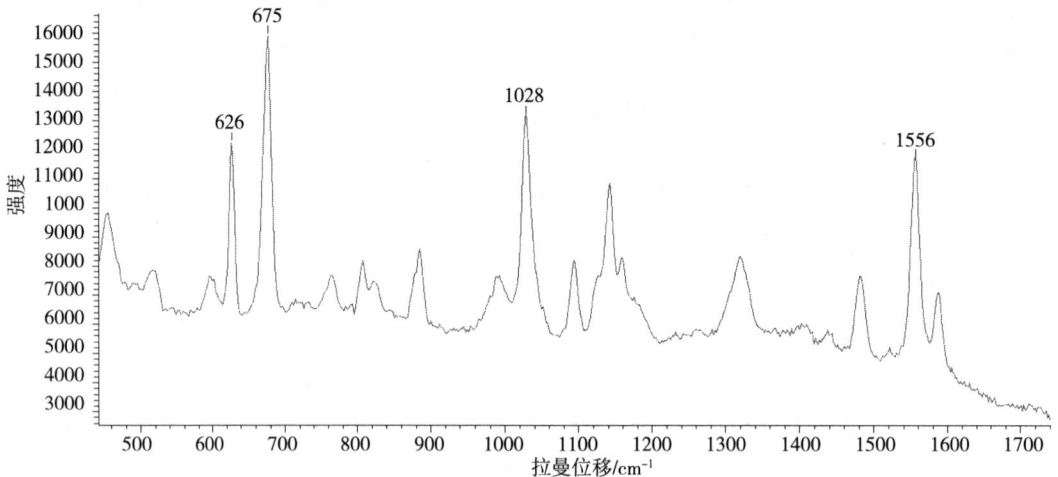

图 10-3 硝苯地平表面增强拉曼光谱图

7. 结论

硝苯地平在食品中属于非法添加物,故在保健品中不得检出。

当检测结果为阳性时,应对结果进行确证,确证不得采用快检方法。

8. 其他

①本方法仅用于保健食品中硝苯地平的快速检测。

②本方法参比标准与规范为:湖北省食品安全快检操作规程。

③拉曼光谱仪一阶光谱峰中心位置重复性为±5 cm^{-1}。

任务三　保健食品中西布曲明的快速检测

案例导入

案例:2020 年 6 月 24 日下午 14 时,蛇口派出所接到群众报警称,自己在网上买到了有问题的减肥药,吃了之后有明显的副作用。南山警方迅速组织警力展开调查,经专业机构鉴定,减肥药里含有对人体有危害的违禁成分西布曲明。抓获犯罪嫌疑人 2 名,缴获减肥胶囊 300 余粒。

讨论:1. 西布曲明为什么会被违禁? 2. 西布曲明的快速检测方法有哪些?

体内过量脂肪蓄积属于一种不健康状态,是很多慢性疾病的风险因素。减少体脂和控制体脂过度增加有益健康。控制饮食和增加运动量是减少身体脂肪必不可少的措施。控制饮食以减少能量摄入为目的,同时应保证蛋白质、维生素和矿物质的供给;增加运动量,同时适量补充蛋白质有助于减少肌肉丢失。调节体内脂肪类保健食品是指减少身体脂肪成分(体脂重量占体重的比例)的一类食品。

调节体内脂肪类保健食品中常见的非法添加药物主要为食欲抑制类、肠胃脂肪酶抑制类和泻药类药物,这些药物长期使用对人体消化系统的正常机能造成影响,进而危害人类身体健康。食欲抑制类主要的非法添加药物有:西布曲明、安非他明、氯胺酮等;肠胃脂肪酶抑制类主要的非法添加药物有:西替利司他、奥利司他等;泻药类主要的非法添加药物有:大黄素、酚酞等。长期服用含有此类非法添加的化学药品,会对身体造成很大的伤害。近年来,检出频率最高,使用最广泛的非法添加物质是西布曲明。

西布曲明(Sibutramine),又名 N-(1-(1-(4-氯苯基)环丁基)-3-甲基丁基)-N,N-二甲胺,分子式为 $C_{17}H_{26}ClN$,常温下为白色结晶性粉末,是一种中枢神经抑制剂,具有兴奋、抑食等作用,适用于运动及饮食控制仍不能减轻和控制的肥胖症,可减轻体重和维持已减轻的体重,它有可能引起血压升高、心率加快、厌食、失眠、肝功能异常等危害严重的副作用。早在 2010 年,国家食品药品监督管理局就宣布国内停止生产、销售和使用西布曲明制剂和原料药。

1. 范围

本方法规定了利用激光拉曼光谱法快速检测声称具有调节体内脂肪功能保健食品中

微痕量西布曲明的定性检测方法。

本方法适用于声称具有调节体内脂肪功能保健食品中西布曲明的快速检测。

本方法检出限为 0.5 mg/kg。

2. 原理

试样经二步萃取提取后直接测定。样品中的西布曲明分子与表面增强试剂混合后,分子吸附在表面增强纳米颗粒上,其拉曼散射信号得到增强,使用便携式激光拉曼光谱仪通过自动判别其特征峰即可定性检测出西布曲明。

3. 试剂及材料

表面增强试剂 A:金纳米溶胶,表面增强试剂 B:1%氯化钠水溶液,乙酸乙酯:分析纯,硫酸溶液:0.3 mol/L,离心管:1.5 mL、15 mL。

4. 仪器及设备

便携式激光拉曼光谱仪,离心机:转速不低于 3900 r/min,天平:感量为 0.1 g,粉碎机,研钵。

5. 分析步骤

(1)试样制备

液体样品充分混匀,半固体、浆体、悬浮液体、固体样品充分均质或粉碎混匀。

(2)试样提取和净化

称取制备好的样品 0.1 g(液体 1 mL)于 10 mL 离心管中,向离心管中加入 3 mL 乙酸乙酯,涡旋萃取 3 min 后,离心分层,上层有机相为提取液。吸取 0.5 mL 提取液于 2 mL 离心管中,加入 0.5 mL 硫酸溶液,涡旋 3 min,离心分层,下层溶液为待测液。

(3)仪器参数

激光功率:200 mW;扫描时间:5 sec;扫描次数:2;平滑参数:4。

(4)测定步骤

依次向检测瓶中加入 500 μL 纳米金增强试剂 A,100 μL 待测液,100 μL 表面增强试剂 B,混匀上机检测。

6. 结果判定

根据谱图 1088 cm^{-1}(±5 cm^{-1})处特征拉曼光谱,对保健食品中的西布曲明进行评估。食品中西布曲明表面增强拉曼光谱图参见图 10-4。

7. 结论

西布曲明在食品中属于非法添加物,故在保健品中不得检出。

当检测结果为阳性时,应对结果进行确证,确证不得采用快检方法。

8. 其他

①本方法仅用于保健食品中西布曲明的快速检测。

②本方法参比标准与规程为:湖北省食品安全快检操作规程。

③拉曼光谱仪一阶光谱峰中心位置重复性为±5 cm^{-1}。

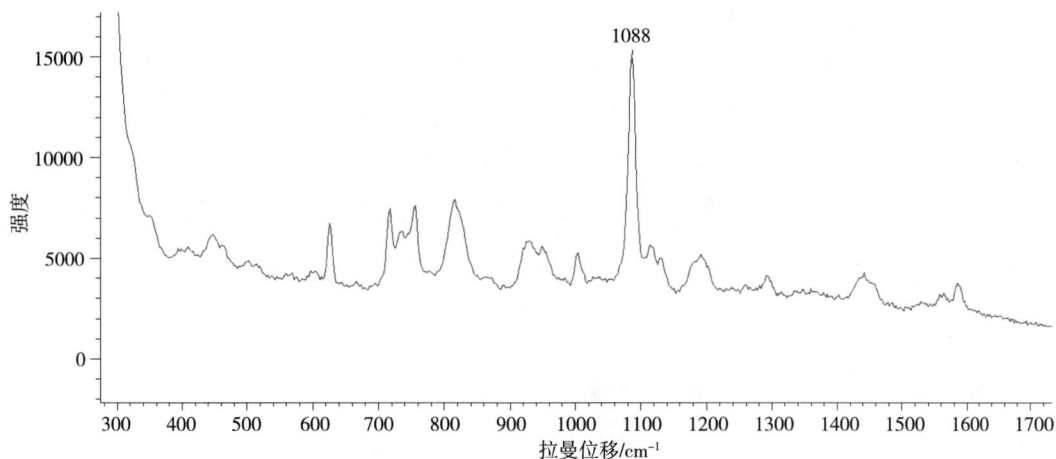

图 10-4　西布曲明表面增强拉曼光谱图

任务四　保健食品中罗格列酮的快速检测

案例导入

案例:2017 年底,根据群众举报,吉林省辽源市食品药品监督管理局联合公安机关成功破获"健康乐缘营养俱乐部"生产销售非法添加罗格列酮等药品的"鸿翔蜂胶茯苓山药片"食品案,查获以犯罪嫌疑人孙某、张某为首的生产销售非法添加药品的有毒有害食品团伙案,涉案金额达 1000 余万元。公安机关抓捕犯罪嫌疑人 12 人。鉴于当事人的行为涉嫌犯罪,该案件已移送公安机关处理。

讨论:1.罗格列酮是什么? 误食含罗格列酮的保健食品可能引起什么危害?
2.罗格列酮的快速检测方法有哪些?

血糖指血液中的葡萄糖,反映外源性和内源性葡萄糖经过血液的转运情况,为大脑等身体组织供应能量。血糖长期处于异常升高的水平,损害血管和多种器官的健康,是疾病风险因素。体重、饮食、运动等因素是血糖升高和多种疾病的主要风险因素,有效控制血糖,应对它们同时进行干预。降血糖类保健食品主要干预偏高的血糖,帮助其趋向于健康的水平变化。

我国糖尿病患者多,对糖尿病药品的需求量大。因此,我国的糖尿病 OTC、保健食品市场也是种类繁多,其中不少产品鱼龙混杂,尤其是一些标榜纯中药却非法掺加西药成分的情况最为常见。最常见的非法添加有罗格列酮、格列苯脲等医治糖尿病的西药。

罗格列酮(Rosiglitazone)属噻唑烷二酮类胰岛素增敏剂,其作用机制与特异性过氧化物酶体增殖因子激活剂的 γ 型受体(PPARγ)有关。通过增加骨骼肌、肝脏、脂肪组织对胰岛素的敏感性,提高细胞对葡萄糖的利用而发挥降低血糖的疗效,可明显降低空腹血糖及胰岛素和 C 肽水平,对餐后血糖和胰岛素也有降低作用。2017 年 10 月 27 日,世界卫生组织国际癌症研究机构公布的致癌物清单初步整理,罗格列酮在 3 类致癌物清单中。罗格列酮可造成血浆容积增加和由前负荷增加引起的心脏肥大,诱发心力衰竭。合并使用其他降糖药物时,有发生低血糖的风险。老年患者可能有轻中度水肿及轻度贫血。

一、胶体金免疫层析法

1. 范围

本方法规定了声称具有辅助降血糖功能保健食品中罗格列酮的胶体金免疫层析快速筛查方法。

本方法适用于声称具有辅助降血糖功能的保健食品中罗格列酮成分的快速筛查。

固体样品 1.0 μg/g,液体样品 1.0 μg/mL。

2. 原理

本方法采用竞争抑制免疫层析原理。样品中的罗格列酮经提取后与胶体金标记的特异性抗体结合,抑制抗体和试纸条或检测卡中检测线(T 线)上抗原的结合,从而导致检测线颜色深浅的变化。通过检测线(T 线)与质控线(C 线)颜色深浅比较,对样品中罗格列酮成分进行定性判定。

3. 试剂及材料

①除另有规定外,本方法所用试剂均为分析纯,水为 GB/T 6682—2016 规定的二级水。

②甲醇:色谱纯。

③三羟甲基氨基甲烷,Tris 碱。

④浓盐酸。

⑤吐温-20。

⑥盐酸溶液 A:量取浓盐酸 16.7 mL,用水溶解并稀释至 100 mL。

⑦缓冲液 B:称取 12.1 g Tris 碱,加适量水溶解,混匀,用盐酸溶液 A 调节 pH 至 8.0,加入 5.0 g 吐温-20 搅拌均匀,定容至 1000 mL。

⑧参考物质。

参考物质的中文名称、英文名称、CAS 登录号、分子式、分子量见表 10-2,纯度均≥99%。

表 10-2　参考物质的中文名称、英文名称、CAS 登录号、分子式、分子量

中文名称	英文名称	CAS 登录号	分子式	分子量
罗格列酮	Rosiglitazone	122320-73-4	$C_{18}H_{17}N_3O_3S$	355.43

⑨罗格列酮标准储备液(1.0 mg/mL):精密称取适量罗格列酮参考物质,用甲醇溶解并稀释至刻度,摇匀,配制成浓度为 1.0 mg/mL 的标准储备液。-20℃ 避光保存,有效期 1 年。

⑩罗格列酮标准工作液(10 μg/mL):精密移取适量罗格列酮标准储备液(1.0 mg/mL)分别置于 10 mL 容量瓶中,用甲醇稀释至刻度,摇匀,配制成浓度为 10 μg/mL 的标准工作液。−20℃避光保存,有效期 3 个月。

⑪材料。

罗格列酮胶体金免疫层析试剂盒及配套的试剂(可选),适用基质为保健食品。

4. 仪器设备与实验条件

(1)仪器设备

天平:感量为 0.1 mg 和 0.01 g,涡旋混合器,移液器:200 μL、1000 μL、5 mL,离心机:转速可达 4000 r/min 以上,读数仪:产品配套可使用的检测仪器(可选)。

(2)实验条件

环境条件:温度 10~40℃,相对湿度≤80%。

5. 分析步骤

(1)试样制备

液体样品充分混匀,半固体、浆体、悬浮液体、固体样品充分均质或粉碎混匀。

(2)试样提取和净化

①液体基质。

量取(0.5±0.02) mL 试样于 15 mL 离心管中,加入 4 mL 缓冲液 B,涡旋混合 30 s,作为待测液。

②半固体、浆体、悬浮液体、固体基质。

准确称取制备好的试样(0.5±0.01) g 于 15 mL 离心管中,加 1 mL 甲醇,涡旋 30 s,4000 r/min 离心 2 min 或静置 2 min。取 250 μL 上清液于 2 mL 离心管中,加入 750 μL 缓冲液 B,涡旋混合 30 s,作为待测液。

注:试样提取和净化过程可按照试剂盒说明书操作,不做限定。

(3)测定步骤

①试纸条与金标微孔测定步骤。

吸取 200 μL 样品待测液于金标微孔中,抽吸 5~10 次使混合均匀,室温温育 5 min;温育结束后,将试纸条吸水海绵端垂直向下插入金标微孔中,室温温育 5 min,从微孔中取出试纸条,去掉试纸条下端的吸水海绵,进行结果判定。

注:测定步骤建议按照试剂盒说明书。

②检测卡与金标微孔测定步骤。

吸取 200 μL 上述待测液于金标微孔中,上下抽吸 5~10 次使混合均匀。室温温育 5 min,将反应液全部加入到检测卡的加样孔中,将金标微孔中全部溶液滴加到检测卡上的加样孔中,温育 5 min,进行结果判定。

注:测定步骤建议按照试剂盒说明书。

（4）质控试验

每批样品应同时进行空白试验和加标质控试验。

①空白试验。

准确称取固体空白试样(0.5±0.01) g 或量取液体空白试样（0.5±0.02）mL 于 15 mL 离心管中,与试样同法操作。

②加标质控试验。

准确称取固体空白试样(0.5±0.01) g 或量取液体空白试样（0.5±0.02）mL 于 15 mL 离心管中,加入适量标准工作液,使罗格列酮参考物质浓度为 1.0 μg/g 或 1.0 μg/mL,与试样同法操作。

6.结果判定

通过对比质控线(C 线)和检测线(T 线)的颜色深浅进行结果判定。目视判定示意图见图 10-5。结果判定也可根据产品说明书进行。

（1）无效

质控线(C 线)不显色,表明不正确操作或试纸条无效。

（2）阴性结果

质控线(C 线)显色,检测线(T 线)颜色比质控线(C 线)颜色深或检测线(T 线)颜色与质控线(C 线)颜色相当,均表示样品中不含待测组分或含量低于方法检测限,判为阴性。

（3）阳性结果

质控线(C 线)显色,检测线(T 线)颜色比质控线(C 线)颜色明显浅或检测线(T 线)不显色,均表示样品中待测组分含量高于方法检测限,判为阳性。

（4）质控试验要求

空白试验测定结果应为阴性,加标质控试验测定结果应为阳性。

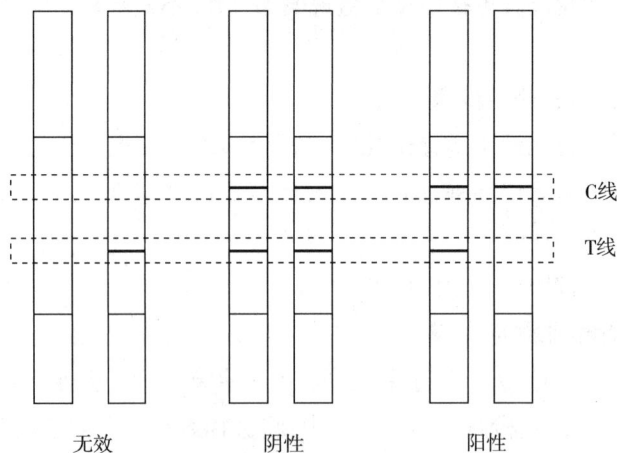

图 10-5 目视判定示意图

7. 结论

罗格列酮在食品中属于非法添加物,故在保健品中不得检出。

当检测结果为阳性时,应对结果进行确证,确证不得采用快检方法。

8. 其他

本方法分析步骤和结果判定可以根据厂家试剂盒的说明书进行,但应符合或优于本方法规定的性能指标。

本方法所述试剂、试剂盒信息及操作步骤是为方法使用者提供方便,在使用本方法时不做限定。但方法使用者应使用经过验证的满足本方法规定的各项性能指标的试剂、试剂盒。

本方法参比标准为:BJS 201710《保健食品中 75 种非法添加化学药物的检测》、2009029《降糖类中成药中非法添加化学药品补充检测方法》、KJ 201902《保健食品中罗格列酮和格列苯脲的快速检测 胶体金免疫层析法》。

本方法使用罗格列酮试剂盒可能与吡格列酮存在交叉反应,当结果判定为阳性应对结果进行确证。

二、激光拉曼光谱法

1. 范围

木方法规定了利用激光拉曼光谱法快速检测声称具有辅助降血糖功能保健食品中微痕量罗格列酮的定性检测方法。

本方法适用于声称具有辅助降血糖功能保健食品中罗格列酮的快速检测。

本方法检出限为 0.1 mg/kg。

2. 原理

试样经二步萃取提取后直接测定。样品中的罗格列酮分子与表面增强试剂混合后,分子吸附在表面增强纳米颗粒上,其拉曼散射信号得到增强,使用便携式激光拉曼光谱仪通过自动判别其特征峰即可定性检测出罗格列酮。

3. 试剂及材料

表面增强试剂 A:金纳米溶胶,表面增强试剂 B:1%氯化钠水溶液,乙酸乙酯:分析纯,硫酸溶液:0.3 mol/L,离心管:1.5 mL、15 mL。

4. 仪器及设备

便携式激光拉曼光谱仪,离心机:转速不低于 3900 r/min,天平:感量为 0.1 g,粉碎机,研钵。

5. 分析步骤

(1)试样制备

液体样品充分混匀,半固体、浆体、悬浮液体、固体样品充分均质或粉碎混匀。

（2）试样提取和净化

称取捣碎样品 0.1 g（液体 1 mL）于 10 mL 离心管中,向离心管中加入 3 mL 乙酸乙酯,涡旋萃取 3 min 后,离心分层,上层有机相为提取液。吸取 0.5 mL 提取液于 2 mL 离心管中,加入 0.5 mL 硫酸溶液,涡旋 3 min,离心分层,下层溶液为待测液。

（3）仪器参数

激光功率:200 mW;扫描时间:5 sec;扫描次数:2;平滑参数:4。

（4）测定步骤

依次向检测瓶中加入 500 μL 纳米金增强试剂 A、100 μL 待测液、100 μL 1%的氯化钠溶液,混匀上机检测。

6. 结果判定

根据谱图 1171 cm^{-1}（±5 cm^{-1}）、1322 cm^{-1}（±5 cm^{-1}）处特征拉曼光谱,对保健食品中的罗格列酮进行评估:如同时存在上述特征峰,则可判定样品中含有罗格列酮;否则,不能证明样品中含有罗格列酮,需要进一步实验验证。食品中罗格列酮表面增强拉曼光谱图参见图 10-6。

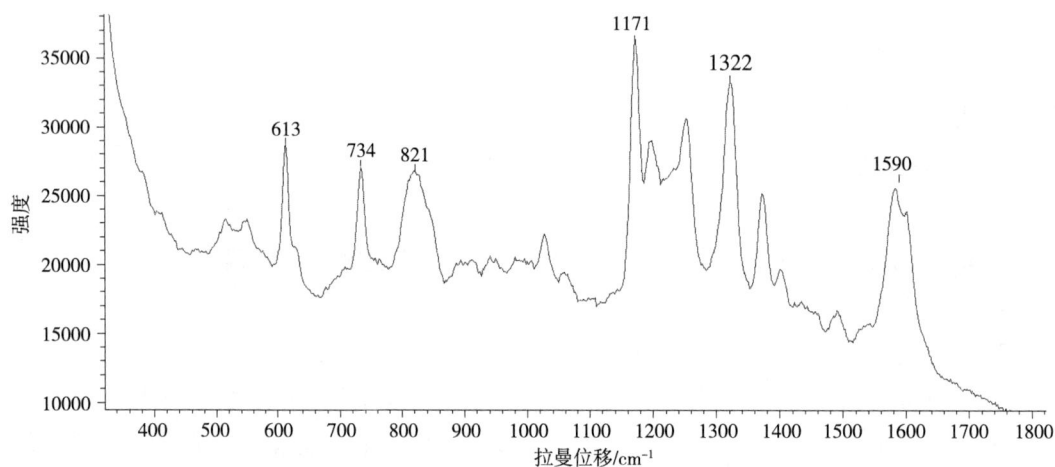

图 10-6　罗格列酮表面增强拉曼光谱图

7. 结论

罗格列酮在食品中属于非法添加物,故在保健品中不得检出。

当检测结果为阳性时,应对结果进行确证,确证不得采用快检方法。

8. 其他

①本方法仅用于保健食品中罗格列酮的快速检测。

②本方法参比标准与规程为:湖北省食品安全快检操作规程。

③拉曼光谱仪一阶光谱峰中心位置重复性为±5 cm^{-1}。

目标检测

一、单项选择题

1. 胶体金免疫层析法测保健食品中西地那非的测定步骤中,使用检测卡与金标微孔进行测定时,样品待测液的吸取体积是(　　)。

A. 100 μL   B. 200 μL   C. 300 μL   D. 400 μL

2. 胶体金免疫层析法测保健食品中西地那非试验中,所需的实验环境条件是(　　)。

A. 温度 10~40℃,相对湿度≤80%

B. 温度 10~20℃,相对湿度≤80%

C. 温度 10~40℃,相对湿度≤50%

D. 温度 25~40℃,相对湿度≤70%

3. 下列化合物中经常添加在降压类保健食品中是(　　)。

A. 硝苯地平   B. 西地拉非   C. 西布曲明   D. 罗格列酮

4. 拉曼光谱仪一阶光谱峰中心位置重复性为(　　)。

A. ± 5 cm^{-1} B. ± 10 cm^{-1} C. ± 1 cm^{-1} D. ± 20 cm^{-1}

5. 激光拉曼光谱法快速检测保健食品中西布曲明试验中,在提取和净化时第一步萃取西布曲明的试剂是(　　)。

A. 乙腈   B. 乙酸乙酯   C. 乙醇   D. 甲醇

6. 激光拉曼光谱法快速检测保健食品中西布曲明时,下列哪个是西布曲明的特征峰(　　)。

A. 1200 cm^{-1}(± 5 cm^{-1})   B. 1088 cm^{-1}(± 5 cm^{-1})

C. 950 cm^{-1}(± 5 cm^{-1})   D. 1250 cm^{-1}(± 5 cm^{-1})

7. 胶体金免疫层析法测保健食品中罗格列酮的试验中,固体样品第一步使用的提取试剂是(　　)。

A. 乙醇   B. 甲醇   C. 乙酸乙酯   D. 异戊醇

二、填空题

1. 胶体金免疫层析法测保健食品中西地那非时,每批样品应同时进行空白试验与＿＿＿＿试验。

2. 激光拉曼光谱法快速检测保健食品中西布曲明试验中,当样品中的西布曲明与表面增强试剂混合后,分子吸附在表面增强纳米颗粒上,其拉曼散射信号＿＿＿＿＿。

3. 激光拉曼光谱法快速检测保健食品中西布曲明试验中,第二步萃取用的试剂是＿＿＿＿,浓度为＿＿＿＿＿。

4. 降血糖类保健食品中罗格列酮的快速检测方法有＿＿＿＿＿＿＿和＿＿＿＿＿＿＿。

三、判断题

1. 用激光拉曼光谱法快速检测保健食品中硝苯地平,当检测结果为阳性时,需要对实验结果进行确证。(　　)

2. 进行样品前处理时,液体样品不需要进行试样制备,可以直接取样。(　　)

3. 盐酸西布曲明适用于饮食控制、运动不能减轻和控制体重的肥胖症治疗,那它可以添加到具有减肥功能保健食品中。(　　)

4. 罗格列酮在食品中属于非法添加物,在保健品中不得检出。(　　)

5. 采用竞争抑制免疫层析原理的快检方法对保健食品中的罗格列酮等化合物进行检测时,质控线(C 线)显色,检测线(T 线)颜色比质控线(C 线)颜色深,判为阳性。(　　)

四、多项选择题

1. 经常在补肾壮阳类保健食品中添加的非法添加化合物有(　　)。

A. 西地那非　　　　B. 西布曲明　　　　C. 他达那非　　　　D. 格列苯脲

2. 快速检测保健食品中西地那非时,哪几个特征峰同时出现时可以判定样品中含西地那非(　　)。

A. 1234 cm^{-1}(± 5 cm^{-1})　　　　　　B. 1525 cm^{-1}(± 5 cm^{-1})

C. 1581 cm^{-1}(± 5 cm^{-1})　　　　　　D. 1260 cm^{-1}(± 5 cm^{-1})

3. 激光拉曼光谱法快速检测保健食品中硝苯地平时使用的表面增强试剂是(　　)。

A. 1%氯化钠水溶液　　　　　　B. 2%氯化钠水溶液

C. 3%氯化钠水溶液　　　　　　D. 金纳米溶胶

4. 采用竞争抑制免疫层析原理的快检方法对保健食品进行检测时,下列哪几种条件都具备时检测结果才有效(　　)。

A. 质控线(C 线)显色　　　　　　B. 质控线(C 线)不显色

C. 空白试验测定结果应为阴性　　　　D. 加标质控试验测定结果应为阳性

答案及解析

一、单项选择题

1. B　2. A　3. A　4. A　5. B　6. B　7. B

二、填空题

1. 加标质控

2. 增强

3. 硫酸溶液、0.3 mol/L

4. 胶体金免疫层析法、激光拉曼光谱法

三、判断题

1. √　2. ×　3. ×　4. √　5. ×

四、多项选择题

1. AC　2. ABC　3. AD　4. ACD

参考文献

[1]国家市场监督管理总局食品安全抽检监测司.食品快速检测方法数据库[DB/OL]. http://www.samr.gov.cn/spcjs/ksjcff/index.html.

[2]彭珊珊,张俊艳.食品掺伪鉴别检验[M].北京:中国轻工业出版社,2014.

[3]林伟琦.食品安全快速检测技术的应用研究进展[J].食品安全质量检测学报,2020,11 (3):961-967.

[4]孙龙月,王艳,薛也,等.检测性生物传感器的应用研究进展[J].食品工业,2021,42 (4):367-372.

[5]苏焕斌,张燕,彭宏威.生物芯片在食品安全检测中的应用研究进展[J].食品安全质量 检测学报,2018,9(11):2756-2762.

[6]李向梅,刘志威,陈晓敏,等.食品安全免疫层析检测技术研究进展[J].食品安全质量 检测学报,2020,11(15):4939-4955.

[7]龚频,王思远,陈雪峰,等.胶体金免疫层析试纸条技术及其在食品安全检测中的应用研 究进展[J].食品工业科技,2019,40(13):358-364.

[8]王蕾,张莉蕴,王玉可,等.快速检测技术在食品真菌毒素检测中的研究进展[J].食品 研究与开发,2021,42(4):187-192.

[9]陈爱亮.食品安全快速检测技术现状及发展趋势[J].食品安全质量检测学报,2021,12 (2):411-414.

[10]李双,韩殿鹏,彭媛,等.食品安全快速检测技术研究进展[J].食品安全质量检测学 报,2019,10(17):5575-5582.

[11]杨杰,李迎秋.胶体金免疫层析技术在食品安全检测中的应用[J].中国调味品,2017, 42(10):171-175.

[12]梁攀,董萍,王洋,等.免疫学技术在食品安全快速检测中的应用研究进展[J].食品安 全质量检测学报,2018,9(9):2085-2089.

[13]黄秋婷,谢俊平,刘冬豪,等.食品中菊酯类农药残留检测技术研究进展[J].食品安全 质量检测学报,2017,8(4):1254-1260.

[14]杨清华,李跑,丁胜华,等.果蔬中多农药残留检测技术研究进展[J].中国果菜,2019, 39(11):38-42.

[15]张琳.快速检测技术在果蔬检测中的应用分析[J].中国果菜,2020,40(12):29-31+35.

[16]李壮,王猛强,马磊,等.农产品中玉米赤霉烯酮限量标准及快速检测技术研究进展 [J/OL].分析试验室:1-10[2021-06-20].https://doi.org/10.13595/j.cnki. issn1000-0720.2020.112101.

[17]刘朔.食品快速检测技术在农药残留物检测上的应用[J].食品安全导刊,2021(9):147-148.

[18]沙娜瓦尔·色买提.农产品检测中快速检测技术的应用研究[J].食品安全导刊,2021(6):154-155.

[19]陈健敏,冉梦楠,王美霞.亚硫酸盐在食品中的研究进展[J].核农学报,2021,35(7):1639-1647.

[20]赵静,王娜,冯叙桥,等.蔬菜中硝酸盐和亚硝酸盐检测方法的研究进展[J].食品科学,2014,35(8):42-49.

[21]邱晗.食品快速检测技术的应用研究[J].中国食品,2021(11):55-56.

[22]杨淑宏.蔬菜农药残留快速检测技术及问题探析[J].食品安全导刊,2021(12):122+124.

[23]郎益鹏,陈燕.快速检测技术在食品安全检测中的应用[J].食品安全导刊,2021(9):145.

[24]张旭伟,马振兴,马勇.食品安全快速检测技术现状及发展[J].食品安全导刊,2021(8):25-26.

[25]陈晓旭.食品安全快速检测技术的应用与发展方向[J].食品安全导刊,2021(6):167+169.

[26]王佳佳,刘植馨.果蔬产品快速检测技术[J].特种经济动植物,2021,24(2):74-75.

[27]李悦梅,陈云志.食品安全检测中快速检测技术分析[J].食品安全导刊,2021(3):150.

[28]张斌文.食品快速检测技术的应用分析[J].中国食品工业,2021(1):72-73.

[29]刁宁宁,王来芳.食品安全检测中快速检测技术的应用[J].食品安全导刊,2020(33):179.

[30]倪佳.快速检测技术在水产品检测中的应用现状及发展前景[J].食品安全导刊,2020(27):148-149.

[31]冯蕙,赵新玉,赵晨,等.快速检测技术在食品安全中的应用研究进展[J].食品安全导刊,2021(13):59-63.

[32]郑景蕊,吕佼,董悦阳,等.掺伪芝麻油快速检测方法的研究[J].食品工业.2018,39(12),202-204.

[33]王海彬.花生中黄曲霉毒素免疫层析快速定量技术研究[D].北京:中国农业科学院.2012

[34]师邱毅,纪其雄,许莉勇.食品安全快速检测技术及应用[M].北京:化学工业出版社,2010.

[35]姚玉静,翟培.食品安全快速检测[M].北京:中国轻工业出版社,2019.

[36]赵静.核酸适配体应用于乳制品中抗生素残留比色检测研究[D].贵阳:贵州大

学,2018.

[37]李江,黎丁,滔綦艳,等.快速测定乳制品中黄曲霉毒素 B1、M1[J].中国乳品工业,2019,47(1),49-50+55.

[38]丁松乔,肖志刚.乳制品中黄曲霉毒素 M1 的常用检测方法比较分析[J].中国乳品工业,2016(5),39.

[39]李广华.乳制品中三聚氰胺和黄曲霉毒素 M1 高灵敏快速检测技术的研究[D].武汉:武汉工程大学,2018.

[40]程国栋,吴小慧,张宇,等.胶体金免疫层析法快速检测乳制品中三聚氰胺[J].中国乳品工业,2015(9),40-43.

[41]王忠兴.食品中九种兽药残留免疫快速检测方法研究[D].无锡:江南大学,2019.

[42]职爱民,余曼,乔苗苗,等.免疫技术在动物源性食品快速检测中的研究进展[J].肉类研究,2019,33(5):60-66.

[43]孙晓峥,任柯潼,胡叶军,等.肉鸡组织中氟喹诺酮类抗生素快速检测的胶体金技术研究[J].黑龙江畜牧兽医,2018,(19):208-213.

[44]郭玲玲.动物源食品中五类化学药物残留的免疫快速检测技术[D].无锡:江南大学,2019.

[45]梁耀中,蒋岩波.保健食品虚假宣传的经济学分析及规制研究[J].食品与机械,2020,36(12):60-64.

[46]李莹,羊银.保健食品中常见非法添加化学药物检测技术的研究进展[J].中国食品添加剂,2021(4):112-116.

[47]陈东洋,张昊,冯家力,等.保健食品中违禁药物检验技术研究进展[J].色谱,2020,38(8):880-890.

[48]吴国萍,周亚红,李静泉,等.表面增强拉曼光谱测定保健品中非法添加物西地那非[J].食品工业科技,2019,40(11):254-259,264.

[49]胡家勇,张嫚,皮江一,等.表面增强拉曼光谱法定性定量检测保健食品中非法添加物西地那非[J].食品科学,2020,41(8):297-302.

[50]窦文虎.拉曼光谱在药物与食品安全检测上的应用[D].重庆:西南大学,2013.

[51]甄燕龙.高效液相色谱串联质谱测定保健食品中那非类非法添加物[D].北京:中国人民公安大学,2020.

[52]徐文峰,徐硕,金鹏飞,等.辅助降血压类中成药和保健食品中非法添加化学药物检测技术的研究进展[J].中国医药导报,2016,13(31):61-64.

[53]张璐,李可强,朱辉,等.减肥类保健食品中非法添加化学药物及检测技术研究进展[J].食品安全质量检测学报,2021,12(3):904-913.

[54]孙映求,张雁.表面增强拉曼光谱法检测保健品中添加的微量西布曲明[J].中国药师,2016,19(1):172-174.

[55]王琳,王雪,田静秒,等.表面增强拉曼光谱检测保健品中的盐酸吡咯列酮,盐酸罗格列酮与盐酸苯乙双胍[J].食品工业科技,2016,37(13):295-298,303.

[56]宋移欢,孙晓红,谢锋.表面增强拉曼光谱技术在食品快速检测中的应用[J].食品工业,2020,41(7):245-250.